门级信息流分析理论及应用

胡　伟　慕德俊　著

科学出版社

北京

内 容 简 介

　　本书详细论述了门级信息流跟踪方法的基础理论与应用。首先介绍该方法的基本原理，包括门级信息流跟踪逻辑的性质定理、形式化描述、生成算法与复杂度理论、设计优化问题；然后介绍该方法的应用原理、设计方法学、设计与验证环境，以及该方法在开关电路设计等相关领域的应用等内容，并提出了一些供参考的研究方向。

　　本书可供信息安全、计算机体系架构和电子设计自动化领域的广大科研工作者、教师和研究生阅读。

图书在版编目(CIP)数据

门级信息流分析理论及应用/胡伟，慕德俊著. —北京：科学出版社，2014.11

　　ISBN 978-7-03-042370-2

　　Ⅰ. ①门…　Ⅱ. ①胡…　②慕…　Ⅲ. ①信息安全　Ⅳ. ①TP309

中国版本图书馆 CIP 数据核字（2014）第 257157 号

策划编辑：陈　静 / 责任编辑：陈　静　邢宝钦 / 责任校对：胡小洁
责任印制：徐晓晨 / 封面设计：迷底书装

科 学 出 版 社 出版
北京东黄城根北街 16 号
邮政编码：100717
http://www.sciencep.com

北京京华虎彩印刷有限公司 印刷
科学出版社发行　　各地新华书店经销

*

2014 年 11 月第 一 版　　开本：720×1 000　1/16
2015 年 4 月第二次印刷　　印张：14
字数：280 000

定价：72.00 元
（如有印装质量问题，我社负责调换）

作者简介

胡伟，男，1982 年 10 月生，分别于 2005 年、2008 年和 2012 年获得西北工业大学"信息对抗技术"专业学士、"模式识别与智能系统"专业硕士和"控制科学与工程"专业博士学位，2009 年 9 月—2011 年 9 月赴加州大学圣迭戈分校计算机科学与工程系学习，2012 年 7 月入西北工业大学"计算机科学与技术"博士后流动站，主要从事硬件安全、高可靠系统安全、嵌入式安全、可重构计算等方面的研究。

慕德俊，男，1963 年 6 月生，西北工业大学自动化学院教授、博士生导师，主要研究方向包括网络与信息安全、控制理论与应用、网络化控制、无线传感器网络等。

前　言

用于军用武器、工业基础设施、通信网络和生物医疗等领域的高可靠系统都对信息安全有严格的要求。然而，随着物联网(Internet of things)、信息物理系统(Cyber Physical System，CPS)、云计算(cloud computing)等领域的兴起，高可靠系统面临着前所未有的网络安全(cyber security)威胁，其中尤以物理系统信息安全问题最为突出。近年来，高可靠系统信息安全事件频频发生。2010年9月和2011年4月，伊朗核电站连续两次发生针对工业控制设备的震网病毒(stuxnet)攻击事件；2011年11月，美国伊利诺伊州Curran-Gardner城区供水设施的监控与数据采集(Supervisory Control and Data Acquisition，SCADA)系统遭到网络攻击，最终导致水泵烧毁；2011年12月，美国RQ-170无人侦察机因为受到干扰被俘获。另据相关文献报道：黑客可通过无线信道对汽车内部网络、心脏起搏器、胰岛素泵等关键安全设备实施攻击，并能够远程控制这些设备的运行状态。此外，智能电网等关键基础设施也正面临着前所未有的安全挑战。大量安全事件表明：高可靠系统信息安全问题日益突出，并亟待解决。

鉴于上述安全问题与传统信息安全问题在攻击对象和途径上的根本差异，学术界兴起了研究信息物理安全问题的热潮，期望能够从硬件底层为系统构建一个可信、可靠、可验证的安全基础，并为解决上层应用的安全问题提供一种关键安全属性的度量、控制和验证能力，其重点研究方向包括以下几个方面。

(1)安全属性的度量与形式化验证。采用形式化的方法和手段对系统的安全属性(如机密性和完整性)进行度量，为系统关键安全属性的形式化验证提供支撑。

(2)可信安全基础的构建。从硬件底层为系统构建一个可信、可靠、可验证的安全基础，保障系统的可信计算环境不会受到干扰，敏感信息不会发生泄露。

(3)上层应用安全属性的测试与验证。基于底层硬件架构所提供的安全属性度量、控制与验证能力实现上层应用关键安全属性的测试与验证，以及软硬件安全联合验证。

本书在前人的研究基础上，从信息流安全角度探讨高可靠系统的信息安全问题，重点阐述了门级信息流跟踪方法的基础理论与应用，主要包括该方法的基本原理、门级信息流跟踪逻辑的性质定理、形式化描述、生成算法、复杂度理论、设计优化方法、门级信息流跟踪方法的应用原理等。全书共包括10章和附录，由胡伟、慕德俊、张慧翔、杨涛撰写。本书的主要内容包括以下几个方面。

(1)二级安全格(LOW⊑HIGH)下的门级信息流跟踪理论。介绍了门级信息流跟踪方法的基本原理，提出并证明了门级信息流跟踪逻辑的若干基本性质，并对基本逻辑单元的信息流跟踪逻辑进行了形式化描述。

(2) 多级安全格下的门级信息流跟踪方法。将门级信息流跟踪方法扩展至多级安全格 (multilevel security lattice)，并给出了一种保证高可靠系统多级安全 (Multilevel Security，MLS) 需求的途径。

(3) "精确门级信息流跟踪逻辑生成"问题。证明了该问题的 NP 完全性，提出了多种门级信息流跟踪逻辑生成算法，包括暴力算法、0-1 算法、构造算法、完全和算法、SOP-POS 算法、BDD-MUX 算法，以及扇出重回聚区域重构算法，并对所提出算法的复杂度进行了分析证明。

(4) 门级信息流跟踪方法的应用。讨论了门级信息流跟踪逻辑的设计优化问题，以及门级信息流跟踪方法的应用原理，并结合设计实例介绍了该方法在软硬件安全测试与验证中的应用。

期望本书的出版能起到抛砖引玉的作用，促进相关领域的科研工作者密切关注高可靠系统的信息安全问题，并对其进行深入的研究。

本书的出版得到国家自然科学基金 (61303224)、教育部博士点基金 (20126102110036) 和中国博士后科学基金面上项目 (2013M532081) 的资助，在此深表谢意；感谢加州大学圣迭戈分校 (University of California，San Diego) 的 Kastner 教授、加州大学圣巴巴拉分校 (University of California，Santa Barbara) 的 Sherwood 教授和西北工业大学的戴冠中教授，他们在本书的研究工作过程中提出了许多宝贵的指导意见；感谢西北工业大学的毛保磊、邰瑜、郭蓝天等博士研究生，他们在本书的写作过程中做了大量的辅助工作。

作　者

于西北工业大学

2014 年 4 月

目　　录

第1章 绪 论

信息安全问题由来已久，已广泛渗透于政治、经济、军事、社会生活等各个领域。本章主要探讨信息安全问题在不同发展阶段下的主要体现形式和未来的发展趋势，重点讨论在物联网、信息物理系统、云计算等领域不断兴起的技术背景下，高可靠系统所面临的网络安全威胁，以及密码算法、认证和访问控制（Access Control，AC）等典型安全机制在应对这些新型安全威胁方面所存在的不足。

1.1 信息安全问题的起源与发展

1.1.1 信息安全问题的起源

回顾信息安全学科的发展历程，我们发现早在人们意识到信息安全问题的重要性之前，就已经有了信息安全的应用需求和案例。远在古希腊时期，人们就已经采用简单的隐写术来传递情报，后来保密通信的需求又促生了一些经典密码算法，如恺撒密码、维吉尼亚密码、移位式密码和莫尔斯码等[1]。但在计算机和网络诞生之前，人们还没有将信息安全作为一个概念或问题正式提出。

2005 年 Whitman 和 Mattord 认为信息安全起源于计算机安全。自从第二次世界大战期间开发出第一代用于帮助分段计算代码的大型计算机以来，计算机安全的需求就诞生了。据查证，"计算机安全"概念是 1969 年提出的，当时美国兰德公司给美国国防部的报告中指出"计算机太脆弱了，有安全问题"[2]——这是首次公开提到计算机安全。

1.1.2 信息安全问题的发展历程

信息安全在其发展过程中主要经历了以下三个阶段。

(1) 早在 20 世纪初期，通信技术尚不发达，面对电话、电报、传真等信息交换过程中存在的安全问题，人们强调的主要是信息的机密性，对安全理论和技术的研究也仅侧重于密码学，这一阶段的信息安全可以简单称为通信安全（Communication Security，COMSEC）。

(2) 20 世纪 60 年代后，半导体和集成电路技术的飞速发展推动了计算机软硬件的发展，计算机和网络技术的应用进入了实用化和规模化阶段，人们对安全的关注已经逐渐发展为以机密性、完整性和可用性为目标的信息安全（Information

Security，INFOSEC）阶段。

(3) 从 20 世纪 80 年代开始，由于互联网技术的迅猛发展，信息无论对内还是对外都得到极大开放，由此产生的信息安全问题跨越了时间和空间，信息安全的焦点已经不仅是传统的机密性、完整性和可用性三个原则，由此衍生出如可控性、抗抵赖性、真实性等其他的原则和目标，信息安全也转化为从整体角度考虑其体系建设的信息保障（Information Assurance，IA）阶段。

"9·11"事件以后，不只是美国，世界各国都有意识地增加了对信息技术的投入和监管，可以说"9·11"事件是美国乃至全世界信息安全政策的分水岭。美军参谋机构发行的《2010 年联战远景》白皮书为信息战做了如下注释："鉴于现代计算机网络、通信系统及电子数据库重要性的日益提升，将信息安全纳入国家整体安全政策中仍属必要。在平时，信息战有助于预防冲突发生，或应对危机及公开敌意行为。在危险爆发时，信息战可以用来解决纷争、增强吓阻，或准备应对公开冲突。在战时，信息战则可以直接达成战略、作战及战术目标，或强化其他用于达成这些目标的方法。"可见，信息安全问题在未来很长一段时间内，都将处于非常高的战略高度。

2005 年，国际电信联盟以物联网为主题的年度互联网报告大力推动了物联网领域的兴起。然而，这一新兴领域也正面临着前所未有的信息安全挑战：个人隐私、物品信息等随时都可能被泄露，远程控制他人物品，甚至操纵城市供电系统，夺取机场的管理权限都有可能发生。物联网的兴起可能引发很多新的信息安全问题，这些安全问题主要体现在以下几方面。

(1) 感知节点的安全问题。由于感知节点数量庞大，往往分布在一个很大的区域内，所以当缺少有效监控时，攻击者可以轻易地接触到节点物理实体，并对它们进行破坏，甚至可通过本地操作轻易地替换节点的软硬件。

(2) 感知网络的安全问题。通常情况下，感知节点所有的操作都依靠自身所携带的电池供电。它的计算能力、存储能力、通信能力受到节点自身所携带能源的限制，无法实现复杂的安全协议，因而也就无法拥有强大的安全保护能力。

(3) 无线自组网的安全问题。自组网作为物联网的末梢网，由于其拓扑的动态变化会导致节点间信任关系的不断变化，所以给密钥管理造成了很大的困难。

(4) 核心网络的信息安全问题。物联网的核心网络应当具有相对完整的安全保护能力，但是由于物联网中节点数量庞大，而且以集群方式存在，所以在数据传输时，会因大量节点发送数据而造成网络拥塞，从而影响网络的可用性。

(5) 物联网业务的安全问题。由于物联网设备可能是先部署后连接网络，而物联网节点又无人看守，所以如何对物联网设备进行远程签约信息和业务信息配置就成了难题。

(6) 射频识别（Radio Frequency Identification，RFID）系统安全问题。RFID 系

统同传统的 Internet 一样，容易受到攻击，这主要是因为标签和读写器之间的通信是通过电磁波的形式实现的。此过程中没有任何物理或可视的接触，这种非接触和无线通信方式存在严重的安全隐患。因此，物联网在应用初期无疑会将更多的攻击目标直接或间接地暴露给黑客，并为黑客提供更多的攻击途径。

随着云计算和大数据时代的到来，互联网将释放出海量数据，因此产生、存储、分析的数据量越来越大。海量数据背后隐藏着大量的经济与政治利益，而通过数据挖掘，人类所表现出的数据整合与控制力量远超以往。图 1-1 所示为大数据时代的数据金字塔，数据经过整合、分析与挖掘之后逐步转化为信息、知识乃至情报，数据的价值和其指导意义也随之显著提高。大数据如同一把双刃剑，社会因大数据使用而获益匪浅，但个人隐私也无处遁形。近年来，侵犯个人隐私的案件频频发生，例如，2010 年谷歌泄露 Wi-Fi 网络用户信息达 6 亿多字节，2010 年美国电信运营商 AT&T 泄露 11.4 万用户姓名和邮箱信息，2011 年韩国门户网站泄露 3500 万用户信息，2012 年盛大发生云数据丢失事件等。2013 年 6 月，美国国家安全局前雇员爱德华·斯诺登曝光了包括"棱镜"在内的美国政府多个秘密监视项目。尽管美国及其盟友铺设的全球监控网一直是个公开的秘密，但此次曝光揭露的监视范围之广、程度之深和数据量之大，仍引起全世界震惊。这些事件严重侵犯了用户的合法权益。专家指出，"网络安全是当今人类遭遇的最大安全问题"。

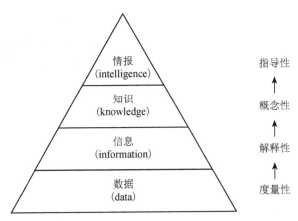

图 1-1 大数据时代的数据金字塔

云计算和大数据时代侵犯个人隐私有以下表现。

(1)在数据存储的过程中对个人隐私权造成的侵犯。云服务中用户无法知道数据确切的存放位置，用户对其个人数据的采集、存储、使用、共享无法有效控制。这可能会因不同国家的法律规定而造成法律冲突问题，也可能产生数据混同和数据丢失。

（2）在数据传输的过程中对个人隐私权造成的侵犯。云环境下数据传输将更为开放和多元化，传统物理区域隔离的方法无法有效保证远距离传输的安全性，电磁泄漏和窃听将成为更为突出的安全威胁。

（3）在数据处理过程中对个人隐私权造成的侵犯。云服务商可能部署大量的虚拟技术，基础设施的脆弱性和加密措施的失效可能产生新的安全风险。大规模的数据处理需要完备的访问控制和身份认证管理，以避免未经授权的数据访问，但云服务资源动态共享模式无疑增加了这种管理的难度，如账户劫持、攻击、身份伪装、认证失效、密钥丢失等都可能威胁用户数据安全。

（4）在数据销毁过程中对个人隐私权造成的侵犯。单纯的删除操作不能彻底销毁数据，云服务商可能对数据进行备份，同样可能导致销毁不彻底，而且公权力也会对个人隐私和个人信息进行侵犯。为满足协助执法的要求，各国法律通常会规定服务商的数据存留期限，并强制要求服务商提供明文的可用数据，但在实际应用中，很少受到收集限制原则的约束，公权力与隐私保护的冲突也是用户选择云服务需要考虑的风险点。因此，在云计算和大数据时代，要切实加强个人隐私保护，防止敏感信息泄露。

1.1.3　信息安全问题的发展方向

1）云计算和大数据安全

云计算和大数据应用的兴起，为企业发展开拓了新的方向，但大量数据的集中管理，也成了黑客攻击的明显标靶。2013 年 6 月"棱镜门"事件的爆发，使得大数据安全防护问题成为了社会热议话题，越来越多的人认识到大数据安全的重要性。时至今日，已有的信息安全防护技术和产品尚不能为大数据应用提供完备的安全防护，现有的信息安全保护技术在为大数据的机密性、完整性、可用性提供安全有效的保障上已经出现了缺漏。作为未来发展的主流应用，云计算和大数据是信息技术领域的最新热点之一。云计算和大数据安全已成为当前热议的话题，也必将成为未来信息安全领域的主要发展和研究方向之一。

2）物联网安全

与传统网络相比，物联网的感知节点大都部署在无人监控的环境下，具有能力脆弱、资源受限等缺点，并且由于物联网是在现有的网络基础上扩展了感知网络和应用平台，传统网络安全措施不足以提供可靠的安全保障，从而使得物联网的安全问题具有特殊性。物联网领域的兴起必将直接或间接地将更多的攻击目标直接暴露在黑客面前，为黑客攻击系统提供更多的突破口和途径。如何提高节点自身的安全性和抗攻击能力，构建安全的网络管理和通信协议，对于物联网安全的广泛应用具有重要意义，这将成为信息安全领域的一个重要研究方向。

3) 硬件体系架构安全

硬件作为软件执行的支撑平台，其安全性是上层软件安全的重要前提和基础。然而传统的硬件体系架构在设计时并未考虑系统的安全需求。缓存、分支预测器、多核等高性能结构的引入，使得硬件架构中隐含越来越多的隐通道，并增加了软件通过共享资源发生相互干扰的可能，为黑客攻击系统提供了新的突破口。此外，随着集成电路生产和销售链的全球化，硬件在设计和生产的过程中可能嵌入恶意代码，成为黑客攻击系统的后门。McAfee 实验室在其发布的《2012 年威胁预测报告》中指出："嵌入式硬件将成为黑客新的攻击方向……。"[3]从硬件底层为系统构建可信、可靠和可验证的安全基础，并为上层软件提供安全属性的度量、控制与验证能力，也将成为未来信息安全领域的重要发展方向之一。

4) 工业和基础设施安全

随着信息技术的迅猛发展，信息化在生产和服务企业中的应用取得了飞速发展，互联网技术的出现，使得工业控制网络和基础设施中大量采用通用 TCP/IP 技术，工业控制系统(Industrial Control System，ICS)网络和企业管理网的联系越来越紧密。随着信息化和工业化深度融合的推进，网络化管理操作成为重要的发展趋势，同时也使得针对工业控制系统与关键基础设施的病毒和木马攻击呈现出攻击来源复杂化、攻击目的多样化，以及攻击过程持续化的特征。2010 年，伊朗核电站的震网病毒攻击事件即是一个典型的例子[4]。此外，传统工业控制系统和基础设施采用专用的硬件、软件与通信协议，设计上基本没有考虑互联互通所必须考虑的通信安全问题。企业管理网与工业控制网的防护功能都很弱，甚至几乎没有隔离功能，因此在工业控制系统和基础设施开放的同时，也减弱了系统与外界的隔离，工业和基础设施的安全隐患日益突出。

5) 安全关键系统

近年来，随着汽车电子、生物医疗设备等安全关键系统(safety-critical system)智能化程度的不断提高，这些系统往往都具备与外界进行通信的能力，而这些安全关键系统在设计时并没有考虑信息安全问题。相关文献报道：黑客可通过无线信道对汽车内部网络[5]、心脏起搏器[6]、胰岛素泵[7]等安全关键设备实施攻击，并能够远程控制这些设备的运行状态。如何提高这些安全关键系统的抗干扰和抗攻击能力是信息安全领域的一个新的研究方向。

物联网、云计算、大数据等领域的兴起给信息系统带来了前所未有的安全挑战，大数据、传感器网络、工业和基础设施、安全关键系统正面临着严重的网络安全威胁。本书以硬件安全为侧重点，对普遍应用于工业和基础设施的高可靠系统信息安全问题进行探讨，并给出一种对高可靠系统软硬件关键安全属性进行测试与验证的方法。

1.2　高可靠系统信息安全

　　高可靠系统广泛应用于军事、经济、工业和基础设施、生物医疗设备等领域。图 1-2 给出了一些高可靠系统的实例。高可靠系统对信息安全要求严格，否则一旦系统被攻陷或发生敏感信息泄露，将导致严重的经济损失和政治影响。传统的高可靠系统与外界通常是隔离的，因此仅需关注系统的物理安全和可靠性。随着通信和网络技术的发展，高可靠系统也往往需要与外界进行通信和数据交换，而与外界的隔离日渐减弱。例如，无人机在执行任务的过程中通常需要接收地面站的指令；新型智能汽车已允许用户通过无线信道对汽车实施远程操控；下一代智能电网将为终端用户提供更多的数据访问接口，允许用户实时了解电网动态信息和调节用电行为；人工心脏起搏器和胰岛素泵等生物医疗设备也内置了通信接口，可通过该无线接口控制设备的工作状态。随着与外界隔离的日趋减弱，高可靠系统的信息安全问题也日益突出。

图 1-2　高可靠系统示例

1.2.1　高可靠系统面临的信息安全问题

　　随着物联网、信息物理系统、云计算和大数据等领域的兴起，高可靠系统正逐渐具备更强的信息采集、处理和传输能力。在此背景下，高可靠系统也逐步从传统的独立设备走向网络互联。一方面，用于数据采集的传感器终端节点直接暴露在黑客的攻击之下，终端节点的软硬件都可能被恶意篡改；另一方面，终端节点也为黑客攻击高可靠系统核心设备提供了新的突破口。在网络互联结构下，黑客能够更有效地以局部的安全漏洞为切入点对系统发起攻击，从而导致整个高可靠系统失效，造成严重的经济损失乃至人员伤亡。近年来，高可靠系统安全事件频繁发生。2010 年 9 月和 2011 年 4 月，伊朗核电站连续两次发生了针对西门子股份公司工业设备的病毒攻击事件[4]。2011 年 11 月，美国伊利诺伊州 Curran-Gardner 城区供水设施的监控和数据采集（Supervisory Control and Data Acquisition，SCADA）系统遭到攻击，水泵在远程控制下频繁开关，最终导致烧毁[8]。2011 年 12 月，美国 RQ-170 无人侦察机因受到干扰，被俘获[9]。这些安全事件都以局部安全漏洞为突破口，对系统发起了有效的攻击。

此外，随着高可靠系统集成度的不断提高和设计规模的不断增大，设计验证所需的代价也随之日益增长，测试与验证覆盖率则变得更加难以保证，因此，系统中往往隐含大量的安全漏洞。美国国防部《软件开发水平评估》标准中，最高级别企业的软件产品中，每千行代码的平均缺陷数为 0.32 个（CMM5）；而来自最低级别企业的软件产品，每千行代码的平均缺陷数则可能高达 11.95 个（CMM1）[10]。早在 20 世纪 90 年代，嵌入式系统的平均代码量已达到 10 万行；到 2001 年，这个数字已经超过了 100 万，而现在的数字已超过 500 万行[11]。可见，高可靠系统中不可避免地存在大量的缺陷。在此情况下，黑客能够以局部脆弱点引发的安全漏洞为切入点对系统发起攻击，从而导致整个高可靠系统失效或引发敏感信息泄露。

高可靠系统通常由大量的嵌入式设备组成，而嵌入式安全长期以来都是一个备受关注的问题，并且被公认为比个人计算机（Personal Computer，PC）和超级计算机中的安全问题更加难以解决[12,13]。嵌入式设备通常受到硬件资源、处理能力和能耗等因素的限制，从而使得 PC 上成熟的安全技术都难以适用；相对于通用计算结构，嵌入式硬件更容易成为攻击对象，从而为黑客提供了一种额外的攻击途径；此外，嵌入式系统的设计师大多不是安全方面的专家，他们在设计中往往更加注重系统功能的正确性和性能参数，而很少考虑安全性需求[12,13]。美国密码学研究所（Cryptography Research Incorporation）主席兼首席科学家 Kocher 曾提出警告："在嵌入式领域中，设计师们大多依赖这个假设，即没有人会干扰他们的系统。但是，在一个设备互联并充满恶意用户的世界中，这种愿望起不了作用。"[14]可见，嵌入式系统的安全性面临着严峻的挑战，嵌入式设备应用广泛的高可靠系统的安全问题更是亟待解决。

然而，高安全系统开发是一个代价极高的过程。例如，开发一个高安全操作系统需要大量的第三方验证工作[15]，数百万美元的代价[16]，且花费数年才能完成[17]。为了让设计者能够有效地评估目标系统所能达到的安全程度，通用标准（Common Criteria，CC）制定了七级安全性评价体系（EAL1～EAL7）[15]。EAL1～EAL7 的所有安全级别都涉及系统描述和实现过程，但是 EAL7 要求形式化地证明系统能够满足预期的安全属性。EAL7 要求产品必须自硬件底层起都经过了严格的设计、测试、验证，以保证所有的安全属性都是可以严格证明的。现有设计中，仅有 Integrity RTOS（Real-time Operating System）最接近 EAL6+[17]。而成功验证该操作系统至 EAL6+的代价达到平均每条代码 10000 美元[16]；设计和验证周期则达 10 年以上[17]。

1.2.2　高可靠系统的信息安全需求

国际上一个通用的信息安全框架"金三角模型"中将信息的机密性、完整性和可用性（Confidentiality Integrity & Availability，CIA）列为信息安全最重要的三个要素。高可靠系统的信息安全需求也主要体现在这三个方面。

（1）机密性。保证系统敏感信息不发生泄露，或即使发生泄露，窃取者也不能了解信息的真实含义。

（2）完整性。保证系统功能和数据的一致性，防止功能和数据被非法用户篡改。

（3）可用性。保证合法用户对系统功能的正常使用不会被不正当拒绝。

此外，一些高可靠系统还必须满足实时特性。一些实时任务被迟滞（如地铁机车停车），也会造成严重的安全问题。

1.2.3　高可靠系统安全研究概述

近年来，国内外都非常重视高可靠系统的安全问题。2009 年，美国国家标准技术研究所（National Institute of Standards and Technology，NIST）发布的研究计划中包含关键基础设施的安全性问题，其重点研究方向之一是安全属性的度量和验证方法。2010 年，美国国防部高级研究计划局（Defense Advanced Research Projects Agency，DARPA）发布了 CRASH 项目计划，资助具有自修复和自适应特性的安全计算系统的研究，其主要研究方向之一是面向功能和安全验证的形式化方法[18, 19]。英国宇航工程（British Aerospace Engineering，BAE）系统公司主持的 SAFE 项目即隶属于 CRASH 计划[20]。该项目采用细粒度划分、普适验证和深度防御技术，通过在硬件底层引入标签处理单元，对指令和操作数进行严格的访问规则检查，并在此基础上实现对各软件模块的独立验证。2010 年，美国国家自然科学基金委（National Science Foundation，NSF）资助了 3Dsec 项目[21, 22]。该项目主要针对高可靠系统的安全问题，利用信息流（information flow）分析方法对系统的安全属性进行测试，但尚未提出安全属性的形式化验证方法。在国内，第二届高可靠性嵌入式系统-可靠性预测与验证国际会议于 2010 年在北京召开，会议的主要议题是高可靠性和苛刻环境的应用领域、芯片和电子系统的设计的可信性、硬件设计的形式化验证方法（包括等价性验证、模型验证和理论验证）。从近年来相关部门发布的研究计划来看，高可靠计算机、高可靠系统软件、安全关键系统的设计与验证方法是当前的重点研究方向，并且高可靠系统安全属性验证方法仍属于一个开放性的研究课题，目前尚无统一而有效的解决途径。

目前,指导高可靠系统软硬件安全测试与验证的主要标准是 Common Criteria 制定的七级安全性评价体系[15],高可靠系统通常需要达到较高的安全级别,必须通过大量的第三方验证工作来保证。现有的测试与验证方法主要包括设计规则检查、仿真测试和形式化验证等。设计规则检查和仿真测试通常都会受到设计规模的限制,只适用于中小规模的设计,并且这两类方法无法从根本上保证完全消除所有的设计错误;形式化验证是一种更为有效的方法,能够从数学上严格证明目标设计的正确性,并且理论上可以处理无限大的状态空间,适用于更大规模设计的验证[23]。

现有的形式化方法可分为基于模型的方法、基于逻辑的方法、代数方法、过程代数方法和基于网络的方法等几类[24, 25]。基于模型的方法通过明确定义状态和操作来建立一个系统模型,用这种方法虽可以表示非功能性需求,但不能很好地表示并发性,如 Z 语言、VDM、B 方法等。基于逻辑的方法用逻辑描述系统预期的性能,包括底层规约、时序和可能性行为;采用与所选逻辑相关的公理证明系统具有预期的性能,如区间时序逻辑(Interval Temporal Logic,ITL)、时段演算(Duration Calculus,DC)、hoare 逻辑、WP 演算、模态逻辑、时序逻辑、时序代理模型(Temporal Agent Model,TAM)、实时时序逻辑(Real Time Temporal Logic,RTTL)等。代数方法通过将未定义状态下不同的操作行为相联系,给出操作的显式定义,如 OBJ、Larch 族代数规约语言等。过程代数方法通过限制所有容许的可观察的过程间通信来表示系统行为,此类方法允许并发过程的显式表示,如通信顺序过程(Communicating Sequential Processes,CSP)、通信系统演算(Communication Calculus System,CCS)、通信过程代数(Algebra of Communicating Processes,ACP)、时序排序规约语言(Language of Temporal Ordering Specification,LOTOS)、计时通信顺序过程(Timed Communicating Sequential Processes,TCSP)、通信系统计时可能性演算(Timed Probabilistic Calculus of Communicating Systems,TPCCS)等。基于网络的方法采用具有形式语义的图形语言,如 Petri 图、计时 Petri 图、状态图等,该方法易于理解,是一种通用的系统确定表示法。

为了对系统的关键安全属性进行形式化验证,首先必须构建系统的形式化模型,并保证该模型完全符合系统的安全需求规范。因此,系统的形式化模型构建是对系统安全进行形式化验证的重要前提。然而,目前的建模方法大多在描述系统安全需求的准确性方面还存在欠缺。因此,仍有必要对系统的形式化模型和相应的测试与验证方法进行进一步的研究。

1.3 常用信息安全机制

信息安全中,最常用的两类安全机制分别是密码算法和访问控制。此外,信息流控制机制能够严格监控信息在系统中的传播，是密码算法和访问控制这两种安全机制的一种有效补充。

1.3.1 密码算法

密码算法可分为对称密码算法和非对称密码算法两类[1,26]。对称密码算法又称为传统密码算法。对称密码算法的对称性主要体现在加密密钥能够从解密密钥中推算出来，反之亦然；在大多数对称密码算法中，加解密密钥是相同的，并且加解密运算的算法流程也往往是相似的。对称密码算法又可分为序列密码算法和分组密码算法两类。其中，分组密码算法每轮运算能够处理一个明文分组。现代计算机密码算法的典型分组长度为 64 个二进制位。这个长度大到足以防止分析破译，但又小到方便处理。由于分组密码算法每轮加密能够处理多个明文字节，相应产生的输出也是一个密文块，所以分组密码算法的速度一般比较快，适用于批量数据的加密保护。目前常见的分组密码算法主要包括 DES、3-DES、AES，典型的序列密码算法有 RC4、SEAL、A5 等。

非对称密码算法又称为公钥密码算法。与对称密码算法相比，非对称密码算法需要维护一对相关的密钥：一个是保密的私钥，用于数据解密；另一个是公开的公钥，用于数据加密。在非对称密码算法中，由公钥是无法推断出私钥信息的。现代非对称密码算法通常都基于一些未解决的数学难题。例如，基于大整数因子分解的 RSA 密码算法，基于椭圆曲线离散对数运算的椭圆曲线密码算法(Elliptic Curves Cryptography，ECC)和基于离散对数运算的 DSA 密码算法。非对称密码算法可用于数据加密、密钥分发、身份认证、信息完整性认证、信息的不可否认性认证等。其中，可用于数据加密的算法有 RSA、ECC、ElGamal 等；可用于密钥分发的算法有 RSA、ECC、DH 等；可用于身份认证、信息完整性认证、信息的不可否认性认证算法有 RSA、ECC、DSA、ElGamal 等。

数据加密是防止敏感信息在存储和传输过程中发生泄露的有效途径。通常情况下，即使加密信息被窃取，只要密钥未发生泄露，高强度的密码算法仍能够有效保证数据的安全性。但是，加密数据必须经过解密成为明文之后才能被正确解读和参与运算，此时密码算法即失去了保护作用，无法防止敏感信息在参与运算过程中发生泄露。例如，攻击者可采用如缓冲区溢出等手段迫使程序发生异常，进而从内存窃取失去保护的机密信息。此外，现代密码算法的算法流程通常都是公开的，算法的安全性几乎完全依赖密钥的安全性。若密码算法执行的硬件环境导致了密钥泄露[27, 28]，则密码算法的保护作用将完全丧失，敏感信息也必将泄露无遗。

1.3.2 访问控制

访问控制指系统对用户身份及其所属的预先定义的策略组限制其使用数据资

源能力的有效手段，是系统机密性、完整性、可用性和合法使用性的重要基础，是信息安全防范和资源保护的关键策略之一[26]。访问控制类型主要有三种模式：自主访问控制（Discretionary Access Control，DAC）、强制访问控制（Mandatory Access Control，MAC）和基于角色访问控制（Role-Based Access Control，RBAC）。

自主访问控制是一种接入控制服务，通过执行基于系统实体身份及其到系统资源的接入授权，包括在文件、文件夹和共享资源中设置许可。用户有权对自身所创建的文件、数据表等访问对象进行访问，并可将其访问权授予其他用户或收回其访问权限。允许访问对象的属主制定针对该对象访问的控制策略，通常可通过访问控制列表来限定针对客体可执行的操作。自主访问控制提供了适合多种系统环境的灵活方便的数据访问方式，是应用最广泛的访问控制策略。然而，它所提供的安全性可被非法用户绕过，可能被授权用户在获得访问某资源的权限后，传送给其他用户。主要是在自由访问策略中，用户获得文件访问后，若不限制对该文件信息的操作，则没有限制数据信息的分发。因此，自主访问控制提供的安全性相对较低，无法对系统资源提供严格保护。

强制访问控制是系统强制主体服从访问控制策略，是由系统对用户所创建的对象，按照规定的规则控制用户权限和操作对象的访问。主要特征是对所有主体及其所控制的进程、文件、段、设备等客体实施强制访问控制。在强制访问控制中，每个用户和文件都被赋予一定的安全级别，只有系统管理员才可确定用户和组的访问权限，用户不能改变自身或任何客体的安全级别。系统通过比较用户和访问文件的安全级别，决定用户是否可以访问该文件。此外，强制访问控制不允许通过进程生成共享文件，以通过共享文件将信息在进程中传递。强制访问控制可通过使用敏感标签对所有用户和资源强制执行安全策略，一般采用三种方法：限制访问控制、过程控制和系统限制。强制访问控制常用于多级安全军事系统，对专用或简单系统较有效，但对通用或大型系统并不太有效。通常强制访问控制与自主访问控制结合使用，并实施一些附加的、更强的访问限制。一个主体只有通过自主与强制性访问限制检查后，才能访问其客体。用户可利用自主访问控制来防范其他用户对自己客体的攻击，由于用户不能直接改变强制访问控制属性，所以强制访问控制提供了一个不可逾越的、更强的安全保护层，以防范偶然或故意地滥用自主访问控制。

基于角色访问控制是通过对角色的访问进行的控制，可极大地简化权限管理。使权限与角色相关联，用户通过成为适当角色的成员而得到其角色的权限。为了完成某项工作创建角色，用户可依其责任和资格分派相应的角色，角色可依新需求和系统合并赋予新权限，而权限也可根据需要从某角色中收回。该方法减小了授权管理的复杂性，降低了管理开销，提高了企业安全策略的灵活性。基于角色访问控制支持三个著名的安全原则：最小权限原则、责任分离原则和数据抽象原则。最小权限原则可将其角色配置成完成任务所需要的最小权限集。责任分离原则可通过调用相互独立互斥的角色共同完成特殊任务，如核对账目等。数据抽象原则可通过权限的抽象控制一些操作，如财务操作可用借款、存款等抽象权限，而不用操作系统提供的典型的读、写和执行权限。这些原则需要通过基于角色访问控制各部件的具体配置才可实现。

访问控制机制通常是有效的，可防止非授权用户访问机密信息或篡改高完整性数据，但是该技术缺乏监控信息流动的传递性（transitivity）[26]。具体而言，访问控制技术提供了信息安全主体（如用户、进程）对客体（如文件、数据库记录）的访问规则。但是，该技术并未规定一旦主体获得了对客体的访问权限之后，主体能够如何进一步使用客体的数据。即访问控制技术有效地解决了主体能否使用客体数据的问题，但无法解决主体能够如何使用客体数据的问题。例如，授权用户读取的可信数据可能被其他非法用户修改，然后由授权用户执行更新，从而造成数据的完整性被破坏；授权用户读取保密数据后也可能不慎泄露或被非法用户窃取，从而破坏敏感数据的机密性。此外，访问控制无法防止间接访问，如信息推断。该情况下，非授权用户即使无法直接访问敏感数据的具体内容，但仍可获取部分关于这些敏感数据的信息，从而导致数据的机密性被破坏。例如，非授权用户虽然无法读取访问受限的敏感信息，但是通过观测敏感信息更新记录即可推断出相关事件的计划或进程。

1.3.3　信息流控制

在一些信息系统中，关键信息的机密性或完整性被破坏并不一定是由密码算法或访问控制机制的缺陷引发的，而是缺乏适当的信息流安全策略（information flow security policy）或者缺失保障信息流安全策略的有效机制所造成的[26]。信息流控制（Information Flow Control，IFC）机制严格限定了数据的许可流向，并且具备访问控制所不具有的传递性，即进一步严格规定了主体对客体数据的使用方式。考虑波音 787 客机中拟采用的用户娱乐和飞行控制共享网络架构[29]，访问控制机制规定了用户和飞行控制系统能够如何共用某些资源，但是并没有规定共享资源如何使用来自用户或飞行控制系统的数据。信息流控制机制则不同，它能够严格保证来自用户网络的数据不会流向飞行控制网络或对飞控系统造成干扰。严格的信息流控制能够保证敏感数据的机密性和完整性。此外，信息流和信息流安全策略都具有良好的数学描述，非常有利于在设计阶段对系统的安全属性进行形式化的验证，预先检测和消除系统中潜在的安全威胁，而非纯粹的被动防御。

信息流跟踪（Information Flow Tracking，IFT）是实现严格信息流控制最常用和最有效的途径[30]。信息流跟踪技术为数据分配一个标签，以反映数据的安全属性，如保密/非保密、可信/不可信。当数据参与运算时，数据的污染标签也随之在系统中传播。通过观测输出结果的标签类型，即可确定输出的安全属性从而根据信息流安全策略检查是否出现了有害信息流，并进一步对有害信息流动实现严格控制。该技术具有访问控制所不具备的传递性，能够有效监控信息在系统中的流动，防止有害信息流所造成的机密性或完整性破坏。该技术可针对系统栈的不同抽象层次，包括程序语言/编译器[30]、操作系统[31,32]、指令集架构[33,34]和运行时系统(runtime system)[35,36]等。然而，现有的信息流跟踪方法大多位于较高抽象层次上，缺少底层硬件实现的细节信息，因而无法捕捉到由硬件相关的时间隐通道(hardware-specific timing channel)[37,38]所引发的有害信息流。这些硬件相关的时间隐通道可通过系统中的状态单元(如缓存和分支预测器)或系统的不确定性行为(如缓存冲突、条件分支和循环结构的执行流程等)泄露敏感信息[27,28]。此外，时间信息流(timing flow)[37,38]还可能破坏关键嵌入式系统的实时特性，导致迟滞系统实时任务的执行，从而破坏系统的可用性。

消除硬件相关时间隐通道的常用方法主要包括物理隔离(physical isolation)[39]和时钟模糊(clock fuzzing)[40]。物理隔离技术为避免资源共享所引发的模块间干扰，对共享资源进行复制，从而保证各模块对资源的独享，从物理上对系统各模块进行隔离。物理隔离技术完全阻断了模块之间的信息共享，从而达到信息流控制的目的，能有效防止模块之间的相互干扰。但是，对共享资源进行复制会造成高额的设计开销，大大增加了设计成本。此外，物理隔离技术也阻断了模块之间的正常数据交互。例如，非保密信息向保密域的流动并不会造成机密性破坏。因此，物理隔离技术虽然具有较高的安全性，但是设计代价很高，灵活性较差。时钟模糊提供了一种消除硬件相关的时间隐通道的特别方法(ad hoc method)。该方法通过增大信道的熵来防止攻击者通过时序分析获取敏感信息[40]。该方法人为地在不可信设备的时钟信号中引入一些错误的时序信息，从而防止攻击者通过分析总线活动来获取敏感信息。然而实践证明：该方法除了造成更高的信噪比，降低信道的带宽，根本无法保证能够有效地消除时间隐通道[41]。

为了对高可靠系统中的信息流进行严格控制，有效检测和消除时间隐通道，Tiwari等提出了门级信息流跟踪(Gate Level Information Flow Tracking, GLIFT)方法，从逻辑门级抽象层次精确地监控每个二进制位信息的流动[42]。在门级抽象层次上，所有的逻辑信息流都表现为统一的形式，并且具有良好的显式特性。因此，GLIFT能够准确地捕捉全部逻辑信息流，包括硬件相关时间隐通道所引发的时间信息流。GLIFT是目前唯一一种可以检测到硬件相关时间隐通道的形式化方法[43]。

GLIFT给出了一种实现细粒度信息流控制的有效途径，从逻辑门级对系统中全部逻辑信息流进行精确度量，可通过捕捉有害的信息流动来检测和消除设计中潜在的安全漏洞，从硬件底层构建一个可信、可靠和可验证的安全基础，并可将逻辑门级的信息流度量与验证能力传递给系统栈中更高的抽象层次。该方法提供了一种跨层的(cross-layer)系统安全解决方案,能够有效防止由软硬件交互所引发的有害信息流动。GLIFT 提供了一种高可靠系统安全测试与验证的形式化方法,能够在设计阶段对系统的一些关键安全属性进行测试与验证[44],检测和消除有害信息流及相应的安全漏洞,防止黑客以系统局部漏洞为切入点的攻击。

虽然 GLIFT 已经作为一种有效的测试与验证方法被提出,但是,目前尚无相关文献对该方法的相关理论和原理进行系统的研究和总结。本书将对 GLIFT 的基础理论进行系统的阐述,主要包括该方法的基本性质定理、相关算法、复杂度理论、设计优化方法、实际应用原理等。本书的工作对于 GLIFT 方法在高可靠系统安全测试与验证中的实际应用有重要的意义。

1.4　本书主要研究内容

本书首先对信息流安全的相关理论进行了介绍,详细地讨论信息流跟踪技术,并在此基础上重点探讨了 GLIFT 方法的基础理论和应用原理,包括该方法的基本原理、GLIFT 逻辑的性质定理、形式化描述、生成算法、复杂度理论、设计优化问题,多级安全格模型下的 GLIFT 方法,以及该方法的应用原理与设计方法学等。本书的章节安排如下。

第 1 章简要回顾信息安全问题的起源与发展历程,对信息安全问题的主要发展方向进行探讨;并简单阐述高可靠系统在物联网、信息物理系统、云计算、大数据等领域不断兴起的技术背景下所面临的网络安全威胁,以及传统安全机制在应对这些安全威胁方面所存在的不足。

第 2 章主要介绍信息流安全相关理论,讨论数字系统中的信息流类型、信息流安全策略、经典信息流安全模型,以及常用的信息流安全机制,并对本书所采用的风险模型和研究方法进行阐述。

第 3 章重点讨论二级安全格(LOW⊏HICH)下的 GLIFT 方法的相关理论,对基本逻辑单元的 GLIFT 逻辑进行了形式化描述和复杂度分析;讨论 GLIFT 逻辑潜在的不精确性问题,并对造成此不精确性的原因进行分析和证明。

第 4 章将针对二级线性安全格(LOW⊏HICH)的基本 GLIFT 方法扩展至多级安全格,对该方法的基本理论进行扩展,讨论多级安全格下的标签传播策略,GLIFT 逻辑的形式化描述和设计复杂度问题。

第 5 章探讨精确 GLIFT 逻辑生成问题,对该问题的 NP 完全性进行证明;提出多种 GLIFT 逻辑生成算法,包括暴力算法、0-1 算法、构造算法、完全和算法、SOP-POS 算法、BDD-MUX 算法,以及扇出重回聚区域重构算法,并对这些算法的复杂度和精确性进行分析与证明。

第 6 章讨论 GLIFT 逻辑的设计优化问题,通过提出一种改进的编码方式,有效降低 GLIFT 逻辑的面积和性能开销，提高静态信息流安全验证的效率，并使得 GLIFT 逻辑可配置为冗余电路，同时达到增强系统安全性和容错的目的。

第 7 章介绍 GLIFT 方法的应用原理，包括静态信息流安全验证和动态信息流跟踪应用模式的设计方法学，此外，还将讨论该方法在开关电路设计与测试领域的相关应用。

第 8 章对 GLIFT 在实际应用中的测试与验证方法进行介绍，主要包括不同 GLIFT 逻辑生成算法的实现流程和 GLIFT 实际应用中常用的一些测试与验证工具。

第 9 章以 I^2C（Inter-Integrated Circuit）总线控制器、AES 密码算法核和算术逻辑单元（Arithmetic Logical Unit，ALU）为例，探讨 GLIFT 方法在安全测试与验证中的实际应用。

第 10 章对本书的工作进行总结，并对后续研究方向进行展望。

1.5　本书主要特点和读者对象

本书的主要特点体现在以下三个方面。

（1）时效性。本书针对近年来高可靠系统频繁受到攻击，高可靠系统信息安全问题日益突出的技术背景，详细介绍从信息流安全角度解决高可靠系统信息安全问题方向的最新研究进展，具有较强的时效性。

（2）理论性。本书系统地探讨了 GLIFT 方法的基本原理、性质定理、相关算法、设计复杂度和设计方法学等相关理论，具有一定的理论价值。

（3）实用性。本书还结合具体的设计实例阐述了 GLIFT 方法在工程实际中的应用原理和设计方法学，具有一定的实用价值。

本书涵盖了信息安全、数字电路、电子设计自动化和算法复杂度理论等相关学科。其中，在信息安全领域主要涉及基于格模型的信息流安全理论和方法；在数字电路方面主要涉及信息流模型的布尔逻辑描述和设计优化问题；在电子设计自动化领域主要介绍了一些电路设计、测试与验证的相关理论和方法；在算法复杂度理论方面主要涉及算法的设计与复杂度分析的一些相关知识。

本书可供信息安全、计算机体系架构和电子设计自动化领域的广大科研工作者和研究生阅读。读者需要具备信息安全、数理逻辑、计算复杂度、计算机体系架构和电子设计自动化等相关领域的基础知识。

第 2 章　信息流安全相关理论

本章主要介绍信息流安全的相关基础理论。首先，对数字系统中的信息流进行分类，进而讨论信息流安全策略的描述和经典的信息流安全模型；然后，对常用的信息流安全机制进行阐述；最后，介绍本书所采用的风险模型与研究方法。

2.1　信息和数据

"信息"是对某个事件或事物属性的描述[45]。信息总是通过数据形式来体现，加载于数据之上，并对数据含义进行解释。一般而言，数据是信息的载体，而信息是经过处理后有价值的数据。本书将大量使用"信息"和"数据"这两个术语，并且不对这两个概念进行严格区分。

2.2　信息流的定义

1976 年，Denning 首先提出了信息流的概念[46]。信息流是指信息的流动与传播，它表示信息之间的一种交互关系。一般而言，如果信息 A 对信息 B 的内容产生了影响，则信息从 A 流向了 B。信息流可分为物理信息流和逻辑信息流两大类。物理信息流是由一些物理现象所引发的信息流动，如信息通过电磁辐射、热辐射、光辐射等现象的传播。逻辑信息流则与系统的逻辑状态密切相关，信息相应地在数据处理、传输和存储过程中传播。由于逻辑信息流具有良好的数学描述形式，而物理信息流则难以采用数学手段进行度量，所以本书重点讨论逻辑信息流。

2.3　信息流的分类

在数字系统中，逻辑信息流通常分为显式流(explicit flow)、隐式流(implicit flow)和间接流(indirect flow)三类[26]。

2.3.1　显式流

显式流通常伴随着数据的直接移动，因此又通常称为数据流(data flow)。例如，在赋值语句中，信息会从源操作数流向目的操作数；在总线通信中，信息将从消息发送方流向消息接收方。因为显式流依赖于数据的移动，所以很容易捕捉到。代码 2.1 给出了一个显式流的例子。

代码 2.1　显式流

```
01:   TYPE_SECRET secret;
02:   TYPE_UNCLASSIFIED leak;
03:   leak := secret;
```

在代码 2.1 中，变量 secret 的类型是保密的（TYPE_SECRET），攻击者无法对其进行观测；变量 leak 的类型是非保密的（TYPE_UNCLASSIFIED），攻击者可观测到变量的值。当第 3 行的赋值语句执行完毕后，包含于变量 secret 中的信息即显式地流向了变量 leak。由于攻击者无法观测变量 secret 的值，而可对变量 leak 的值进行观测，所以该赋值语句所引发的显式流将导致包含于变量 secret 中的敏感信息泄露。

2.3.2　隐式流

隐式流源于系统的不确定性行为，如条件分支、条件循环和不确定性延迟等，又通常称为控制流（control flow）。在条件分支语句中，信息会从条件变量隐式地流向分支语句中被赋值的变量；程序执行过程中，处理器缓存命中（hit）和错失（miss）之间的延时差异会形成隐式的时间通道（timing channel）。代码 2.2 给出了一个隐式流的例子。

代码 2.2　隐式流

```
01:   TYPE_CONFIDENTIAL secret;
02:   TYPE_UNCLASSIFIED leak;
03:   IF(secret & 0x01) THEN
04:     leak := TRUE;
05:   ELSE
06:     leak := FALSE;
```

在代码 2.2 中，变量 secret 的类型是保密的（TYPE_CONFIDENTIAL），攻击者无法对其进行观测；变量 leak 的类型是非保密的（TYPE_UNCLASSIFIED），攻击者可观测到变量的值。当变量 secret 的最低位为'1'时，分支条件为真，leak 将被赋值为 TRUE；反之，当变量 secret 的最低位为'0'时，分支条件为假，leak 将被赋值为 FALSE。由于攻击者可对变量 leak 的值进行观测，所以通过观测程序执行完毕后变量 leak 的值，攻击者即可成功推断变量 secret 的最低位是否为'1'，即变量 secret 的最低位泄露向了 leak 变量。与显式流不同的是，变量 secret 中所包含的信息并非通过赋值方式直接流向变量 leak，而是通过程序的流程控制隐式地流向了变量 leak。

代码 2.2 所引发的隐式流只导致了变量 secret 的最低位流向了变量 leak，代码2.3给出了使整个secret变量发生泄露的例子。

代码 2.3　隐式流

```
01:  TYPE_ CONFIDENTIAL secret;
02:  TYPE_UNCLASSIFIED leak;
03:  WHILE (secret) BEGIN
04:    IF(secret & 0x01) THEN
05:      leak := TRUE;
06:    ELSE
07:      leak := FALSE;
08:  END
```

2.3.3　时间信息流

时间信息流是一种特殊的隐式流。相关工作显示：系统不确定性的时序行为通常会导致难以检测的时间隐通道，这些时间隐通道通常会引发时间信息流，从而使敏感信息发生泄露。代码 2.4 给出了一个时间信息流的例子。

代码 2.4　时间信息流

```
01:  TYPE_TOPSECRET secret;
02:  TYPE_UNCLASSIFIED done = FALSE;
03:  IF(secret == TRUE) THEN
04:    heavy_computation();
05:  done := TRUE;
```

在代码2.4所示的代码段中,变量secret的类型是绝密的(TYPE_TOPSECRET),攻击者无法对其进行观测；变量 done 的类型是非保密的(TYPE_UNCLASSIFIED),攻击者可观测到变量的值。当变量 secret 的值为真(非零)时，程序将执行密集的运算操作，消耗大量的 CPU 时间，此时，从程序开始执行到变量 done 的值置为 TRUE 有较为明显的延迟，而当变量 secret 的值为假(零值)时，变量 done 的值将直接置为 TRUE。因此，攻击者通过观测从程序开始执行到变量 done 置为 TRUE 所经历的时间间隔即可推断变量 secret 的值是否非零，即变量 secret 中所包含的敏感信息通过代码 2.4 中隐含的时间隐通道发生了泄露。时间信息流所对应的时间隐通道通常可用于发起时序攻击(timing attack)。例如，RSA 密码算法实现中通常会采用蒙哥马利(Montgomery)算法来提高模幂运算的效率。在蒙哥马利模幂算法中，当密钥的当前位为'1'时，需要执行一次模乘运算；而当密钥的当前位为'0'

时，仅需执行一次赋值。这两种操作之间存在一定的时间差异。通过精确的时间测量和统计分析，即可能推断出 RSA 算法的私钥[47]。

2.3.4　间接流

间接流源于信息流动的传递性，由若干具有传递关系的显式流共同引发。代码 2.5 给出了一个间接流的例子。

代码 2.5　间接流

```
01:  TYPE_SECRET secret1, secret2;
02:  TYPE_UNCLASSIFIED leak;
03:  secret2 := secret1;
04:  leak := secret2;
```

在代码 2.5 所示的代码段中，变量 secret1 和变量 secret2 的类型是保密的（TYPE_SECRET），攻击者无法对其进行观测；变量 leak 的类型是非保密的（TYPE_UNCLASSIFIED），攻击者可观测到该变量的值。首先，包含于变量 secret1 中的敏感信息通过第 3 行所示的赋值语句显式地流向了变量 secret2，然后，当第 4 行所示的赋值语句执行完毕后，包含于变量 secret2 中的敏感信息又进一步地流向了变量 leak，因此，当整个代码段执行完毕之后，包含于变量 secret1 中的敏感信息即传递性地流向了变量 leak。此时，由第 3 行和第 4 行赋值语句所引发的两条具有传递关系的显式流即共同构成了一条间接流。由于间接流由显式流引发，它并不能脱离显式流而单独存在，所以在信息流分析中，通常只需关注构成间接流的显式流。当每一条显式流都不会造成敏感信息泄露时，整个间接流也必然不会导致信息泄露。鉴于上述原因，本书在后续章节中将不再单独对间接流进行讨论，而只重点关注显式流、隐式流和时间信息流。

由代码 2.1~代码 2.5 可见，数字系统中的信息流可能导致敏感信息泄露，因此在系统设计阶段有必要考虑系统的信息流安全问题，制定合理的信息流安全策略，采用有效的信息流安全模型和信息流安全机制，来防止系统中有害信息流所引发的安全问题。

2.4　信息流安全策略

2.4.1　信息流安全主体和客体

信息流分析中，信息安全主体通常是指信息的访问和处理者，如用户和进程；信息安全客体可以是一个逻辑结构，如文件、数据库记录、记录中的数据域和程序变量等，也可能是一个物理结构，如存储器单元、寄存器或者用户。

2.4.2　信息流安全等级

信息流安全中，通常根据机密或可信程度的差异，将数据划分为不同的安全级别。例如，军事部门一般把信息划分为"绝密"、"机密"、"秘密"和"非保密"（又称为无密）这四个数据机密性等级；从信息完整性角度，又可简单地将数据分为"可信"和"不可信"两个安全级别。每个安全级别信息的集合构成一个安全类(security class)。信息流安全策略用于规定信息的安全类和客体安全类之间的关系，以及不同安全客体之间的信息流动关系[26,46,48]。

2.4.3　信息流的格模型

1976 年，Denning 在其博士论文中首次提出了格模型(lattice model)，用以描述信息流的信道和策略[46]。为了便于后续讨论，本书引用文献[26]中格的相关定义。

定义 2.1(格)　给定偏序集合$(L, \sqsubseteq)$，其中 L 是元素集合，$\sqsubseteq$是定义于元素集合上的偏序关系。若 L 中的任意两个元素 a 和 b 都有最小上界和最大下界，则称二元组$(L, \sqsubseteq)$构成一个格。格中每一对元素的最小上界和最大下界分别用 $a \oplus b$ 和 $a \odot b$ 来表示，其中 $\oplus$ 和 $\odot$ 分别是最小上界和最大下界运算符。

实际信息安全系统中，主体和客体的数量通常都是有限的。因此，本书仅关注有限格，即要求 L 为有限集。假设 $L = \{a_1, a_2, \cdots, a_n\}$ 为有限格的元素集合，分别定义该有限格上的最小上界(也称为最大元素，记为 HIGH)和最大下界(也称为最小元素，记为 LOW)为

$$\text{HIGH} = a_1 \oplus a_2 \oplus \cdots \oplus a_n$$
$$\text{LOW} = a_1 \odot a_2 \odot \cdots \odot a_n$$

定义 2.2(线性格)　线性格$(L, \sqsubseteq)$中的 N 个元素之间构成线性关系，且 L 中的任意两个元素 a 和 b 都必须满足以下条件，其中 max 和 min 运算由格的偏序关系定义。

(1) $a \oplus b = \max(a, b)$ 。

(2) $a \odot b = \min(a, b)$ 。

(3)LOW 元素对应于线性序列最低端的元素。

(4)HIGH 元素对应于线性序列最高端的元素。

定义 2.3(子集格)　给定一个有限集 S，S 的全部子集构成一个集合，该集合上的一个非线性排列组成一个子集格。子集格上的偏序关系$\sqsubseteq$对应于子集之间的包含关系；最大元素对应于所有子集的并$(\cup)$，即 S 本身；最小元素对应于所有子集的交$(\cap)$，为空集$\{\}$。

定义 2.4（格的乘积） 设$(L, \odot, \circledast)$是一个代数系统，$\odot$和$\circledast$为集合L上的二元运算。如果这两种运算都满足交换律和结合律，并且也满足吸收律，即$a\odot(a\circledast b) = a$ 和 $a\circledast(a\odot b) = a$，则代数系统$(L, \odot, \circledast)$也构成一个格。

设$(L, \odot, \circledast)$和$(S, \vee, \wedge)$是两个格，定义代数系统$(L\times S, +, \cdot)$，对于任意$(a_1, b_1), (a_2, b_2) \in L\times S$则有

(1) $(a_1, b_1) + (a_2, b_2) = (a_1 \odot a_2, b_1 \vee b_2)$；

(2) $(a_1, b_1) \cdot (a_2, b_2) = (a_1 \circledast a_2, b_1 \wedge b_2)$；

则称代数系统$(L\times S, +, \cdot)$是格$(L, \odot, \circledast)$与格$(S, \vee, \wedge)$的乘积。

定义 2.5（安全格，security lattice） 任何一个信息流安全策略都可用一个形如$(SC, \sqsubseteq)$的安全格来描述[26]。其中，SC 是安全类集，包含了客体可能属于的安全类；$\sqsubseteq$是定义在该安全类集上的偏序关系，规定了不同安全类之间许可的数据流向，即只允许信息在同一安全类内或者向更高级别的安全类流动（本书在后续讨论中重点关注信息在安全类之间的流动）。格结构要求 SC 中的每对元素，即任意两个安全类，都有最小上界和最大下界。图 2-1 给出了几种简单的安全格结构。图中的符号代表安全类，而箭头指示了安全类之间许可的数据流向，反映了定义在安全格上的偏序关系。

图 2-1 安全格示例

图 2-1(a)所示为常用的二级线性安全格，该安全格的安全类集包含了 HIGH 和 LOW 两个安全类。在完整性分析中，HIGH 对应于"不可信"子类，LOW 对应于"可信"子类，安全格上的偏序关系规定：可信数据能够流向可信和不可信安全类，而不可信数据流只能在不可信类内部流动，不可信数据流向可信安全类将违反信息流安全策略。在机密性分析中，HIGH 对应于"保密"子类，LOW 对应于"非保密"子类，安全类集上的偏序关系规定：非保密信息可流向保密安全类，反向的信息流动则会违反信息流安全策略。

图 2-1(b)和图 2-1(c)所示分别为三级和四级线性机密性安全格的例子。以图 2-1(c)为例，该安全格的安全类集包含 Unclassified（非保密）、Confidential（机

密）、Secret（秘密）和 Top Secret（绝密）四个安全类。安全类集上的偏序关系规定：非保密信息可以流向任何安全类的客体，机密信息只能流向秘密和绝密类型的客体，秘密信息只能流向绝密类型的客体，所有其他反向的信息流动均会违反信息流安全策略。

　　图 2-1（d）描述的是一个方形非线性机密性安全格。该安全格的安全类集包含 Unclassified（非保密）、Secret1（密级 1）、Secret2（密级 2）和 Top Secret（绝密）这四个安全类，图中的箭头规定了许可的信息流向。与图 2-1（a）、图 2-1（b）的不同之处在于：该安全格的安全类集包含无序的安全类"密级 1"和"密级 2"。在该安全格所描述的信息流安全策略中，"密级 1"和"密级 2"之间的信息流动也是不允许的，这两个无序安全类可对应于两个独立的、同级别的安全机构，如美国政府下属的中央情报局和联邦调查局。

　　现定义函数 $L: x \rightarrow SC$ 来表示客体 x 所属的安全类。在给定的安全格下，若 $L(A) \sqsubseteq L(B)$，则表明客体 A 的安全类不高于客体 B 的安全类，在此情况下，信息从客体 A 流向客体 B 是符合信息流安全策略的。考虑图 2-2 所示代码段中所包含的信息流。

```
1:    A = 0; E = 1;

2:    B = A; // 显式流
3:    D = B; // 间接流

4:    if (!C)
5:    B = E; // 隐式流
```

图 2-2　程序代码段中的信息流

　　第 2 行和第 3 行的显式流分别要求 $L(A) \sqsubseteq L(B)$ 和 $L(B) \sqsubseteq L(D)$，其共同引发的间接流要求 $L(A) \sqsubseteq L(B) \sqsubseteq L(D)$。由此可见，只要引发间接流的每条显式流都符合信息流安全策略，即可保证间接流是安全的。第 4 行和第 5 行的隐式流要求 $L(E) \sqsubseteq L(B)$，且 $L(C) \sqsubseteq L(B)$，其中，后者用于保证隐式流的安全性。信息流的合法性将影响系统的信息安全状态。初始状态安全的系统，当所有的信息流都符合信息流安全策略时，即可保证系统始终是安全的，否则系统的安全状态将受到破坏。相关文献对格模型用于描述信息流的信道和策略进行了详细的介绍，本书不再对此进行深入讨论，感兴趣的读者请参考文献[26,46,48]。

2.5　常用信息流安全模型

安全模型除用于精确和形式化地描述信息系统的安全特性，还用于解释系统安全相关行为的原因。信息流安全模型主要着眼于客体之间信息传输过程的控制。模型需遵循的规则是：当系统发生状态转换时，信息只能从访问级别低的状态流向同一访问级别或访问级别更高的状态[26,46,48]。常用的信息流安全模型包括军用模型[49]、Bell-LaPadula 模型[50]、Biba 模型[51]和无干扰(non-interference)模型[52]等。

2.5.1　军用模型

在军用信息系统中，对敏感信息的访问通常遵循"最小特权"(least privilege)原理和"知其所需"(need to know)原则对用户进行管理。"最小特权"原理是指在确定主体对客体的访问权限时，仅赋予它最低需要的许可权限。"知其所需"原则是对主体了解信息范围的限制，主体只应知道他所需的那些机密和秘密级别的信息。军用信息系统中，所有的信息都可划分为非保密、秘密、机密和绝密四个互不相交的安全级别；此外，各主体自身的权限也存在差异，所需知道的信息范围也不尽相同，军用安全模型反映了这些特点[26,49]。

针对军用信息系统对信息流控制的需求，可采用两个安全格的乘积(定义 2.4)来描述这种多级安全策略[26]。其中一个是由非保密、秘密、机密和绝密四个信息安全类所组成的线性格(定义 2.2)，另一个是由信息主题集合的所有子集组成的子集格(定义 2.3)。在该乘积格中，每个节点形成一个安全类，可采用二元组(R,C)来表示。其中，R 表示该范围的密级，C 表示信息范围。考虑任意两个安全类(R_1,C_1)和(R_2,C_2)，则在该乘积格中有以下结论成立。

(1) $(R_1,C_1) \sqsubseteq (R_2,C_2)$，当且仅当 $R_1 \sqsubseteq R_2$ 和 $C_1 \sqsubseteq C_2$，规定了安全类之间的信息流关系，信息只能在一个安全类之内或者向更高级别的安全类流动，但不允许流向低级别或者无关的安全类。

(2) $(R_1,C_1) \oplus (R_2,C_2) = (\max(R_1,R_2),(C_1 \cup C_2))$，最小上界的安全类。

(3) $(R_1,C_1) \odot (R_2,C_2) = (\max(R_1,R_2),(C_1 \cap C_2))$，最大下界的安全类。

(4) LOW = {非保密, {}}，即最小安全类。

(5) HIGH = {绝密, 信息主题全集}，即最大安全类。

在(1)中规定的安全类之间的关系⊑，用于限定一个主体可访问的信息的密级和内容。它表明仅当一个主体的许可级别至少和所访问客体的安全级别一样高，且该主体需要知道该信息范围中所涉及的全部信息时，该主体才能够访问客体信息。上述军用安全模型体现了在军事与政府部门内信息的机密性和"知其所需"

的要求，利用机密性级别组成的线性格与信息主体子集格的乘积格恰当地描述了此类系统中的安全需求与信息流控制策略[26,49]。

2.5.2　Bell-LaPadula 模型

Bell-LaPadula 安全模型简称为 BLP 模型，是最早提出的安全模型之一，也是公认的最著名的多级安全模型，目前已经成为多级安全策略的代名词。BLP 模型由 Bell 和 La Padula 于 1973 年共同提出，目的是将遵循军用安全策略的计算机操作系统模型化[26,50]。

BLP 模型是基于数据机密性的多级信息流安全模型。该模型用于描述安全系统中许可的信息流向，可描述不同机密性级别的主体与客体之间许可的信息交互。BLP 模型的目标是通过检查系统中可能发生的信息流，以发现是否存在危害信息安全的流。该模型不仅可用于分析同一硬件平台上并行执行的不同安全级别的程序的安全性；还可用于验证高密级的程序是否将敏感数据泄露给了低密级的程序，或低密级的程序是否访问了高密级的数据。

BLP 模型是一个状态机模型，它不仅形式化地定义了系统、系统状态和状态之间的转换规则，还定义了安全的概念，制定了一组安全特性，并以此对系统状态和状态转换规则进行约束。该模型下，对于一个系统，如果它的初始状态是安全的，并且所经过的一系列状态转换都是符合安全规则的，则可以保证该系统始终都是安全的。

BLP 模型的安全策略包括两个部分：自主安全策略和强制安全策略[26,50]。自主安全策略采用访问矩阵来描述，访问权限包括 r(只读)、w(读写)、e(执行)、a(附加)和 c(控制)等模式。强制性策略包括两条重要特性：简单安全特性和*-特性，其形式化描述如下。

假设安全系统中包括主体集 S 和客体集 O，对于任意主体 $s \in S$ 和任意客体 $o, p \in O$，存在固定的机密性级别 $T(s)$，$T(o)$ 和 $T(p)$，则机密性级别根据偏序关系 $\sqsubseteq$ 排序。

(1)简单安全特性：仅当 $T(o) \sqsubseteq T(s)$ 时，主体 s 才对客体 o 有读权限。

(2)*-特性：仅 $T(o) \sqsubseteq T(p)$ 时，对客体 o 有读权限的主体 s 才可对客体 p 有写权限。

简单安全特性要求在安全系统中，具有读某客体权限的主体的机密性级别必须至少和该客体的机密性级别一样高。*-特性要求主体读取某安全级别的信息后，不能把信息写入比该信息机密性级别低的其他客体中。该性质可防止高敏感级别的主体把机密性级别高的数据向下传递给机密性级别低的客体所引发的敏感信息泄露[26]。

2.5.3　Biba 模型

　　BLP 模型从信息机密性的角度考虑系统的安全性，重点防范可能导致信息泄露的行为[26,50]。对于信息系统而言，信息安全的另一项重要特性是数据的完整性，即数据是否被恶意篡改，是否真实可信。Biba 模型从保护信息完整性的角度研究系统的安全问题，并给出了防止数据被非法篡改的方法。

　　Biba 模型是仿照 BLP 模型构建的。该模型定义了完整性类结构，每个完整性类包括完整性级别和信息类，即保护对象。完整性类集由完整性级别集合与信息类集合的乘积构成。完整性级别对应于 BLP 模型中的机密性级别。仿照 BLP 模型，Biba 模型在完整性类之间定义了⊒关系，描述完整性类之间的偏序，以符合格结构的定义。主体 s 和客体 o 按照完整性级别的分类进行排序，它们的完整性级别分别记为 $I(o)$ 和 $I(s)$。Biba 模型定义了完整性信息流控制策略，包括简单完整性和完整性*-特性[26,51]。

　　(1) 简单完整性：主体 s 可以修改客体 o，仅当 $I(s) \sqsupseteq I(o)$。

　　(2) 完整性*-特性：如果主体 s 对完整性级别为 $I(o)$ 的客体有读访问权限，则对于客体 p，仅当 $I(o) \sqsupseteq I(p)$ 时，s 才可对 p 有写权限。

　　上述两条特性严格防止了低完整性级别的主体对高完整性信息的修改。Biba 模型注重信息的完整性，防止低完整性的信息破坏高完整性的信息，但忽略了信息的机密性；BLP 模型则正好相反，忽略了信息的完整性。

2.5.4　无干扰模型

　　Goguen 和 Meseguer 从无干扰的角度对安全进行了形式化[52]。无干扰模型是一个状态机模型，也是针对系统机密性提出的。在该模型下，系统由一系列的状态、许可的操作类型和对应于状态的输出来共同描述。操作决定系统状态的转换和输出的变化。为了讨论安全，该模型将系统划分为不同的安全域(security domain)。预定义的信息流安全策略规定了不同安全域之间许可的信息流向。不同安全域的主体和客体通过执行一系列的操作与系统交互，并观测操作之后的结果，即系统状态的变化[52-55]。

　　无干扰模型从信息流的角度定义系统安全，并对信息流的概念进行了形式化。模型核心思想是：当安全域 u 所执行的操作使安全域 v 观测的系统状态，有别于这些操作没有执行前的系统状态时，则认为信息从安全域 u 流向了安全域 v。因此该模型定义，给定一个安全域 v，如果 v 不能分辨出系统执行一系列操作后的状态，与执行同一操作系列但去掉来自要求与 v 无干扰安全域的操作后的状态间的差异，则系统是安全的[54]。在状态机模型下，安全性的定义要求一个安全域所观测的系统输出不能受到来自于该安全域无干扰安全域的操作的影响。无干扰模型采用 Goguen 和 Meseguer 所提出的 Unwinding 定理[52]来验证系统的安全性。该定理提供了一种用于验证系统是否符合无干扰策略的实用方法，并可有效地将无干扰策略与访问控制机制联系起来。

除了 Goguen 和 Meseguer 的基本无干扰模型[52]，无干扰模型还包括广义无干扰模型[56]、不可演绎模型[57-59]、解析模型[60,61]、不可推断模型[56,62]、隔离模型[56]等。无干扰模型的早期研究主要是在非经典状态机模型与迹理论框架内进行的，在这方面较为完整的理论描述可见文献[63]。1987 年，Foley[64]使用进程代数 CSP[65]研究信息流理论。1990 年 Ryan 使用 CSP 对无干扰模型进行了重新表述[66]，此后，进程代数成为研究信息流安全性质的有效工具之一[67]；Allen[68]、Forster[69]、Ryan[66,67,70]、Roscoe[71,72]、Schneider[73]等在 CSP 框架下对信息流安全性质进行研究；基于进程代数 CCS[74,75]的简单扩展语言 SPA，Focardi 和 Gorrieri 研究进程的可复合安全性质[76,77]。除了 CSP 和 CCS，π 演算[75]等其他进程代数也都作为分析和证明安全性质的有效工具。

除了上述模型，还有一些常用的信息流安全模型，如 Chinese Wall 模型等。此外，采用一些形式化的证明方法，可以证明 BLP 模型与无干扰模型的等价性[56]。因此，本书在讨论中主要采用扩展的无干扰模型[54]，通过阻止模块之间不期望的交互来保证系统的机密性和完整性。

2.6　信息流控制机制

信息流控制机制是指对信息流动实现严格监控，从而保障系统信息流安全策略的方法与技术。这些机制通常可以分为两类[26]：一类基于安全模型和推理系统，此类方法利用程序正确性证明技术验证程序的安全性，利用"格模型和 Hoar 功能正确性推理系统"上的信息流演绎系统，能够给出一种精确的安全性实施机制；另一类基于程序执行机制。计算系统中，程序的执行一般需要经过两个阶段：首先是编译阶段，在此阶段中源程序被翻译成可执行的目标代码或配置信息；然后是执行阶段，系统分配资源后，将目标代码或配置调入内存或可重构器件执行。相应地，信息流控制机制也有两种设计与实现方法：一种是在程序编译阶段即对信息流的安全性进行检查和验证的机制；另一种是将信息流安全性检查留到执行阶段进行[26]。

需要指出的是：本书所讨论的程序是一个广义的概念，既包括面向处理器架构的软件程序，也包括面向可重构平台的硬件程序。相应地，程序语言既包括高层算法语言，如 C、Java、Python 等，也包括底层硬件描述语言（Hardware Description Language，HDL），如 VHDL、Verilog 等。虽然存在着执行平台、设计语言和设计方法等方面的差异，但是，软件和硬件程序的信息流控制机制都包括基于编译的机制和基于执行的机制两种[26]。基于编译的机制通过静态的程序语言的语义分析来验证信息流的安全性，属于静态验证的方法；基于执行的机制则在程序的执行过程中动态地监控信息流的安全特性，属于动态信息流跟踪（Dynamic Information Flow Tracking，DIFT）方法。

2.6.1　基于编译的机制

基于编译的机制主要根据 Denning 及其合作者所建立的简单程序证明机制[46]。它是为了证明"执行在安全系统中的应用程序的内部流"开发的，而不是用于证明安全核（security kernal）。这种机制可以保证程序中每条语句的安全执行，其中包括可能不被执行的，以及如果执行不会引发有害信息流的语句。这种安全机制很容易集成到编译环境中，但是这种机制是不精确的，它会保守地拒绝一些安全的语句[26]。

该机制首先由安全类来构造一个子集格（定义 2.3），用于表示许可的输入/输出关系。子集格的总体称为流说明，在流说明的基础上，程序证明中每个客体都被赋予固定的安全类，避免了由可变安全类引起的问题。同时，函数没有被限制为特定安全类的参数，实际参数的安全类仅需要满足对形式参数定义的约束关系。该机制需要定义各种语句的安全性要求，并在编译的语义分析阶段检查程序的安全性。

基于编译的机制中，编译器需在翻译程序语义的同时，计算目标代码中相应客体的安全类和客体安全类之间的关系，并检查这些关系是否符合可能发生的那些信息流的安全要求。与基于执行的机制不同之处在于，在编译阶段只能生成但不能执行目标代码。因此，基于编译的机制并不能有效地捕捉程序的动态特性，而对于这些未知特性，只能采取保守的控制策略，从而可能将一些安全的语句验证为不安全。基于编译的机制的优势是便于实现，且很容易集成到编译器中，能够用于静态地分析程序的安全性，而不需要引入额外的设计，不会对系统的性能造成影响。该机制的不足之处在于无法有效地捕捉程序的动态特性，通常会保守地拒绝一些安全的语句。

2.6.2　基于执行的机制

相对于基于编译的机制，在程序执行阶段进行信息流安全检查的方法更加直观和便于理解。可将信息流控制集成到系统的安全机制中，具体方法如下[26]。

为每个进程或硬件实体 P 指定一个安全类 L(P)，该安全类规定了 P 可以读出的最高安全类和可以写入的最低安全类。安全策略允许 P 读访问客体 x，仅当 L(x) ⊑ L(P)；允许 P 写访问客体 y，仅当 L(P) ⊑ L(y)。因此，P 能够从客体

$x_1, x_2, \cdots, x_n$ 中读出，而向客体 $y_1, y_2, \cdots, y_n$ 中写入，仅当

$$L(x_1) \oplus L(x_2) \oplus \cdots \oplus L(x_n) \sqsubseteq L(P) \sqsubseteq L(y_1) \oplus L(y_2) \oplus \cdots \oplus L(y_n)$$

该关系能够用于保证系统中全部信息流，包括显式流和隐式流，都是安全的。以下具体说明动态安全检查的方法。

首先，假定每一个客体都具有固定的安全类。

(1) 显示流。一个显式流总对应一个形如 $y := f(x_1, x_2, \cdots, x_n)$ 的赋值语句。只要在对 y 赋值时保证关系 $L(x_1) \oplus L(x_2) \oplus \cdots \oplus L(x_n) \sqsubseteq L(y)$ 成立，即可确保显式流 $x_i \rightarrow y$ $(i = 1, 2, \cdots, n)$ 的安全性。如果关系成立，则赋值语句可以正常执行，否则产生一个错误信息，并跳过赋值语句或使程序终止，即可保证系统的安全性。

(2) 隐式流。考虑条件赋值语句 if $f(x_1, x_2, \cdots, x_n)$ then $y := g(y)$，只要在对 y 进行赋值时保证关系 $L(x_1) \oplus L(x_2) \oplus \cdots \oplus L(x_n) \sqsubseteq L(y)$ 成立，即可确保隐式流 $x_i \rightarrow y$ $(i = 1, 2, \cdots, n)$ 的安全性。如果关系成立，则赋值语句可以正常执行；否则跳过该语句且不报错，即可保证安全性。如果关系不成立，程序报错，则会造成一比特位的信息泄露。

(3) 显式与隐式的混合流。如果一个赋值语句 $y := f(x_1, x_2, \cdots, x_n)$ 是以变量 $x_{m+1}, x_{m+2}, \cdots, x_n$ 为执行条件的，那么执行机制只需在对 y 进行赋值时检查关系 $L(x_1) \oplus L(x_2) \oplus \cdots \oplus L(x_m) \oplus L(x_{m+1}) \oplus \cdots \oplus L(x_n) \sqsubseteq L(y)$ 是否成立，即可保证显式流 $x_i \rightarrow y$ $(i = 1, 2, \cdots, m)$ 和隐式流 $x_j \rightarrow y$ $(j = m+1, m+2, \cdots, n)$ 的安全性。如果关系成立，则赋值语句可以正常执行；否则跳过该语句且不报错，即可保证安全性。如果关系不成立，程序报错，则会造成一比特位信息泄露。

然后，假定每一个客体都有可变的安全类，客体的安全类会随着信息的流动而变化。此时控制客体安全类变化的方法如下。

(1) 当显式流进入客体时，才修改客体的安全类，即在执行 $y := f(x_1, x_2, \cdots, x_n)$ 时，置 y 的安全类为 $L(y) = L(x_1) \oplus L(x_2) \oplus \cdots \oplus L(x_m)$。

(2) 如果赋值语句 $y := f(x_1, x_2, \cdots, x_m)$ 是以变量 $x_{m+1}, x_{m+2}, \cdots, x_n$ 为条件的，则隐式流 $x_j \rightarrow y$ $(j = m+1, m+2, \cdots, n)$ 应当作为固定的安全级别被证明，即需要保证 $L(x_{m+1}) \oplus L(x_{m+2}) \oplus \cdots \oplus L(x_n) \sqsubseteq L(y)$ 成立，此时无须修改 y 的安全类。

上述方法，无论对于固定安全类还是可变安全类的客体，构造一个执行时的实施机制都是非常简单的，并且该方法能够捕捉到程序的一些动态特征，可在一定程度上克服静态分析方法的保守性，这是该方法的主要优点。但是，为了防止发生信息泄露，通常需要使程序终止且不能报错；此外，该方法需要向设计中添加实现信息流控制机制的附加代码，从而带来额外的设计和性能开销。这是基于执行机制方法的主要缺点。

2.7　信息流跟踪技术

2.7.1　信息流跟踪

严格的信息流控制是保证信息流安全的根本途径，而信息流跟踪则是实现信息流控制最常用的技术[30]。图 2-3 所示为信息流跟踪技术的基本原理。该技术为每个数据单位(二进制位、字节或处理器字)分配一个标签，以反映该数据单位的属性，如可信/不可信。在数据运算过程中，标签也随之在系统中传播。在系统输出端，输出的标签类型反映了输出数据的属性。

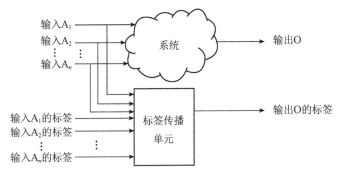

图 2-3　信息流跟踪技术的基本原理

如图 2-3 所示，除了原系统的数据运算单元，还需一个附加的标签传播单元，按照预定义的标签传播策略，根据当前操作类型和操作数标签来确定运算结果的标签，并通过静态分析或动态检查运算结果的标签，即可有效防止违反信息流安全策略。例如，在执行条件跳转时，必须检查条件变量的标签是否为可信；当数据流向某安全域时，必须根据数据标签类型检查该信息流是否会引发泄密。

图 2-4 所示为系统的完整性和机密性属性。完整性属性要求，来自不可信域的数据不能对系统的可信计算环境造成影响；机密性属性要求，保密数据不能流向非保密域。

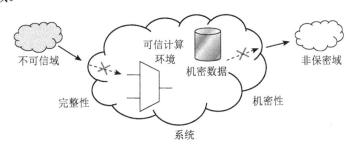

图 2-4　系统的完整性和机密性属性

信息流跟踪技术常用于防止可信数据受到不可信输入的影响或机密数据流向非保密的输出。相关研究工作表明：该技术能够有效地检测和阻止多种类型的恶意攻击，包括缓冲区溢出，格式化字符串攻击，结构化查询语言（Structured Query Language， SQL）注入和跨站脚本攻击等[78]。信息流跟踪技术有多种应用模式，它既可用于在设计阶段静态地验证系统中是否存在违反安全策略的有害信息流；也可通过后端物理实现方式，动态地监控系统中信息的流动。信息流跟踪技术广泛应用于信息系统的各个抽象层次，从程序语言[30,79-81]、编译器[82,83]、操作系统[31,32,84]到有硬件支持的信息流跟踪系统[33,34,85-89]。Schwartz 等在最近的一篇综述中对信息流跟踪在信息流安全和漏洞检测方面的应用进行了详细的总结[90]。

国内大量的科研院所也在积极从事信息流安全方面的研究。张迎周和刘玲玲对信息流安全技术的研究进展进行了总结，包括信息流基本模型、信息流控制机制和信息流安全形式化方法等[91]。丁志义等对类型系统用于程序正确性验证进行了研究，采用类型系统来描述程序的性质，并利用程序自动验证技术对程序正确性进行验证[92]。王立斌建立了一种具有完整性安全等级的安全类型和类型规则集，证明该类型系统的类型合理性，并构造了一种实现完整性信息流控制的安全类型系统[93]。华保健等[94]针对软件设计的安全性需求，设计了一种类 C 的安全程序语言，并对它的安全性定理进行了证明。赵保华等[95,96]研究并提出了基于信息流分析的安全系统验证方法。黄强和曾庆凯[97]提出了一种基于流和上下文敏感的信息流分析技术与一种细粒度、可扩展的污点传播检测方法，可以检测缓冲区溢出、格式化串漏洞等程序脆弱性。唐和平等[78]提出了一种基于动态信息流分析的漏洞检测系统，使用信息流方法分析污染数据的传播范围，对可能使用污染数据的函数进行污染检查。陈海波等[98,99]针对云计算平台的安全性，提出了基于猜测执行硬件的安全技术，利用猜测执行硬件设计与实现了动态信息跟踪系统，以及基于动态信息流跟踪技术的二进制混淆系统。

上述研究工作表明，信息流跟踪技术是一种有效的安全手段。但是，在该技术的应用中，需要大量的验证工作才能保证分析的完整性。此外，很多信息流跟踪方法都只能捕捉到显式信息流[33,34,86]，从而导致信息依然能够通过隐式依赖关系（控制流）泄露[100]，仍然无法完全阻止恶意代码通过安全漏洞对系统的攻击[101]。

2.7.2　程序语言层的信息流跟踪技术

一些程序语言层的信息流跟踪方法能有效地捕捉到由分支和循环语句所导致的隐式流[30,102]；一些安全的程序语言，如 Java 即可检查并消除程序中的一些不确定性行为[103]。但是，这些方法都不能有效利用系统体系架构层的一些实现细节来检测隐藏于软硬件接口之下的有害信息流，也无法有效捕捉共享体系架构下的一些资源，如缓存、分支预测器、功能单元等所隐含的时间隐通道[27,28]。这些隐通道虽然引起了设计者的普遍关注，但是尚无有效的设计方法和工具来消除它们。

2.7.3　操作系统层的信息流跟踪技术

作为上述方法的一种补充，操作系统层面上的信息流跟踪方法利用操作系统的一些抽象结构，如进程、管道和文件系统等来监控信息的流动[31,32,104]。Flume是一个采用操作系统抽象来有效保证无干扰特性的典型例子，但是它忽略了硬件相关的时间隐通道[31]。Verve 是一个在指令层次验证过的安全操作系统，但是它无法检测那些在指令集架构层次上才能捕捉到的信息流[105]。Karger 给出了一个基于 vax-vmm 安全内核的安全系统设计实例，它表明在较高抽象层次上考虑时间隐通道的困难性[41]。最终设计者采用时钟模糊策略，通过增大信道的熵来解决时间隐通道问题[40]。然而该方法除了使信道的带宽受到影响，根本无法保证完全消除时间隐通道[41]。

2.7.4　体系架构层的信息流跟踪技术

体系架构层的信息流安全分析方法主要采用基于指令集和硬件描述语言的数据流分析[106,107]。但是现有的分析方法大多都是不精确的，从而导致很多已经严格证明的安全系统被验证为不安全的。因此，需要一种能够有效考虑所有抽象层次上的信息流安全问题，并且能够有效捕捉显式流、隐式流和硬件相关时间信息流的分析方法。

2.7.5　逻辑门级的信息流跟踪技术

最近，Tiwari 等[42]提出了门级信息流跟踪(GLIFT)方法。GLIFT 属于一种细粒度的信息流分析方法，该方法为每个二进制位数据分配一位的标签，能够准确地监控每个二进制位信息的流动。它面向逻辑门级抽象层次，而非上层的指令集架构或微架构，因此，该方法能够适用于任意数字电路。此外，在门级抽象层次上的所有逻辑信息流，包括显式流、隐式流，以及硬件相关时间信息流等都表现为统一的形式，并且具有良好的显式特性，因此，GLIFT 能够有效检测硬件相关的时间隐通道。

GLIFT 能够实现对系统中全部逻辑信息流的精确度量，在硬件底层建立一个可靠的信息流安全基础，并可将硬件层面上的信息流度量与控制能力传递给系统栈中更高的抽象层次，从多个抽象层次共同解决系统的信息流安全问题，从而有效防止由软硬件交互所引发的有害信息流。该方法能够在设计阶段即形式化地验证系统的一些关键安全属性，检测和消除有害信息流和相应的安全漏洞，从而提供一种高可靠系统安全测试与验证的有效途径。

2.8　本　章　小　结

　　本章主要讨论了信息流安全策略、信息流安全模型和信息流控制机制等信息流安全相关理论，重点讨论了实现信息流控制最常用的信息流跟踪技术。鉴于程序语言、操作系统和体系架构层面上的信息流跟踪方法具有设计复杂度高、影响系统性能，以及无法检测到硬件相关时间隐通道等缺点，本书拟探讨逻辑门级抽象层次上的信息流跟踪方法。在后续章节中，本书将对 GLIFT 的相关理论和应用原理进行系统的阐述，从而为高可靠系统的信息流安全测试与验证提供一种有效手段。

第3章 二级安全格下的 GLIFT 理论

GLIFT 从逻辑门抽象层次上准确地监控每个二进制位信息的流动，能够有效地捕捉系统中全部的逻辑信息流，包括显式流、隐式流和由硬件相关时间隐通道所引发的信息流。本章主要讨论二级安全格（LOW ⊑ HIGH）下 GLIFT 方法的基础理论，主要包括该方法的基本原理与性质定理，基本门 GLIFT 逻辑的形式化描述与复杂度分析，以及 GLIFT 逻辑潜在的不精确性问题。

3.1 基本概念和原理

信息流跟踪技术可针对系统栈的多个抽象层次，包括程序语言[30,79-81]、编译器[82,83]、操作系统[31,32,84]、指令架构和微架构[33,34]与运行时系统[35,36]等。然而，程序语言层的信息流跟踪方法设计复杂度较高；操作系统层的信息流跟踪方法会对系统性能造成显著影响，并且上述方法均位于较高的抽象层次，无法充分利用底层硬件实现的细节信息，因此，也无法检测到硬件相关时间隐通道。鉴于上述方法的不足，Tiwari 等[42]提出了门级信息流跟踪（GLIFT）方法。该方法易于集成到传统的数字系统设计流程之中，较程序语言层的信息流跟踪方法具有更低的设计复杂度，可用于静态测试或验证系统的信息流安全属性；而用于动态信息流跟踪时有独立的硬件支持，不会对系统的性能造成显著的影响。此外，该方法针对逻辑门级，可充分利用底层硬件实现的细节信息，特别是门级电路丰富的时序信息，较之上层方法能够更有效地检测硬件相关时间隐通道[43]。

现有研究工作已经表明，GLIFT 是一种保障高可靠系统安全性的有效测试与验证手段。文献[108]提出了一种执行租赁架构，从时间和空间上对可信和不可信程序的执行环境进行隔离，以严格控制不可信程序的影响边界。该体系架构采用 GLIFT 来防止有害信息流的发生，包括硬件相关时间隐通道所导致的隐式流。Oberg 等给出了利用门级信息流分析检测共享总线（I^2C、USB 和 Wishbone）架构[43, 109]和可重构系统 IP 核[110]之间时间隐通道的方法，构建了一种采用门级信息流分析方法消除片上系统（System on Chip, SoC）中不同信任级别 IP 核之间有害信息流的测试框架[111]。在前期研究工作[42,43,108,112,113]基础上，文献[44]提出了一种完整的安全处理器架构，借助于门级的信息流度量能力实现对系统安全属性的验证。然而，有关 GLIFT 的基础理论从未被系统地研究过。因此，本书拟对该方法的基本理论进行系统的阐述，从而使该方法能够更好地应用于高可靠系统的安全测试与验证。

在本章的后续讨论中，采用大写字母(不带或带下标)表示逻辑变量，如 A、B 和 A_i；用带下标的小写字母表示变量的标签，如 a_t、b_t 和 a_t 分别为 A、B 和 A_t 的标签；用不带下标的小写字母，如 f、g 和 h，表示逻辑函数。以下定义一些 GLIFT 的相关概念。

定义 3.1(污染标签)　信息流分析中，数据通常被分配一个标签，以表征该数据的安全属性，如保密/非保密或可信/不可信等。在 GLIFT 中，每个二进制位数据都分配有一位的标签，此标签称为该数据位的污染标签(taint)。当数据参与运算在系统中流动时，数据的污染标签也随之在系统中传播。本书定义，当数据的污染标签为逻辑'1'时，该数据所包含的信息是受污染的(tainted)，该信息也称为受污染信息；当数据的污染标签为逻辑'0'时，则称此数据所包含的信息是未受污染的(untainted)，该信息也称为未受污染信息。

当考虑信息的完整性时，通常将不可信的数据标记为受污染的；而在考虑信息的机密性时，通常将保密信息标记为受污染的。根据信息流的定义，如果信息 A 对信息 B 的内容产生了影响，则信息从 A 流向了 B。因此，当信息系统的受污染输入对系统输出存在影响时，该输入所包含的污染信息即流向了输出。为确定受污染输入对系统输出是否存在影响，可在当前给定输入组合下改变受污染输入的值，并观测系统输出是否随之发生变化。如果受污染输入的改变导致输出发生变化，则认为该受污染的输入对输出存在影响，输出即应标记为受污染的。此时，称存在一条从该受污染输入到输出的污染信息流。为理解 GLIFT 的原理，考虑图 3-1(a)所示的与非门，其中 a_t、b_t 和 o_t 分别是 A、B 和 O 的污染标签。

显而易见，当输入 A 和 B 都未受污染时，输出 O 一定是未受污染的；而当输入 A 和 B 均受污染的情况下，输出 O 一定是受污染的。这些显然的情况均未包含在图 3-1(b)所示的部分真值表中。从而可以重点关注那些更为复杂的，仅有一个输入受污染的情况。

首先，考虑图 3-1(b)所示部分真值表中的第 1 行($A = B = 0$，$a_t = 0$，$b_t = 1$)。当改变受污染输入 B 的值时，输出 O 的值始终保持为逻辑'1'，不会发生变化，因此受污染的输入 B 对输出没有影响，输出 O 应标记为未受污染的($o_t = 0$)。该情况下，未受污染的输入 A 决定了输出的状态，从而阻止了受污染信息向输出的流动。然后，考虑真值表中的第 4 行($A = 0$，$B = 1$，$a_t = 1$，$b_t = 0$)。当改变受污染输入 A 的值时，输出 O 的值会随之变化('1'→'0')，因此，受污染的输入 A 对输出存在影响，受污染信息从 A 流向了输出 O，输出 O 应标记为受污染的($o_t = 1$)。

为便于理解，可从信息完整性的角度进行分析，认为受污染的信息是不可信的，即受污染的'0'/'1'可能实际上可能是'1'/'0'。这些不可信的输入参与运算后，可能导致输出状态也是不可信的，即受污染的。可由完整的、带污染信息的真值表推导与非门的 GLIFT 逻辑，结果如图 3-1(c)所示。该 GLIFT 逻辑不仅包含了输入变量的污染标签，还反映了变量的值对输出的影响，因此，能够更为准确地捕捉实际存在的污染信息流。

序号	A	B	a_t	b_t	O	o_t
1	0	0	0	1	1	0
2	0	0	1	0	1	0
3	0	1	0	1	1	0
4	0	1	1	0	1	1
5	1	0	0	1	1	1
6	1	0	1	0	1	0
7	1	1	0	1	0	1
8	1	1	0	0	0	1

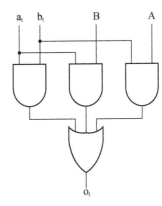

(a)二输入与非门　　(b)二输入与非门带污染信息的部分真值表　　(c)二输入与非门的 GLIFT 逻辑

图 3-1　二输入与非门及其带污染信息的部分真值表和 GLIFT 逻辑

由二输入与非门的例子不难看出：在 GLIFT 方法中，至少有一个受污染的输入对输出存在影响时，输出才被标记为受污染的。在某些情况下，未受污染的输入能够阻止受污染的信息流向输出。例如，当与非门的一个输入为未受污染的逻辑'0'时，包含在另一个输入中的污染信息无法流向输出。因此，GLIFT 相对于传统的、采用保守污染标签传播策略(只要任一输入是受污染的，就认为输出是受污染的)的信息流分析方法更为准确。

定义 3.2(原始逻辑函数)　原始逻辑函数 f 即被测函数。用 $A_1, A_2, \cdots, A_n$ 来表示 f 的输入，O 表示 f 的输出，则原始逻辑函数可定义为如下的映射：

$$f : \{A_1, A_2, \cdots, A_n\} \to O$$

当受污染的输入对逻辑函数输出存在影响时，污染信息流向了函数的输出，原始逻辑函数的输出将受污染。

定义 3.3(信息流跟踪逻辑函数)　信息流跟踪逻辑函数用于表征原始逻辑函数的污染状态。本书定义，当原始逻辑函数的输出受污染时，信息流跟踪逻辑函数的输出为逻辑真；反之，信息流跟踪逻辑函数的输出为逻辑假。本书采用 $\mathrm{sh}(f)$ 来表示原始逻辑函数 f 的信息流跟踪逻辑函数。$\mathrm{sh}(f)$ 是原始逻辑函数输入变量 $A_1, A_2, \cdots, A_n$ 及其污染标签 $a_1, a_2, \cdots, a_n$ 的函数，形式可表达为

$$\mathrm{sh}(f) : \{A_1, A_2, \cdots, A_n, a_1, a_2, \cdots, a_n\} \to o_t$$

式中，o_t 是原始逻辑函数输出 o 的污染标签。

在后续讨论中，门级信息流跟踪逻辑函数简称为 GLIFT 逻辑函数，而 GLIFT 逻辑函数的硬件实现则简称为 GLIFT 逻辑。

定义 3.4（GLIFT 逻辑函数的精确性）　如果当且仅当受污染的信息从原始逻辑函数的输入流向输出时，GLIFT 逻辑函数的输出才为逻辑真，则称该 GLIFT 逻辑函数是精确的。

由精确性的定义可知：一个精确的 GLIFT 逻辑函数能够"安全跟踪"给定原始逻辑函数中全部污染信息流的所有信息流跟踪逻辑函数，包含最小项（minterm）数量最少的一个。"安全跟踪"是指：当一条信息流发生时，它应该被正确地跟踪到。跟踪到一些实际上不存在的信息流也是安全的，因为它只会使分析结果更加保守，而不会对系统安全造成危害。与"安全跟踪"相对的是"跟踪错误"，即一条信息流实际上发生了，信息流跟踪逻辑却没有捕捉到它的存在。"跟踪错误"在信息流安全分析中是不容许的。

在上述概念的基础上，3.2 节将讨论 GLIFT 逻辑函数的基本性质。

3.2　GLIFT 逻辑函数的基本性质

GLIFT 逻辑函数具有一些良好的性质，可用于复杂信息流跟踪逻辑的推导与化简。本书对这些性质进行阐述和证明。

定理 3.1　给定一个原始逻辑函数 $f = f(A_1, A_2, \cdots, A_n)$，该函数的 GLIFT 逻辑函数必存在一种描述形式，其中任意乘积项只包含 A_i，$\overline{A}_i$ 或 a_i 之一。

证明　只有受污染的输入才可能导致原始逻辑函数的输出受污染，因此，必存在一个与原始逻辑函数对应的 GLIFT 逻辑函数，其中只包含各逻辑变量的污染标签 a_i $(i=1,2,\cdots,n)$，而不包含任何污染标签的反变量，即所有包含 $\overline{a}_i$ 的乘积项都可进一步化简，将 $\overline{a}_i$ 消除。同时，该 GLIFT 逻辑还满足以下性质。

（1）A_i 和 $\overline{A}_i$ 不会同时出现在该函数的任一乘积项中，否则此乘积项可直接消去。

（2）若 GLIFT 逻辑函数中的某乘积项同时包含 A_i 和 a_i，以下证明该 GLIFT 逻辑函数中必存在另外一个相应的乘积项同时包含 $\overline{A}_i$ 和 a_i，能够使得该函数进一步简化。

（3）假设 GLIFT 逻辑函数包含以下乘积项 m_1，其中，$B_1, B_2, \cdots, B_r$ 是部分逻辑变量的别名，则

$$m_1(B_1, B_2, \cdots, A_i = 1, \cdots, B_r, b_1, b_2, \cdots, a_i = 1, \cdots, b_r), j = 1, 2, \cdots, r$$

考虑乘积项 m_2，其中只有 A_i 的值发生了变化，即

$$m_2(B_1, B_2, \cdots, A_i = 0, \cdots, B_r, b_1, b_2, \cdots, a_i = 1, \cdots, b_r), j = 1, 2, \cdots, r$$

根据污染的定义，m_1 和 m_2 将分别使 f 的输出取不同的值。可见，m_2 也将导致原始逻辑函数的输出受污染。因此，同时包含 $\overline{A_i}$ 和 a_i 的乘积项在 GLIFT 逻辑中必然是成对出现的，如 m_1 和 m_2。这将使得它们被合并而消除 A_i。

同理，$\overline{A_i}$ 和 a_i 也不会出现在同一乘积项中。证毕。

推论 3.1　逻辑变量 A 可从包含其污染 a_t 的乘积项中消去。

证明　根据定理 3.1，包含 Aa_t 和 $\overline{A}a_t$ 的乘积项必然成对出现。因此，这些乘积项可以逻辑通过化简而消除变量 A。证毕。

推论 3.2　污染传播中，受污染变量的值对输出的污染标签没有影响。

证明　给定一个原始逻辑函数 f，记其 GLIFT 逻辑函数为 $sh(f)$。不妨假设逻辑变量 A 是受污染的，即 $a_t = 1$，则 $sh(f) = sh(f) \cdot a_t$。而根据推论 3.1，逻辑变量 A 可以从 $sh(f) \cdot a_t$ 中消除，即 $a_t = 1$ 时，逻辑变量 A 也可从 GLIFT 逻辑函数 $sh(f)$ 中消除。因此，受污染变量的值对输出的污染标签没有影响。证毕。

定理 3.1、推论 3.1 和推论 3.2 可作为判断一个给定的 GLIFT 逻辑函数是否处于简化状态的准则，并给出了化简 GLIFT 逻辑函数的指导原则。在后续章节中，本书将基于上述性质讨论 GLIFT 逻辑的设计优化问题。

定理 3.2　单变量逻辑函数的 GLIFT 逻辑函数是变量的污染标签。

证明　单变量逻辑函数的 GLIFT 逻辑函数的所有乘积项中均必须包含该变量的污染标签，以跟踪污染信息的流动。根据定理 3.1，该 GLIFT 逻辑函数的所有乘积项中，原逻辑变量或反变量均可被消去。因此，单变量逻辑函数的 GLIFT 逻辑函数可准确地表达为该变量的污染标签。证毕。

推论 3.3　反相器改变逻辑变量的值而不影响其污染标签。

证明　由定理 3.2 可知，单变量函数，如 $g_1 = A$ 和 $g_2 = \overline{A}$，共享一个 GLIFT 逻辑函数，即 $sh(g_1) = sh(g_2) = a_t$，其中 a_t 是变量 A 的污染标签。因此，污染信息总是从反相器的输入直接传播到输出，而与原始输入的状态无关。证毕。

推论 3.4　原始逻辑函数取反后，GLIFT 逻辑函数保持不变。

证明　图 3-2 中的原始逻辑函数输出端引入了一级反相器。由推论 3.3 可知，逻辑变量的反变量与原变量有相同的 GLIFT 逻辑函数。因此，对原始逻辑函数取反，不会导致 GLIFT 逻辑发生变化，即对于任何给定的原始逻辑函数 f，其 GLIFT 逻辑函数满足 $sh(f) = sh(\overline{f})$。证毕。

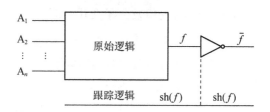

图 3-2　原始逻辑函数取反前后 GLIFT 逻辑的关系

上述基本性质是讨论复杂电路 GLIFT 逻辑函数的理论基础。利用这些基本性质可对 GLIFT 逻辑函数进行化简，并可根据已知的 GLIFT 逻辑函数直接推导出一些相关函数的 GLIFT 逻辑。本书 3.3 节将对非门、与门(与非门)、或门(或非门)、异或门(同或门)、三态门和触发器的 GLIFT 逻辑进行形式化描述。

3.3　基本门 GLIFT 逻辑的形式化描述

数字电路通常由时序逻辑和组合逻辑两部分组成。触发器是时序逻辑电路的基本组成单元。由于与、或、非门可构成一个在描述所有组合逻辑电路上功能完备的集合，本书主要为这些基本门形式化 GLIFT 逻辑，此外，还将讨论缓冲器、三态门和触发器的 GLIFT 逻辑。以下从最为简单的缓冲器开始讨论。

3.3.1　缓冲器

缓冲器(buffer)在电路中的主要作用是增强驱动能力和调节延迟。它总是简单地将输入传播至输出，并不改变电路的逻辑功能。考虑一个缓冲器的逻辑表达式 $f = g$，其中，f 和 g 可以是逻辑变量或函数。由于缓冲器的输出总会随输入发生变化，所以当缓冲器输入可信(或不可信)时，其输出也必然是可信(或不可信)的，即输入的污染标签总是随输入传播至输出。因此，缓冲器的 GLIFT 逻辑可以表示为

$$\mathrm{sh}(f) = \mathrm{sh}(g) \tag{3-1}$$

式中，$\mathrm{sh}(f)$ 和 $\mathrm{sh}(g)$ 分别表示缓冲器输出 f 和输入 g 的 GLIFT 逻辑。

代码 3.1 中的 Verilog 代码描述了缓冲器的 GLIFT 逻辑。

代码 3.1　缓冲器的 GLIFT 逻辑

```
01: module glift_buf(I, i_t, O, o_t);
02: input I, i_t;
03: output O, o_t;
04:   assign O = I;
05:   assign o_t = i_t;
06: endmodule
```

3.3.2　非门

考虑一个逻辑非表达式 $f = \overline{g}$，其中 f 和 g 可以是逻辑变量或函数。假设已知 g 的 GLIFT 逻辑，并分别用 $\mathrm{sh}(f)$ 和 $\mathrm{sh}(g)$ 来表示 f 和 g 的 GLIFT 逻辑。根据推论 3.3，非门的 GLIFT 逻辑可简单描述为

$$\mathrm{sh}(f) = \mathrm{sh}(g) \tag{3-2}$$

代码 3.2 中的 Verilog 代码描述了非门的 GLIFT 逻辑。

代码 3.2　非门的 GLIFT 逻辑

```
01:  module glift_inv(I, i_t, O, o_t);
02:  input I, i_t;
03:  output O, o_t;
04:    assign O = ~I;
05:    assign o_t = i_t;
06:  endmodule
```

3.3.3　触发器

触发器(Flip-Flop，FF)是时序电路中常见的功能部件，其主要作用是寄存数据和调节延迟。触发器的逻辑功能是在时钟边沿将数据从输入传送至输出，即在时钟边沿触发器的输出将随输入发生变化。与缓冲器相比较，触发器的主要功能差异在于输出的变化总是在时钟边沿发生的，输入的变化总是在一个时钟节拍之后才反映在输出上。根据上述分析，触发器的 GLIFT 逻辑可表示为

$$\mathrm{sh}(f) = \mathrm{sh}(g) \tag{3-3}$$

式中，$\mathrm{sh}(f)$ 和 $\mathrm{sh}(g)$ 分别表示触发器输出 f 和输入 g 的 GLIFT 逻辑。

若采用硬件描述语言来描述触发器的 GLIFT 逻辑，则可体现其时序特性，具体而言，触发器的 GLIFT 逻辑总是将污染标签延迟一个时钟节拍后传播。代码 3.3 中的 Verilog 代码描述了触发器的 GLIFT 逻辑(本书假定时钟信号 clk 和复位信号 rst 是可信的，不考虑其受污染的情形)。

代码 3.3　触发器的 GLIFT 逻辑

```
01:  module glift_ff(clk, rst, I, i_t, O, o_t);
02:  input clk, rst, I, i_t;
03:  output O, o_t;
04:    always @ (clk, rst)
05:      if (rst) begin
06:        O <= 0;
07:        o_t <= 0;
```

```
08:        end
09:        else if(clk == 1) begin
10:          O <= I;
11:          o_t <= i_t;
12:        end
13: endmodule
```

3.3.4　与门和与非门

考虑一个逻辑与表达式 $f = g \cdot h$，其中 g 和 h 可以为逻辑变量或函数。假设已知 g 和 h 的 GLIFT 逻辑，并分别用 $\mathrm{sh}(f)$、$\mathrm{sh}(g)$ 和 $\mathrm{sh}(h)$ 表示 f、g 和 h 的 GLIFT 逻辑。根据图 3-1(c)给出的二输入与非门的 GLIFT 逻辑和推论 3.4，可知 f 的 GLIFT 逻辑表达式为

$$\mathrm{sh}(f) = g \cdot \mathrm{sh}(h) + h \cdot \mathrm{sh}(g) + \mathrm{sh}(g) \cdot \mathrm{sh}(h) \tag{3-4}$$

根据污染标签的定义，式(3-4)右边的第 1 个乘积项表明：当 g 为逻辑真且未受污染时，h 的污染状态，即 $\mathrm{sh}(h)$ 决定了 f 是否受污染。同理，第 2 项表明：当 h 为逻辑真且未受污染时，$\mathrm{sh}(g)$ 决定了 f 的污染状态。最后一项表明：如果 g 和 h 都是受污染的，那么 f 也一定是受污染的。可对式(3-4)进行形式变换，结果为

$$\mathrm{sh}(f) = (g + \mathrm{sh}(g)) \cdot (h + \mathrm{sh}(h)) - g \cdot h \tag{3-5}$$

式(3-5)是数学表达式，而非逻辑表达式。其中的减法运算符表示将 $g \cdot h$ 项从表达式中移除，因为该项不会导致输出受污染。

类似的分析方法也可应用于三输入与门。考虑函数 $f = g \cdot h \cdot k$。利用式(3-5)可得

$$\begin{aligned} \mathrm{sh}(f) &= (g + \mathrm{sh}(g)) \cdot (h \cdot k + \mathrm{sh}(h \cdot k)) - g \cdot h \cdot k \\ &= (g + \mathrm{sh}(g)) \cdot (h + \mathrm{sh}(h)) \cdot (k + \mathrm{sh}(k)) - g \cdot h \cdot k \end{aligned} \tag{3-6}$$

通过引入减法运算符，n 输入与门 $f = f_1 \cdot f_2 \cdots f_n$ 的 GLIFT 逻辑可统一为

$$\mathrm{sh}(f) = \prod_{i=1}^{i=n} (f_i + \mathrm{sh}(f_i)) - f \tag{3-7}$$

式中，连乘运算符表示多个变量的逻辑与，减法运算符表示将 f 项从表达式中去除。

根据推论 3.4，n 输入与非门的 GLIFT 逻辑也可采用式(3-7)来描述。代码 3.4 和代码 3.5 中的 Verilog 代码分别描述了二输入与门和与非门的 GLIFT 逻辑。

代码 3.4　二输入与门的 GLIFT 逻辑

```
01: module glift_and(A, a_t, B, b_t, O, o_t);
02: input A, a_t, B, b_t;
03: output O, o_t;
```

```
04:     assign O = A & B;
05:     assign o_t = B & a_t | A & b_t | a_t & b_t;
06: endmodule
```

代码 3.5　二输入与非门的 GLIFT 逻辑

```
01: module glift_nand(A, a_t, B, b_t, O, o_t);
02: input A, a_t, B, b_t;
03: output O, o_t;
04:     assign O = ~(A & B);
05:     assign o_t = B & a_t | A & b_t | a_t & b_t;
06: endmodule
```

3.3.5　或门和或非门

考虑逻辑或表达式 $f = g + h$，其中，g 和 h 可以是逻辑变量或函数。类似地，分别采用 $\text{sh}(f)$、$\text{sh}(g)$ 和 $\text{sh}(h)$ 来表示 f、g 和 h 的 GLIFT 逻辑，则采用狄摩根律改写二输入或门(OR-2)的逻辑表达式为

$$f = \overline{\overline{g} \cdot \overline{h}} \tag{3-8}$$

根据推论 3.4，$\text{sh}(\overline{f}) = \text{sh}(f)$，因此表达式 $\overline{f} = \overline{g} \cdot \overline{h}$ 与 $f = \overline{\overline{g} \cdot \overline{h}}$ 有相同的 GLIFT 逻辑。根据式(3-4)，对二输入或门有

$$\text{sh}(f) = \text{sh}(\overline{f}) = \text{sh}(\overline{g} \cdot \overline{h}) = \overline{g} \cdot \text{sh}(\overline{h}) + \overline{h} \cdot \text{sh}(\overline{g}) + \text{sh}(\overline{g}) \cdot \text{sh}(\overline{h}) \tag{3-9}$$

由 $\text{sh}(\overline{g}) = \text{sh}(g)$，$\text{sh}(\overline{h}) = \text{sh}(h)$，式(3-9)可简化为

$$\text{sh}(f) = \overline{g} \cdot \text{sh}(h) + \overline{h} \cdot \text{sh}(g) + \text{sh}(g) \cdot \text{sh}(h) \tag{3-10}$$

进一步将式(3-10)改写为形式化表达式

$$\begin{aligned} \text{sh}(f) &= (\overline{g} + \text{sh}(g)) \cdot (\overline{h} + \text{sh}(h)) - \overline{g} \cdot \overline{h} \\ &= (\overline{g} + \text{sh}(g)) \cdot (\overline{h} + \text{sh}(h)) - \overline{f} \end{aligned} \tag{3-11}$$

将式(3-11)扩展至 n 输入或表达式 $f = f_1 + f_2 + \cdots + f_n$，可得

$$\text{sh}(f) = \prod_{i=1}^{i=n} (\overline{f_i} + \text{sh}(f_i)) - \overline{f} \tag{3-12}$$

式中，连乘运算符表示多个变量的逻辑与。

同理，根据推论 3.4，n 输入或非门的 GLIFT 逻辑也可由式(3-12)给出。代码 3.6 和代码 3.7 中的 Verilog 代码分别描述了二输入或门和或非门的 GLIFT 逻辑。

代码 3.6　二输入或门的 GLIFT 逻辑

```
01: module glift_or(A, a_t, B, b_t, O, o_t);
02: input A, a_t, B, b_t;
```

```
03:  output O, o_t;
04:    assign O = A | B;
05:    assign o_t = ~B & a_t | ~A & b_t | a_t & b_t;
06:  endmodule
```

代码 3.7　二输入或非门的 GLIFT 逻辑

```
01:  module glift_nor(A, a_t, B, b_t, O, o_t);
02:  input A, a_t, B, b_t;
03:  output O, o_t;
04:    assign O = ~(A | B);
05:    assign o_t = ~B & a_t | ~A & b_t | a_t & b_t;
06:  endmodule
```

3.3.6　异或门和同或门

逻辑异或表达式的一般形式是 $f = g \oplus h$，其中，g 和 h 可以是逻辑变量或函数。类似地，分别采用 $\mathrm{sh}(f)$、$\mathrm{sh}(g)$ 和 $\mathrm{sh}(h)$ 来表示 f、g 和 h 的 GLIFT 逻辑。根据数字电路理论，异或表达式可采用与、或、非操作来改写，即

$$f = g \cdot \bar{h} + \bar{g} \cdot h \tag{3-13}$$

由式(3-4)和式(3-10)，可导出二输入异或门的 GLIFT 逻辑，其表达式为

$$\mathrm{sh}(f) = \mathrm{sh}(g) + \mathrm{sh}(h) \tag{3-14}$$

将式(3-14)扩展至 n 输入异或门 $f = f_1 \oplus f_2 \oplus \cdots \oplus f_n$，可得 GLIFT 逻辑为

$$\mathrm{sh}(f) = \sum_{i=1}^{i=n} \mathrm{sh}(f_i) \tag{3-15}$$

式中，连续求和运算符表示多个逻辑变量的逻辑或。

根据污染标签的定义容易理解 n 输入异或门的 GLIFT 逻辑的含义。选择任一输入 A 对 n 输入异或表达式 $f = f_1 \oplus f_2 \oplus \cdots \oplus f_n$ 进行香农(Shannon)扩展，即

$$f = \mathrm{A} \cdot f_{\mathrm{A}} + \bar{\mathrm{A}} \cdot f_{\bar{\mathrm{A}}}$$
$$= \mathrm{A} \cdot f_{\mathrm{A}} + \bar{\mathrm{A}} \cdot \overline{f_{\mathrm{A}}} \tag{3-16}$$

式中，f_{A} 是 A = 1 时，函数 f 的剩余部分；$f_{\bar{\mathrm{A}}}$ 是 A = 0 时，函数 f 的剩余部分。对于异或表达式，总有 $f_{\mathrm{A}} = f_{\bar{\mathrm{A}}}$，即函数的输出对每个输入的变化都是敏感的。可见，任意输入受污染，都会导致输出受污染。因此，异或门的 GLIFT 逻辑可表达为所有输入污染标签的逻辑或。

同理，根据推论 3.4，n 输入同或门的 GLIFT 逻辑也可由式(3-15)给出。代码 3.8 和代码 3.9 中的 Verilog 代码分别描述了二输入异或门和同或门的 GLIFT 逻辑。

代码 3.8　二输入异或门的 GLIFT 逻辑

```
01:  module glift_xor(A, a_t, B, b_t, O, o_t);
02:  input A, a_t, B, b_t;
03:  output O, o_t;
04:    assign O = A ^ B;
05:    assign o_t = a_t | b_t;
06:  endmodule
```

代码 3.9　二输入同或门的 GLIFT 逻辑

```
01:  module glift_nxor(A, a_t, B, b_t, O, o_t);
02:  input A, a_t, B, b_t;
03:  output O, o_t;
04:    assign O = A ~^ B;
05:    assign o_t = a_t | b_t;
06:  endmodule
```

3.3.7　三态门

三态门是数字电路中一种特殊的单元，常用于共享总线结构的描述。其输出状态除了逻辑真和逻辑假，还可能为高阻态（High impedance）。三态门的逻辑函数可表示为

$$O = S?I:1'bz \tag{3-17}$$

当使能信号 S 有效时，输入 I 可以正常流向输出 O；当 S 无效时，输出则为高阻态 Z。

计算三态门输出的污染标签时，需同时考虑输入的污染标签和使能信号的状态。当使能信号 S 有效且未受污染时，输入能够正常流向输出，此时输出的污染状态将由输入的污染状态决定。当使能信号受污染时，由于三态门的输出对使能信号是敏感的，此时包含于使能信号中的污染信息会传播至输出。基于上述分析，三态门的 GLIFT 逻辑可形式化描述为

$$o_t = Si_t + s_t \tag{3-18}$$

当三态门用于总线驱动时，其 GLIFT 逻辑略有差异。由于污染状态总线也是共享的，为保证污染状态总线只有一个驱动源，当使能信号无效时，三态门输出的污染标签也应被置为高阻态。当使能信号有效时，输出的污染标签由输入的污染标签和使能信号的污染标签共同决定，当且仅当两者均为未受污染时，输出才是未受污染的，因此，其 GLIFT 逻辑可表示为

$$o_t = S?(i_t + s_t):1'bz \tag{3-19}$$

代码 3.10 中的 Verilog 代码对三态门的 GLIFT 逻辑进行了描述。

代码 3.10　三态门的 GLIFT 逻辑

```
01: module glift_tri(S, s_t, I, i_t, O, o_t);
02: input S, s_t, I, i_t;
03: inout O, o_t;
04:   assign O = S? I : 1'bz;
05:   assign o_t = S? (i_t | s_t) : 1'bz;
06: endmodule
```

以上所讨论的触发器、与门/与非门、或门/或非门、异或门/同或门和三态门可构成一个在描述所有逻辑电路上功能完备的集合。由于上述基本门 GLIFT 逻辑表达式中均不含任何输入污染标签的反变量，所以对于任意原始逻辑函数，其 GLIFT 逻辑必存在某种描述形式，其中不包含任何输入污染标签的反变量，这印证了定理 3.1 所证明的结论。

在上述基本门 GLIFT 逻辑的基础上，可构建一个功能完备的 GLIFT 逻辑库，为更复杂的功能单元和电路产生 GLIFT 逻辑（本书附录 1 给出了 CLASS 标准宏单元库中基本逻辑单元 GLIFT 逻辑的形式化描述）。但是，仅从上述形式化表达式很难观察出基本门 GLIFT 逻辑的复杂度，因此，3.4 节采用最小项分析法给出基本门 GLIFT 逻辑的复杂度随输入数目变化的趋势。

3.4　基本门 GLIFT 逻辑的复杂度分析

3.4.1　与门

采用从带污染信息的真值表中去掉输出未受污染最小项的方法，可计算出 n 输入与门 GLIFT 逻辑中最小项的数量。

n 输入与门带污染信息的真值表有 $2n$ 个输入，因此真值表总共包含 2^{2n} 个最小项。首先，需要排除所有输入都未受污染的情况，总共为 $C_n^n \cdot 2^n$ 项。然后，假设 n 个变量中有 i 个未受污染，$1 \leqslant i \leqslant n$。现从 n 个变量中任选 i 个，即式(3-20)中最后一项的第 1 部分。对于 n 输入与门，任意一个逻辑假的未受污染的输入将导致输出为未受污染。因此，所选定的 i 个未受污染输入中，任何包含逻辑'0'的输入组合都必须排除。这总共包含 $2^i - 1$ 种情况（仅一种情况下为全部逻辑'1'）。最后，考虑 $n-i$ 个受污染的变量。由于受污染变量的值对污染传播没有影响（推论 3.2），因此，这些变量可任意取值。式(3-20)的第 3 部分中的 2^{n-i} 考虑了这些情况。根据以上分析，n 输入与门 GLIFT 逻辑中最小项的数量为

$$\#\mathrm{minterm}_{\mathrm{AND}-N} = 2^{2n} - C_n^n \cdot 2^2 - \sum_{i=1}^{i=n-1} C_n^i \cdot (2^i - 1) \cdot 2^{n-i} \tag{3-20}$$

式中，C 代表组合运算。

对式(3-20)进行化简之后的结果由式(3-21)给出，即

$$\text{\#minterm}_{\text{AND-N}} = \sum_{i=0}^{i=n-1} C_n^i \cdot 2^{n-i} \tag{3-21}$$

现从另一个角度对式(3-21)的含义进行理解。当与门的 n 个输入全部未受污染时，输出一定是未受污染的。假设 n 个变量中有 i 个未受污染($0 \leqslant i < n-1$)，可得到式(3-21)中的第 1 项 C_n^i。为使与门的输出受污染，这 i 个未受污染的输入必须全部为逻辑'1'。由于受污染的变量的值对污染传播没有影响(推论 3.2)，剩余的 $n-i$ 个受污染输入可任意取值，共有 2^{n-i} 种组合。

3.4.2 或门

n 输入或门 GLIFT 逻辑是 n 输入与门 GLIFT 逻辑的对偶函数。由狄摩根律可得

$$A_1 \cdot A_2 \cdots A_n = \overline{\overline{A_1} + \overline{A_2} + \cdots + \overline{A_n}} \tag{3-22}$$

根据推论 3.4，f 和 $\overline{f}$ 具有相同的 GLIFT 逻辑。因此，n 输入与门 GLIFT 逻辑中 $A_1, A_2, \cdots, A_n$ 分别用 $\overline{A_1}, \overline{A_2}, \cdots, \overline{A_n}$ 替换后，可获得 n 输入或门的 GLIFT 逻辑。根据此性质，n 输入的与门和或门的 GLIFT 逻辑具有相同数量的最小项，具体数量由式(3-21)给出。

3.4.3 与非门和或非门

如推论 3.3 所述，反相器改变原始逻辑函数的输出而不影响输出的污染标签。因此，满足下述条件的两个函数 f 和 g，具有完全相同的 GLIFT 逻辑，它们的 GLIFT 逻辑也包含相同数量的最小项。

$$f(A_1, A_2, \cdots, A_n) = \overline{g(A_1, A_2, \cdots, A_n)} \tag{3-23}$$

根据此性质，n 输入与非门和或非门分别和 n 输入的与门和或门有相同的 GLIFT 逻辑，因此，其 GLIFT 逻辑也具有相同数量的最小项，由式(3-21)给出。

进一步地，任意满足下列条件之一的函数 f 和 g，它们的 GLIFT 逻辑也具有相同数量的最小项，即

$$f(A_1, A_2, \cdots, A_n) = g(\overline{A_1}, \overline{A_2}, \cdots, \overline{A_n}) \tag{3-24}$$

$$f(A_1, A_2, \cdots, A_n) = \overline{g(\overline{A_1}, \overline{A_2}, \cdots, \overline{A_n})} \tag{3-25}$$

式(3-23)称为同一性准则，式(3-24)和式(3-25)分别为对称性和反称性准则，将上述准则统称为 GLIFT 逻辑生成准则。满足同一性准则的原始逻辑函数具有完全相同的 GLIFT 逻辑，如与门和与非门。满足对称性和反称性准则的函数，两者

的 GLIFT 逻辑主要差异在于输入变量的极性。对原函数 GLIFT 逻辑的所有输入进行反相，即可得到其对称和反称函数的 GLIFT 逻辑，因此它们所包含的最小项的数量也是完全相同的。

3.4.4　异或门

n 输入异或门的 GLIFT 逻辑由式(3-15)给出。为计算其中包含的最小项数量，必须将包含污染信息的真值表中所有输出未受污染的项除去。根据本书 3.3.6 节的结论，对于异或门，只有在所有输入都未受污染的情况下，输出才是未受污染的。因此，需要从 2^{2n} 个真值表项中除去 2^n 种无污染输入的组合，即

$$\#\text{minterm}_{\text{XOR-N}} = 2^{2n} - 2^n \tag{3-26}$$

上述基本门 GLIFT 逻辑中最小项数量均介于 2^n（原始逻辑函数最小项数量的上界）和 2^{2n}（GLIFT 逻辑最小项数量的上界）之间，且更接近上边界线 2^{2n}。这表明 GLIFT 逻辑较之原始逻辑函数通常具有更高的复杂度。对基本门 GLIFT 逻辑所包含的最小项数量进行度量有助于理解 GLIFT 逻辑的复杂度，另外，可由此计算在全部最小项中导致输出受污染的最小项所占的比例，以便于设计者在 GLIFT 逻辑精确性与设计复杂度之间权衡。

3.5　GLIFT 逻辑的不精确性

3.5.1　GLIFT 逻辑潜在的不精确性

GLIFT 逻辑的输入包含原始逻辑函数的输入集合 I，以及这些输入的污染标签集合 T。对于一个 n 输入的原始逻辑函数，其 GLIFT 逻辑有 $2n$ 个输入。因此，GLIFT 逻辑的复杂度通常远高于原始逻辑函数的复杂度。

由于产生方法的不同，GLIFT 逻辑的精确性可能存在差异。精确性反映了 GLIFT 逻辑所指示的信息流与实际存在的信息流之间的关系。若当且仅当受污染的输入对原始逻辑函数的输出存在影响时，GLIFT 逻辑才输出逻辑真，则该 GLIFT 逻辑是精确的；否则该 GLIFT 逻辑是不精确的，即存在误报(false positive)。需要指出的是：在 GLIFT 方法中，GLIFT 逻辑只会产生误报，不会出现漏报(未捕捉到实际存在的信息流)。在信息流分析中，误报与错误(error)是不同的。误报是指某条信息流并没有发生，而信息流跟踪逻辑却显示了该信息流的存在，即报告了虚假的信息流；错误则是指信息流实际发生了，但信息流跟踪逻辑却没有捕捉到该信息流，即出现漏报(false negative)。信息流分析中，误报虽然会导致分析结果变得保守，但是它不会危害系统的安全性；而漏报则是不能容许的，因为它可

能没有正确捕捉到实际存在的有害信息流。虽然误报不会对系统的安全性造成危害，但是过多的误报会让设计者无法分辨哪些信息流是有害的，此外，还将导致系统频繁产生信息流安全策略被违反的虚假报告，以至于系统无法正常工作。鉴于上述原因，在产生 GLIFT 逻辑时，应极大限度地减少，甚至完全消除误报项。

为理解误报现象，考虑二输入选择器(MUX-2)。它根据选择线 S 的状态，从输入 A 和 B 中选择一个作为输出；其逻辑函数为 $f = SA + \overline{S}B$。MUX-2 可采用 2 个与门、1 个或门和 1 个非门来实现，如图 3-3(a)所示。当采用与、或、非门实例化 GLIFT 逻辑的方法[①](以下称为构造法)来为 MUX-2 生成 GLIFT 逻辑时，所得结果具有不精确性，如图 3-3(b)所示。

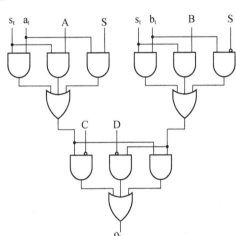

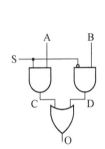

(a)采用与、或、非门实现的二输入选择器(MUX-2)　　(b)采用构造法生成的 MUX-2 的 GLIFT 逻辑

图 3-3　采用与、或、非门实现的二输入选择器(MUX-2)和采用构造法生成
的 MUX-2 的 GLIFT 逻辑

为产生 MUX-2 的 GLIFT 逻辑，首先利用式(3-4)为两个与门 SA 和 $\overline{S}B$ 产生相应的 GLIFT 逻辑，然后利用式(3-10)为或门产生 GLIFT 逻辑，最后将分离的 GLIFT 逻辑连接起来即可。基于上述分析，MUX-2 的 GLIFT 逻辑表达式为

$$sh(f) = \overline{SA} \cdot sh(\overline{S}B) + \overline{\overline{S}B} \cdot sh(SA) + sh(SA) \cdot sh(\overline{S}B) \tag{3-27}$$

式中，$sh(\cdot)$ 表示 GLIFT 逻辑函数。

利用式(3-4)对式(3-27)进行展开和化简，所得结果为

$$sh(f) = \overline{S}b_t + Sa_t + A\overline{B}s_t + \overline{A}Bs_t + ABs_t + a_ts_t + b_ts_t \tag{3-28}$$

式中，a_t、b_t 和 s_t 分别是 A、B 和 S 的污染标签。

---

① 此方法利用了"构造算法"，本书 5.3.3 节将对该算法进行详细介绍。

　　MUX-2 的 GLIFT 逻辑也可通过包含污染信息的真值表逻辑化简得到，即

$$sh(f) = \overline{S}b_t + Sa_t + A\overline{B}s_t + \overline{A}Bs_t + a_ts_t + b_ts_t \tag{3-29}$$

　　由于真值表法准确考虑了每种输入组合下输出的污染状态，所以此方法推导出的 GLIFT 逻辑是完全精确的。

　　将式(3-28)与式(3-29)对比不难发现，采用构造法所得的结果包含一个额外项 ABs_t。该额外项表明：当输入 A 和 B 都为逻辑真且未受污染，而选择线 S 受污染时，输出将受污染。但实际上，在此情况下，因为输入 A 和 B 都为逻辑真，改变选择线 S 的状态，不会导致输出发生变化，即受污染的输入 S 对输出没有影响，输出应该是未受污染的。该额外项包含了多余的最小项，会导致 GLIFT 逻辑出现误报，因此，式(3-28)给出的 GLIFT 逻辑是不精确的。

　　由此可见，采用不同方法生成的 GLIFT 逻辑在精确性上可能存在差异。具体而言，通过真值表逻辑化简所得的 GLIFT 逻辑总是精确的，能够准确地反映系统中实际存在的信息流；而采用构造法所生成的 GLIFT 逻辑则可能是不精确的，可能保守地认为系统中出现了实际上不存在的信息流。虽然真值表法提供了一种精确的 GLIFT 逻辑生成方法，但是该方法有明显的局限性。对于一个 n 输入逻辑函数，其包含污染信息的真值表一共有 2^{2n} 项。因此，该方法的复杂度随输入数目呈指数关系增长。一般而言，真值表分析法仅适用于输入数目较少($n \leqslant 16$)的逻辑函数。相比较而言，构造法的复杂度始终与函数中所包含的基本逻辑门的数量呈线性关系，在处理更复杂的逻辑函数时更为有效。鉴于此，以下重点讨论构造法不精确性的产生原因和消除方法。

3.5.2　不精确性根源的分析与证明

　　如式(3-27)所示，采用构造法为 MUX-2 产生 GLIFT 逻辑需要两步。首先分别计算两个与门的 GLIFT 逻辑，然后计算或门的 GLIFT 逻辑并组合得到最终结果。图 3-4(a)显示了 MUX-2 的结构，当选择线 S=1 时，输入 A 将被输出至 f；当选择线 S=0 时，输入 B 被输出至 f。为逻辑与项 SA 产生 GLIFT 逻辑时，需要做一个假设，即 S≠1，且 A≠1时，选择器的输出均为逻辑假；为逻辑与项 $\overline{S}B$ 产生 GLIFT 逻辑时也做了一个类似的假设，即 S≠0，且 A≠1时，选择器的输出均为逻辑假。然而，上述假设是无法同时满足的。输入在最小项 ABS 和 $AB\overline{S}$ 之间转换(单变量翻转)时，选择器的输出始终保持为逻辑'1'。上述假设使得构造法对上述单变量转换进行了保守的处理，从而导致了 GLIFT 逻辑的不精确性。由上述分析可知，式(3-28)给出的 GLIFT 逻辑所存在的不精确性，由图 3-4(b)所示的卡诺图中虚线框内包含的最小项 ABS 和 $AB\overline{S}$ 之间的单变量翻转造成。

(a) 二输入多路复用选择器(MUX-2)

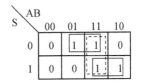

(b) MUX-2 卡诺图中最小项 ABS 和 AB$\overline{S}$ 之间的单变量翻转情况

图 3-4　二输入多路复用选择器(MUX-2)及其卡诺图中最小项 ABS 和 AB$\overline{S}$ 之间的单变量翻转

最小项 ABS 和 AB$\overline{S}$ 合并后形成质蕴涵项[①] AB。MUX-2 包含全部质蕴涵项的逻辑函数为

$$f = SA + \overline{S}B + AB \qquad (3\text{-}30)$$

虽然 AB 不是实现 MUX-2 逻辑功能所必需的质蕴涵项，但是该质蕴涵项能够保证输出在最小项 ABS 和 AB$\overline{S}$ 之间的转换过程中保持稳定状态。称 ABS 和 AB$\overline{S}$ 之间的转换被质蕴涵项 AB 所覆盖(cover)。当采用构造法来为式(3-30)中的函数产生 GLIFT 逻辑时，所得结果将与式(3-29)一致，因而也是完全精确的。

Eichelberger 指出：上述逻辑函数中最小项之间的转换会造成开关电路中的静态逻辑冒险现象。当不同路径的信号传输延迟存在差异时，这些转换活动会在输出端造成短暂的错误状态。Eichelberger 将静态-1 逻辑冒险定义为输出从逻辑 '1' 到逻辑 '1' 状态转换过程中短暂变化为逻辑假的现象。静态-1 逻辑冒险现象与采用构造法所生成的 MUX-2 的 GLIFT 逻辑的不精确性具有相同的产生原因，即单变量翻转。本书以下利用静态-1 逻辑冒险理论证明构造法不精确性的产生原因，并提出消除该不精确性的方法。在讨论中，假设目标逻辑函数都采用积和表达式(Sum-of-Product，SOP)描述，讨论所得的结论可推广至采用和积表达式(Product-of-Sum，POS)描述的逻辑函数。

定理 3.3　当逻辑函数中所有 '1' 到 '1' 的单变量翻转都被覆盖时，采用构造法所生成的 GLIFT 逻辑是精确的。

证明　(1) 必要性。考虑 n 输入逻辑函数的最小项 $m_1 = (A_1, A_2, \cdots, A_{i-1}, A_i, A_{i+1}, \cdots, A_n)$ 和 $m_2 = (A_1, A_2, \cdots, A_{i-1}, \overline{A}_i, A_{i+1}, \cdots, A_n)$。$m_1$ 与 m_2 构成了一组单变量翻转。当采用构造法为目标函数产生 GLIFT 逻辑时，根据二输入选择器的分析结论，如果没有一个项覆盖这个 '1' 到 '1' 转换，则结果将存在不精确性。GLIFT 逻辑将认为该 '1' 到 '1' 的转换对应于一条信息流。因此，当所有 '1' 到 '1' 的单变量翻转都被覆盖时，才能保证采用构造法所生成的 GLIFT 逻辑是精确的。

[①] 质蕴涵项(prime implicant)，可简单理解为逻辑函数的最大乘积项，将在本书 5.1.1 节给出更为严格的定义。

(2) 充分性。假设 m_1 和 m_2 之间的转换被 $p = (A_1, A_2, \cdots, A_{i-1}, A_{i+1}, \cdots, A_n)$ 覆盖。因为 p 中未包含受污染的输入 A_i，因此，p 的污染状态在转换过程一直保持为 '1'。根据式 (3-10)，$m_1 + m_2 + p$ 的污染状态，记为 $\mathrm{sh}(m_1 + m_2 + p)$，则

$$\mathrm{sh}(m_1 + m_2 + p) = \overline{m_1 + m_2} \cdot \mathrm{sh}(p) + \overline{p} \cdot \mathrm{sh}(m_1 + m_2) + \mathrm{sh}(m_1 + m_2) \cdot \mathrm{sh}(p) \qquad (3\text{-}31)$$

式中，$\mathrm{sh}(m_1 + m_2)$ 和 $\mathrm{sh}(p)$ 分别是 $m_1 + m_2$ 和 p 的污染标签。

$m_1 + m_2$ 和 p 在状态转换过程中都始终为逻辑 '1'，因此，式 (3-31) 的前两项都为逻辑 '0'，$m_1 + m_2 + p$ 的污染状态将受 $\mathrm{sh}(p)$ 控制，即始终为逻辑 '0'。因此，由 m_1 和 m_2 构成的 '1' 到 '1' 转换所造成的不精确性即被消除。证毕。

根据静态-1 逻辑冒险的定义，逻辑函数必须覆盖它所有的 '1' 到 '1' 转换，才能保证不出现静态-1 逻辑冒险。Eichelberger 已经证明：一个包含其全部质蕴涵项的逻辑电路，不会出现任何静态逻辑冒险。本书将重述证明过程，以保证论述的完整性。

定理 3.4　一个包含其全部质蕴涵项的逻辑函数，其所有 '1' 到 '1' 的单变量翻转都能被覆盖。

证明　至少有一个逻辑项必须始终保持为 '1'，以防止在 '1' 到 '1' 的转换中出现静态-1 逻辑冒险。假设给定函数不包含它的质蕴涵项 $(A_i, A_{i+1}, \cdots, A_j)$。则由 $(A_1, A_2, \cdots, A_k, \cdots, A_{i-1}, A_i, A_{i+1}, \cdots, A_j)$ 到 $(A_1, A_2, \cdots, \overline{A_k}, \cdots, A_{i-1}, A_i, A_{i+1}, \cdots, A_j)$ 的所有单变量翻转中，至少有一个单变量翻转没有被完全覆盖，因为在所有可能的转换过程中只有质蕴涵项 $(A_i, A_{i+1}, \cdots, A_j)$ 始终保持为 '1'。因此，为了保证不出现静态-1 逻辑冒险，函数必须包含其全部质蕴涵项。证毕。

定理 3.5　一个包含其全部质蕴涵项的逻辑函数，采用构造法所生成的 GLIFT 逻辑是精确的。

证明　为保证采用构造法生成的 GLIFT 逻辑的精确性，要求逻辑函数中所有 '1' 到 '1' 的单变量翻转都被覆盖。定理 3.4 已经证明，一个包含全部质蕴涵项的逻辑函数可以覆盖所有的 '1' 到 '1' 单变量翻转。根据定理 3.3 和定理 3.4，一个包含有全部质蕴涵项的逻辑函数，采用构造法所生成的 GLIFT 逻辑是精确的。证毕。

上述理论分析和证明揭示了 GLIFT 逻辑潜在不精确性的产生原因，也提供了一种消除这种不精确性的方法，即包含逻辑函数的全部质蕴涵项。上述证明过程还给出了一种使得 GLIFT 逻辑逐步精确的方法。初始状态下，逻辑函数不一定包含全部质蕴涵项。通过一致性定理[114]所定义的逻辑扩展操作，其表达式为

$$f = AB + \overline{B}C = AB + \overline{B}C + AC \qquad (3\text{-}32)$$

从较小的蕴涵项扩展得到更大的蕴涵项，从而逐步包含更多的质蕴涵项，即可使所生成的 GLIFT 逻辑更为精确。

作为合理性验证，考虑以下 4 个无关的逻辑函数，即

$$f_1 = AB + \bar{B}C$$
$$f_2 = DE + \bar{E}F + \bar{F}G$$
$$f_3 = HI + \bar{I}J + \bar{J}K + \bar{K}L$$
$$f_4 = MN + \bar{N}O + \bar{O}P + \bar{P}Q + \bar{Q}R$$

表 3-1 显示了采用构造法所生成的 GLIFT 逻辑中额外最小项（误报项）所占的百分比随逻辑扩展操作逐步减少的过程。表中最后一行显示了采用真值表分析方法得到的精确 GLIFT 逻辑所包含的最小项数量。表中最左栏对应于逻辑扩展的步骤，百分数给出了每一步逻辑扩展操作下不精确的 GLIFT 逻辑包含额外最小项的比例，即误报率。

表 3-1　不精确 GLIFT 逻辑中所包含的额外最小项比例随着逻辑扩展操作变化的趋势

扩展步骤	f_1/%	f_2/%	f_3/%	f_4/%
0	3.12	7.81	12.89	17.68
1	0.00	4.68	9.96	14.94
2	—	2.34	7.62	12.74
3	—	0.00	5.27	10.55
4	—	—	3.52	8.79
5	—	—	1.76	7.03
6	—	—	0.00	5.27
7	—	—	—	3.94
8	—	—	—	2.64
9	—	—	—	1.32
10	—	—	—	0.00
真值表法	44	176	632	2168

表 3-1 显示随着每个逻辑扩展步骤中质蕴涵项的加入，不精确 GLIFT 逻辑中的最小项数量逐步减少，直至函数包含全部质蕴涵项。至此，所得的 GLIFT 逻辑不含额外的最小项，与采用真值表法生成的精确 GLIFT 逻辑完全等价。上述验证结果是对理论分析和证明结论的验证。

类似地，当逻辑函数采用和积表达式描述时，由狄摩根律和静态逻辑冒险的定义可知，造成 GLIFT 逻辑不精确性的原因是 '0' 到 '0' 的单变量翻转，即与开关电路中的静态-0 逻辑冒险有相同的产生原因。消除此不精确性的方法是包含逻辑函数全部的最大项。考虑如式 (3-33) 所示的逻辑函数，即

$$f = (R + \bar{S})(S + T) \tag{3-33}$$

式中，逻辑函数会导致静态-0 逻辑冒险，采用构造法为式 (3-33) 产生 GLIFT 逻辑时，结果会存在不精确性。此时，需将 f 扩展为式 (3-34) 所示的形式，即

$$f = (R + \overline{S})(S + T)(R + T)$$ (3-34)

此时，逻辑函数包含其全部最大项，即能够保证采用构造法所生成的 GLIFT 逻辑的精确性。

3.6   实验结果与分析

为了显示 GLIFT 逻辑随输入数目增加的变化趋势，本节采用基本逻辑门和测试基准对 GLIFT 逻辑的复杂度和精确性进行评估。在 3.6.1 节，采用最小项分析法对所产生的 GLIFT 逻辑进行复杂度分析，分析中未考虑逻辑优化对复杂度的影响。测试分析结果能更准确地显示问题的规模（即 GLIFT 方法的复杂度）随着输入数目增加的变化趋势。3.6.2 节采用 ISCAS[115]和 IWLS[116]测试基准来显示采用不同方法生成的 GLIFT 逻辑在精确性上的差异。

3.6.1   复杂度分析

本节将最小项数量作为 GLIFT 逻辑复杂度的衡量标准，对不同输入数目的与门、或门、异或门、与非门和或非门的 GLIFT 逻辑所包含的最小项数量进行了精确的量化。实验过程中，利用 3.3 节中形式化的 GLIFT 逻辑表达式产生基本门的 GLIFT 逻辑，并采用 Mentor Graphics ModelSim 仿真工具对所生成的 GLIFT 逻辑中的最小项进行计数。此外，还采用 3.4 节中所推导的最小项数量计算公式精确地计算最小项数量，并将实验测试和理论计算值进行了对比。比较发现，两种途径得到的最小项数量是吻合的，该结果也验证了形式化 GLIFT 逻辑和最小项计算公式的正确性。图 3-5 所示为不同输入数目基本门 GLIFT 逻辑中最小项数量的变化趋势，其中最小项数量反映了所有输入组合中，能导致输出受污染的输入组合所占的比例。

由图 3-5 可知，当输入数目增加时，GLIFT 逻辑中的最小项数量随之呈指数关系增加（图中的纵坐标为对数坐标）。图中有两条参考线，其中，下边界参考线位于 2^N；上边界线位于 2^{2N}。由 3.4 节中的讨论结果可知，与门、或门、与非门和或非门都具有相同数量的最小项，曲线位于上下参考线之间。异或门 GLIFT 逻辑的最小项数量接近于真值表中全部项的数量 2^{2N}，因此异或门所对应的曲线贴近上边界参考线。

此外，采用真值表分析法生成了一些更复杂函数的 GLIFT 逻辑。被测逻辑函数包括 ISCAS[115]的测试基准 74L85（4 位比较器）、74283（4 位加法器）和 s344/s349（4×4 的移位加法器）。另外，还有不同输入数目的移位寄存器和多路复用选择器。实验仅使用了数量有限的 ISCAS 测试基准[115]，这是因为真值表分析法对能够处理的测试基准的规模有较大的限制。此外，GLIFT 逻辑中的最小项数量随着输入数目的增加呈指数关系增长，仿真程序的运行时间也随输入数目迅速增长。图 3-6 所示为采用上述测试输入得到的实验结果，其中，AND-N 表示 N 输入与门，OR-N 表示 N 输入或门。

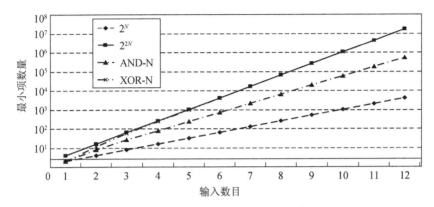

图 3-5　基本门 GLIFT 逻辑中最小项数量随输入数目变化趋势（纵轴为对数坐标）

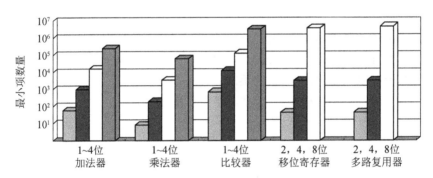

图 3-6　ISCAS 测试基准的 GLIFT 逻辑中最小项数量随输入数目变化趋势

3.6.2　精确性分析

3.5 节曾指出，采用不同方法所生成的 GLIFT 逻辑的精确性可能存在差异，现采用 ISCAS[115] 测试基准 74283（4 位加法器）对此进行验证。该测试基准的 GLIFT 逻辑分别采用真值表分析法和构造法来产生；然后，采用 Mentor Graphics ModelSim 仿真工具对两种方法所生成 GLIFT 逻辑中包含的最小项数量进行计数，实验结果如表 3-2 所示。

表 3-2　采用不同方法生成的 4 位加法器 GLIFT 逻辑中各输出包含的最小项数量

生成方法	Sum[0]	Sum[1]	Sum[2]	Sum[3]	Cout
真值表分析法	229376	241664	246272	248000	208160
构造法	229376	245760	251648	250656	227864
误报率/%	0.00	1.69	2.18	1.07	9.47

表 3-2 中，Sum[0]~Sum[3]表示加法器的和输出；Cout 表示加法器的进位输出。以 Cout 为例，采用真值表分析法时，Cout 的 GLIFT 逻辑包含 208160 个最小项，而采用构造法时，Cout 的 GLIFT 逻辑包含 227864 个最小项。可见，不同方法生成的 GLIFT 逻辑所包含的最小项数量可能存在差异，即表示由不同方法生成的 GLIFT 逻辑的精确性可能不同。由于真值表分析法所生成的 GLIFT 逻辑总是完全精确的，因而它总包含最少数量的最小项。而其他方法生成的 GLIFT 逻辑，则可能包含额外的最小项，即存在误报项。表 3-2 中的百分数显示了误报项(额外最小项)所占的比例。对于进位输出 Cout，误报率接近 10%。误报项会导致 GLIFT 逻辑捕捉到大量实际上不存在的信息流，并认为信息流安全策略被违反，引发虚假安全警告，因而设计中应尽量减少甚至完全消除误报项。

此外，本书还针对若干 ISCAS[115]和 IWLS[116]测试基准，对不同方法所生成的 GLIFT 逻辑中最小项的数量占全部输入组合(对于 n 输入原始函数，全部输入组合数为 $2n$)的百分比进行了分析。实验选取了有限的测试对象，这是因为真值表分析法受到测试对象输入数目的限制。此外，为便于对实验结果进行图示，仅选取了输出数目较少的测试基准。实验结果如图 3-7 所示。

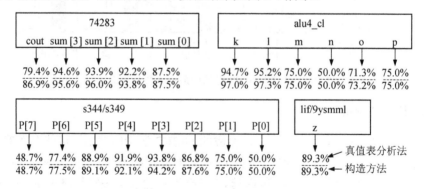

图 3-7　不同方法生成的 GLIFT 逻辑中受污染的最小项占全部最小项的比例

实验结果显示，采用真值表分析法所生成的 GLIFT 逻辑中受污染的最小项占全部输入组合的百分比，总是小于或等于采用构造法所生成的 GLIFT 逻辑中受污染最小项所占的比例。例如，测试基准 74283 的 cout 位采用两种不同方法生成的 GLIFT 逻辑分别含有 79.4%和 86.9%的受污染最小项。由于采用真值表分析法所生成的 GLIFT 逻辑总是完全精确的，所以实验结果再次证明：采用构造法生成的 GLIFT 逻辑有可能包含误报项，会导致误报现象。

图 3-7 中某些测试基准的某些输出位的 GLIFT 逻辑中，受污染的最小项的比例达 90% 以上。这表示该输出对输入的变化非常敏感，污染信息很容易从输入传播至该输出。在此情况下，有必要考虑采用更为简单的污染传播策略，如采用各输入污染的或运算来决定输出的污染状态。其优势在于可以避免复杂的 GLIFT 逻辑设计，进而避免复杂 GLIFT 逻辑所带来的面积和性能上的开销。此外，对于一些测试基准，采用真值表分析法和构造法所生成的 GLIFT 逻辑中受污染最小项的比例非常接近甚至完全相同。真值表分析法的复杂度是随输入数目呈指数增长的，而构造法的复杂度是随逻辑门的数量线性增长的。因此在实际应用中，有必要在 GLIFT 逻辑的精确性和计算复杂度之间权衡。对于要求严格信息流控制的高可靠系统，必须将精确性作为首要设计目标，采用精确的方法来产生 GLIFT 逻辑。而对于允许信息流分析有适当不精确性的系统，为降低计算复杂度，即可采用构造法来产生 GLIFT 逻辑。

鉴于最小项分析法需要消耗大量的仿真时间，本书仅选取了一些简单逻辑门和一些较小的 ISCAS[115] 和 IWLS[116] 测试基准对 GLIFT 逻辑的复杂度和精确性进行分析。此外，在复杂度分析中，以最小项数目作为 GLIFT 逻辑复杂度的评价依据，尚未考虑逻辑综合对 GLIFT 逻辑的优化作用。在后续章节中，本书将采用商用综合工具对 GLIFT 逻辑的精确性和面积、延迟与功耗等性能指标进行更为全面的评估。

3.7　本　章　小　结

本章深入讨论了二级安全格下 GLIFT 方法的基本理论，提出并证明了 GLIFT 逻辑的若干基本性质，为复杂电路 GLIFT 逻辑生成和设计优化提供了理论依据；对基本门（缓冲器、触发器、与门/与非门、或门/或非门、非门、异或门、三态门）的 GLIFT 逻辑进行了形式化描述，并以最小项数量为复杂度衡量标准，对基本门 GLIFT 逻辑的复杂度进行了量化分析。在上述研究工作基础上，可构建一个功能完备的基本门 GLIFT 逻辑函数库，以构造化地为复杂电路产生信息流跟踪逻辑，从逻辑门级实现对系统中信息流的准确度量。

本章还对 GLIFT 逻辑潜在的不精确性问题进行了详细讨论，分析并证明了造成这种不精确性的原因，即单变量翻转。本书利用开关电路的静态逻辑冒险理论证明了：由一个包含其全部质蕴涵项的逻辑函数，采用构造化方法生成的 GLIFT 逻辑是完全精确的。此外，本书还定义了基于一致性定理的逻辑扩展操作，提供了一种在 GLIFT 逻辑的精确性与设计复杂度之间权衡的方法。本章最后利用实验手段对采用不同方法生成的 GLIFT 逻辑的精确性进行了评估。

需要指出的是：采用构造法生成的 GLIFT 逻辑中，虽然额外的最小项使得 GLIFT 逻辑具有一定的不精确性，但是 GLIFT 可实现对每个二进制位信息的准确度量，并且考虑了输入对输出的实际影响，因此远比传统的粗粒度信息流分析方法更加精确。鉴于高可靠系统对信息流分析精度的要求，本书在后续章节中还将对精确 GLIFT 逻辑生成问题进行深入的讨论。

第 4 章 多级安全格下的 GLIFT 理论

GLIFT 提供了一种从门级抽象层次实现严格信息流控制的有效手段。然而实际系统的信息流安全策略大多采用多级安全格描述，第 3 章研究的针对二级安全格（LOW ⊏ HIGH）下的 GLIFT 方法无法满足系统多级安全（MLS）的应用需求。本章主要探讨多级安全格下的 GLIFT 理论和方法，并对第 3 章所介绍的二级安全格下的 GLIFT 方法进行扩展，以使其满足实际系统多级信息流安全应用需求。

4.1 多级安全格模型

Denning 首先将格模型用于描述通信信道和信息流安全策略。信息流安全策略可采用一个有限安全格 L = {SC, ⊑} 来描述。其中，SC 为安全类集，用于表征数据对象的安全级别；⊑ 是定义在安全类集上的偏序关系，用以规定不同安全类之间许可的数据流向。定义函数 L : X → SC 来表示数据对象 X 所属的安全类。如果 L(A) ⊑ L(B)，则称对象 A 的安全类不高于对象 B 的安全类。该情况下，信息从 A 流向 B 不会违反信息流安全策略，因而是安全的。

图 4-1 给出了一些简单安全格的例子。其中，图 4-1(a)～图 4-1(c)分别为二级至四级线性安全格；图 4-1(d)所示为一种方形安全格。以图 4-1(d)所示的方形安全格为例，图中的符号代表安全类，即 SC = {S0,S1,S2,S3}。在数据机密性分析中，S3 可代表"绝密"，而 S0 可表示"非保密"；S1 和 S2 是位于 S0 和 S3 之间的两个无序的安全类，实际中对应于两个同级别的安全部门。图中的箭头显示了许可的信息流向，反映了安全格所定义的偏序关系。

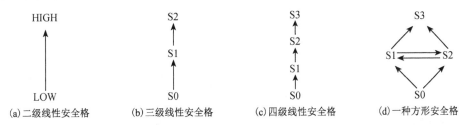

图 4-1 简单安全格示例

用 ⊕ 来表示安全类的最小上界运算符。给定安全格 L 及其两个安全类 S1 和

S2，S1⊕S2 表示满足 S1 ⊑ S，且 S2 ⊑ S 的所有安全类 S 中最为保守（安全级别最低）的一个。考虑图 4-1(d) 所示的方形安全格，则有 S0⊕S1 = S1，S1⊕S2 = S1/S2（并非 S3）。现有的信息流分析方法在确定运算结果的安全类时大多采用了保守的策略。考虑 n 个数据对象 $A_1, A_2, \cdots, A_n$，假设其所属的安全类分别为 S1,S2,$\cdots$,Sn。当这 n 个数据对象参与运算后，现有的信息流分析方法通常采用式(4-1)计算运算结果的安全类，即

$$S = S1 \oplus S2 \oplus \cdots \oplus Sn \tag{4-1}$$

式(4-1)所示的计算结果显然是安全的，因为按照最小上界运算符的定义，有 L(Si) ⊑ L(S)，$i = 1, 2, \cdots, n$。然而根据信息流的定义，如果信息 A 对信息 B 的内容产生了影响，则信息即从 A 流向了 B。由于这 n 个数据对象不一定都对输出存在影响，所以包含在这些数据对象中的信息并不一定全部流向了输出，采用式(4-1)来计算运算结果的安全类可能是保守的。

GLIFT 提供了一种更为准确的信息流分析方法。该方法考虑了输入对输出的实际影响，输出结果的安全类置为所有对输出存在实际影响的输入的安全类中最为保守的一个，而与那些对输出没有影响的输入无关。现有的 GLIFT 方法基于图 4-1(a) 所示的二级线性安全格。表 4-1 定义了二输入与门(AND-2)的标签传播规则集，用以计算 AND-2 的输出及其安全类。其中，(S0,0) 代表属于安全类 LOW 的 '0'；(S1,0) 代表属于安全类 HIGH 的 '0'，其他符号的含义依此类推。

表 4-1　二级线性安全格下 AND-2 的标签传播规则集

AND-2	(S0, 0)	(S0, 1)	(S1, 0)	(S1, 1)
(S0, 0)	(S0, 0)	(S0, 0)	(S0, 0)	(S0, 0)
(S0, 1)	(S0, 0)	(S0, 1)	(S1, 0)	(S1, 1)
(S1, 0)	(S0, 0)	(S1, 0)	(S1, 0)	(S1, 0)
(S1, 1)	(S0, 0)	(S1, 1)	(S1, 0)	(S1, 1)

以完整性分析为例，此时"可信"安全类更为保守，因此可将 S0 和 S1 分别对应于"可信"和"不可信"安全类。从表格的第 1 行和第 1 列可以看出，当其中一个输入为可信的'0'时，AND-2 的输出始终为(S0,0)。此时与门的另外一个输入对输出没有影响。GLIFT 考虑了输入对输出的实际影响，这正是该方法比其他保守信息流分析方法更为准确的原因。

在第 3 章中，重点讨论了二级安全格(LOW ⊑ HIGH)下 GLIFT 方法的基本理论。但是，现有信息系统大多要求多级安全，需采用多级安全格来描述相应的信息流安全策略。例如，军事部门一般把信息划分为"绝密"、"机密"、"秘密"和"非保密"这四个数据机密性等级；在一个典型的密码算法应用中，密钥、明

文和密文所属的安全级别是不同的，其中以密钥的安全级别最高，密文的安全级别最低；在 SoC 中，IP 核通常具有不同的信任级别，如"开源"，"IP 设计商"，"自行设计"。二级线性安全格无法对这种多级安全级别划分进行描述。此外，在一些应用中，信息流安全策略甚至难以采用线性安全格来描述，例如，"联合国"、"中国"、"美国"这三种安全级别没有线性关系。因此，本书将 GLIFT 的基本理论扩展到多级安全格模型下，以满足系统的多级安全应用需求。这包括多级安全格下的标签传播规则集的产生，GLIFT 逻辑的形式化描述与复杂度分析等。

4.2 多级安全格下的 GLIFT 问题

多级安全格可分为线性格和非线性格两类，本书首先对多级线性安全格下的 GLIFT 方法进行讨论。

4.2.1 三级线性安全格

如图 4-1(b)所示，在三级线性安全格下，安全类集为 SC = {S0,S0,S2}，相对于二级线性安全格增加了一个安全类 S2。因此，可在表 4-1 的基础上进行扩展，以定义安全类 S2 在 AND-2 上的标签传播规则，结果如表 4-2 所示。对比表 4-1 和表 4-2 可以发现：高阶线性安全格标签传播规则集是向下兼容的。在低阶线性安全格的标签传播规则集基础上扩展，即可得到高阶线性安全格下的标签传播规则集；对高阶线性安全格的标签传播规则集进行归约，即可得到低阶线性安全格下的标签传播规则集。

表 4-2 三级线性安全格下 AND-2 的标签传播规则集

AND-2	(S0, 0)	(S0, 1)	(S1, 0)	(S1, 1)	(S2, 0)	(S2, 1)
(S0, 0)	(S0, 0)	(S0, 0)	(S0, 0)	(S0, 0)	(S0, 0)	(S0, 0)
(S0, 1)	(S0, 0)	(S0, 1)	(S1, 0)	(S1, 1)	(S2, 0)	(S2, 1)
(S1, 0)	(S0, 0)	(S1, 0)	(S1, 0)	(S1, 0)	(S1, 0)	(S1, 0)
(S1, 1)	(S0, 0)	(S1, 1)	(S1, 0)	(S1, 1)	(S2, 0)	(S2, 1)
(S2, 0)	(S0, 0)	(S2, 0)	(S1, 0)	(S2, 0)	(S2, 0)	(S2, 0)
(S2, 1)	(S0, 0)	(S2, 1)	(S1, 0)	(S2, 1)	(S2, 0)	(S2, 1)

用 A、B 和 O 表示 AND-2 的输入和输出；a_t、b_t 和 o_t 分别表示输入和输出的标签，用以表征它们所属的安全类。由于共有三个安全类，标签是两位宽的，所以采用如下二进制编码方式：S0 = 00，S1 = 01，S2 = 10。由表 4-2 可导出 AND-2 在三级线性安全格下的 GLIFT 逻辑，即

$$c_t[1] = A\overline{a_t[1]}b_t[1]\overline{b_t[0]} + B\overline{a_t[1]}a_t[0]b_t[1] + a_t[1]\overline{a_t[0]}b_t[1]\overline{b_t[0]}$$

$$c_t[0] = A\overline{a_t[1]}b_t[1]b_t[0] + \overline{A}\,\overline{a_t[1]}a_t[0]b_t[1]\overline{b_t[0]} + B\overline{a_t[1]}a_t[0]b_t[1] \qquad (4\text{-}2)$$
$$+ \overline{B}\overline{a_t[1]}a_t[0]b_t[1]b_t[0] + \overline{a_t[1]}a_t[0]\overline{b_t[1]}b_t[0]$$

根据与门和或门的逻辑对称关系和推论 3.3,将式(4-2)中的输入 A 、 B 分别取反,即可得到二输入或门(OR-2)在三级线性安全格下的 GLIFT 逻辑,即

$$c_t[1] = \overline{A}\,\overline{a_t[1]}b_t[1]\overline{b_t[0]} + \overline{B}\overline{a_t[1]}a_t[0]b_t[1] + a_t[1]\overline{a_t[0]}b_t[1]\overline{b_t[0]}$$

$$c_t[0] = \overline{A}\,\overline{a_t[1]}b_t[1]b_t[0] + A\overline{a_t[1]}a_t[0]b_t[1]\overline{b_t[0]} + \overline{B}\overline{a_t[1]}a_t[0]b_t[1] \qquad (4\text{-}3)$$
$$+ B\overline{a_t[1]}a_t[0]b_t[1]b_t[0] + \overline{a_t[1]}a_t[0]\overline{b_t[1]}b_t[0]$$

对于三级线性安全格,需采用两个二进位对输入和输出的安全类进行编码。但是两个二进制位最多可编码四个安全类,因此无论采用何种二进制编码方式,总有一组二进制码是空余的。例如,在本书采用的二进制编码方式下,二进制码 "11" 是空余的。空余的二进制码导致了一个无关输入集(don't-care input set)。由于这些无关项并不会实际出现在 GLIFT 逻辑的输入端口,因此它们不会造成信息流安全策略违反。但是,将无关输入集传递给逻辑综合工具,由综合工具自行选定无关项所对应的输出,通常能够获得更优化的逻辑综合结果。式(4-4)给出了考虑无关项后 AND-2 的 GLIFT 逻辑,即

$$c_t[1] = Ab_t[1] + Ba_t[1] + a_t[1]b_t[1]$$

$$c_t[0] = A\overline{a_t[1]}b_t[0] + \overline{A}a_t[0]b_t[1] + Ba_t[0]\overline{b_t[1]} + \overline{B}a_t[1]b_t[0] + a_t[0]b_t[0] \qquad (4\text{-}4)$$

通过与式(4-2)对比可以发现,考虑无关项后,GLIFT 逻辑能够得到显著的简化。相应地,考虑无关项,简化后的 OR-2 的 GLIFT 逻辑表达式为

$$c_t[1] = \overline{A}b_t[1] + \overline{B}a_t[1] + a_t[1]b_t[1]$$

$$c_t[0] = \overline{A}\,\overline{a_t[1]}b_t[0] + Aa_t[0]b_t[1] + \overline{B}a_t[0]\overline{b_t[1]} + Ba_t[1]b_t[0] + a_t[0]b_t[0] \qquad (4\text{-}5)$$

4.2.2　四级线性安全格

如图 4-1(c)所示,在四级线性安全格下,安全类集为 SC = {S0,S1,S2,S3},它相对于三级线性安全格进一步增加了一个安全类 S3 。因此,可在表 4-2 的基础上继续进行扩展,以定义安全类 S3 在 AND-2 上的标签传播规则,结果如表 4-3 所示。通过对比表 4-3、表 4-2 和表 4-1 可以发现:高阶线性安全格标签传播规则集是向下兼容的。低阶线性安全格的标签传播规则集是高阶线性安全格下的标签传播规则集的子集;对高阶线性安全格的标签传播规则集进行归约,即可得到低阶线性安全格下的标签传播规则集。这表明高阶线性安全格下的 GLIFT 逻辑同样适用于低阶线性安全格。

表 4-3　四级线性安全格下 AND-2 的标签传播规则集

AND-2	(S0, 0)	(S0, 1)	(S1, 0)	(S1, 1)	(S2, 0)	(S2, 1)	(S3, 0)	(S3, 1)
(S0, 0)	(S0, 0)	(S0, 0)	(S0, 0)	(S0, 0)	(S0, 0)	(S0, 0)	(S0, 0)	(S0, 0)
(S0, 1)	(S0, 0)	(S0, 1)	(S1, 0)	(S1, 1)	(S2, 0)	(S2, 1)	(S3, 0)	(S3, 1)
(S1, 0)	(S0, 0)	(S1, 0)	(S1, 0)	(S1, 0)	(S1, 0)	(S1, 0)	(S1, 0)	(S1, 0)
(S1, 1)	(S0, 0)	(S1, 1)	(S1, 0)	(S1, 1)	(S2, 0)	(S2, 1)	(S3, 0)	(S3, 1)
(S2, 0)	(S0, 0)	(S2, 0)	(S1, 0)	(S2, 0)	(S2, 0)	(S2, 0)	(S2, 0)	(S2, 0)
(S2, 1)	(S0, 0)	(S2, 0)	(S1, 0)	(S2, 1)	(S2, 0)	(S2, 1)	(S3, 0)	(S3, 1)
(S3, 0)	(S0, 0)	(S3, 0)	(S1, 0)	(S3, 0)	(S2, 0)	(S3, 0)	(S3, 0)	(S3, 0)
(S3, 1)	(S0, 0)	(S3, 1)	(S1, 0)	(S3, 1)	(S2, 0)	(S3, 1)	(S3, 0)	(S3, 1)

分别用 A 、B 和 O 来表示 AND-2 的输入和输出；a_t、b_t 和 o_t 来表示它们的标签，用以表征它们所属的安全类。由于共有四个安全类，标签是两位宽的，所示采用如下二进制编码方式：S0 = 00 ，S1 = 01 ，S2 = 10 ，S3 = 11 。由表 4-3 可导出 AND-2 在四级线性安全格下的 GLIFT 逻辑，即

$$c_t[1] = Ab_t[1] + Ba_t[1] + a_t[1]b_t[1]$$

$$c_t[0] = A\overline{a_t[1]}b_t[0] + \overline{A}\,\overline{a_t[1]}a_t[0]b_t[1] + Ba_t[0]\overline{b_t[1]} + \overline{B}a_t[1]\overline{b_t[1]}b_t[0] \quad (4\text{-}6)$$
$$+ a_t[0]b_t[0] + Ab_t[1]b_t[0] + Ba_t[1]a_t[0]$$

根据与门和或门的逻辑对称关系以及推论 3.3，将式 (4-6) 中的输入 A 、B 分别取反，即可得到 OR-2 在四级线性安全格下的 GLIFT 逻辑，即

$$c_t[1] = \overline{A}b_t[1] + \overline{B}a_t[1] + a_t[1]b_t[1]$$

$$c_t[0] = \overline{A}\,\overline{a_t[1]}b_t[0] + A\overline{a_t[1]}a_t[0]b_t[1] + \overline{B}a_t[0]\overline{b_t[1]} + Ba_t[1]\overline{b_t[1]}b_t[0] \quad (4\text{-}7)$$
$$+ a_t[0]b_t[0] + \overline{A}b_t[1]b_t[0] + \overline{B}a_t[1]a_t[0]$$

类似地，可在表 4-3 的基础上继续进行扩展，以获得更高阶线性安全格下的标签传播规则集。对于 n 级线性安全格，AND-2 标签传播规则集中总共含有 $(2n)^2 = 4n^2$ 项。随着 n 的增加，标签传播规则集的规模将随之快速增长，从而给标签传播规则集的产生和 GLIFT 逻辑的推导造成困难。因此，需要一种更有效的方法来解决任意级线性安全格下的 GLIFT 逻辑生成问题。

4.2.3　任意级线性安全格

在多级线性安全格下，由于任意两个安全类都是有序的（可比较的），所以可以先根据偏序关系将任意两个安全类映射至二级线性安全格，然后采用二级安全格下的 GLIFT 逻辑来实现标签传播，最后将标签传播结果逆向映射至多级线性安全格，即可计算出多级线性安全格下输出的安全类。图 4-2 给出了任意线性安全格下 GLIFT 逻辑的产生方法。

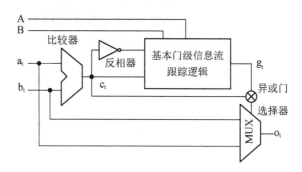

图4-2　任意级线性安全格下 GLIFT 逻辑的产生方法

该方法首先利用线性比较器,对多级线性安全格下的任意两个输入标签(安全类)进行比较, 然后根据输入标签a_t和b_t的偏序关系来确定比较器的输出c_t。由于二级线性安全格下标签只能为'0'或'1', 所以可将c_t和$\overline{c_t}$输入至二级线性安全格下基本门级信息流跟踪逻辑, 连同原始输入 A 和 B 计算出一个二级线性格下输出的标签g_t, 最终由g_t和比较器的输入c_t进行异或操作后,从输入标签a_t和b_t中选择一个赋给输出的标签o_t。需要指出的是:若a_t和b_t相等,则无论选择器选择何者作为输出, 其结果都是相同的。此时, 基本门级信息流跟踪逻辑的输出不会对最终输出结果的标签造成影响。

图4-2 的"基本门级信息流跟踪逻辑"即为二级线性安全格下的 GLIFT 逻辑。AND-2 和 OR-2 所对应的"基本门级信息流跟踪逻辑"可由式(4-4)和式(4-10)简化消除交叉项后得到, 即

$$g_t = A \cdot \overline{c_t} + B \cdot c_t \tag{4-8}$$

$$g_t = \overline{A} \cdot \overline{c_t} + \overline{B} \cdot c_t \tag{4-9}$$

为验证这种 GLIFT 逻辑产生方法的正确性,本书以四级线性安全格为例, 采用如下二进制编码方式:S0 = 00, S1 = 01, S2 = 10, S3 = 11, 利用图4-2 所示的方法产生 AND-2 在四级线性安全格下的 GLIFT 逻辑。

根据线性比较器的原理, c_t 可采用代码 4.1 所示的可编程逻辑阵列(Programmable Logic Array, PLA)来描述。需要指出的是, 若a_t和b_t相等,则无论选择器选择何者作为输出, 结果都是相同的, 因此, 当a_t和b_t相等时, 比较器的输出可在'0'和'1'之间任意选取。

代码 4.1 c_t 的 PLA 描述

```
.i 4
.o 1
.ilb at1 at0 bt1 bt0
```

```
.ob ct
.p 16
0000    1
0001    0
0010    0
0011    0
0100    1
0101    1
0110    0
0111    0
1000    1
1001    1
1010    1
1011    0
1100    1
1101    1
1110    1
1111    1
.e
```

对代码 4.1 所示的 PLA 进行化简，可得

$$c_t = a_t[1]a_t[0] + a_t[1]\overline{b_t[1]} + a_t[0]\overline{b_t[1]} + a_t[1]\overline{b_t[0]} + \overline{b_t[1]}\overline{b_t[0]} \qquad (4\text{-}10)$$

此时，基本门级信息流跟踪逻辑可由式 (4-8) 给出。此时，整个 AND-2 的 GLIFT 逻辑可采用代码 4.2 所示的 Verilog 代码来描述。

代码 4.2　整个 AND-2 的 GLIFT 逻辑 Verilog 代码

```
01: module glift_and2_lev4 (A, a_t, B, b_t, O, o_t);
02: input A, B;
03: input [1:0] a_t, b_t;
04: output O;
05: output [1:0] o_t;
06: wire c_t, g_t, s_t;
07:   assign O = A & B;
08:   assign c_t = a_t[1] & a_t[0] | a_t[1] & ~b_t[1] | a_t[0]
     & ~b_t[1] | a_t[1] & ~b_t[0] | ~b_t[1] & ~b_t[0];
09:   assign g_t = A & ~c_t | B & c_t;
10:   assign s_t = c_t ^ g_t;
11:   assign o_t = ~s_t & a_t | s_t & b_t;
12: endmodule
```

对代码 4.2 所示的 Verilog 代码进行逻辑化简所得的 AND-2 的 GLIFT 逻辑与

4.2.2 节中所得的结果(式(4-6))完全一致。

　　分别对比式(4-6)和式(4-4),以及式(4-7)和式(4-5),可以发现:四级线性安全格下 GLIFT 逻辑与三级线性安全格下 GLIFT 逻辑之间存在包含关系。这种包含关系体现了线性安全格下标签传播规则集的向下兼容性。由于这种兼容性,对于一个 m 级的线性安全格,当 m 满足

$$\lfloor \log_2 m \rfloor = \lfloor \log_2 n \rfloor, m \leqslant n \tag{4-11}$$

即可采用对应的 n 级线性安全格下的 GLIFT 逻辑来进行标签传播。

　　类似地,对于一个 m 级的线性安全格,也可能存在一个无关输入集。根据式(4-11)为 m 级的线性安全格选择一个合适的 n 级兼容线性安全格,或将其相应的无关输入集提供给逻辑综合工具都能够获得更优的 GLIFT 逻辑。

　　本章以上内容主要讨论了多级线性安全格下的 GLIFT 方法,重点在于标签传播规则集的产生与 GLIFT 逻辑的形式化描述。以下将进一步对非线性安全格下的 GLIFT 方法进行讨论。

4.2.4　非线性安全格

　　非线性安全格与线性安全格的主要区别在于前者包含无序的安全类,如图 4-1(d)所示的方形安全格中的安全类 S1 和 S2。非线性安全格没有定义无序安全类之间的偏序关系,从而导致其标签传播规则存在不确定性。考虑图 4-1(d)中方形安全格下的二输入与门(AND-2),当其输入分别为 (S1,0) 和 (S2,0) 时,AND-2 的输出为 '0'。此时,两个输入都对输出存在影响,而 S1 和 S2 又不存在确定的偏序关系,从而造成输出的安全类无法确定。此例中选择 S1 或 S2,甚至 S3 作为输出的安全类都不会违反信息流安全策略。但是,S1 和 S2 比 S3 更为保守,因此应选择 S1 或 S2 作为输出的安全类。

　　为了将图 4-1(d)中的方形安全格和四级线性安全格的 GLIFT 逻辑区分开来,当 S1 和 S2 均可作为输出的安全类时,本书为 AND-2 选择安全类 S1,为 OR-2 选择安全类 S2。在上述约定下,AND-2 在图 4-1(d)所示方形安全格下的 GLIFT 逻辑为

$$
\begin{aligned}
c_t[1] = {} & Ba_t[1]\overline{b_t[0]} + A\,\overline{a_t[0]}b_t[1] + A\overline{B}b_t[1] + \overline{A}Ba_t[1] \\
& + Ba_t[1]a_t[0] + Ab_t[1]b_t[0] + a_t[1]b_t[1] \\
c_t[0] = {} & \overline{B}a_t[1]\overline{b_t[1]}b_t[0] + \overline{A}\,\overline{a_t[1]}a_t[0]b_t[1] + Ab_t[0] \\
& + Ba_t[0] + a_t[0]b_t[0]
\end{aligned}
\tag{4-12}
$$

OR-2 在图 4-1(d)所示方形安全格下的 GLIFT 逻辑为

$$c_t[1] = Ba_t[0]b_t[1]\overline{b_t[0]} + Aa_t[1]\overline{a_t[0]}b_t[0] + \overline{A}b_t[1]$$
$$+ \overline{B}a_t[1] + a_t[1]b_t[1]$$

$$c_t[0] = \overline{B}a_t[0]\overline{b_t[1]} + \overline{A}\,a_t[1]b_t[0] + \overline{A}Bb_t[0] + A\overline{B}a_t[0]$$
$$+ \overline{B}a_t[1]a_t[0] + \overline{A}b_t[1]b_t[0] + a_t[0]b_t[0]$$

$$(4\text{-}13)$$

非线性安全格下信息流分析的困难主要在于输出的安全类可能不确定,该困难性由无序的(不可比较的)安全类造成。针对此问题,本书提出以下两种处理方式:

(1)搜索所有对输出存在影响的输入,由这些输入的安全类构造一个候选集,然后从该候选集中挑选最保守的元素作为输出的安全类;

(2)在不违反信息流安全策略的前提下对非线性安全格进行局部线性化,为一些无序的安全类附加某种偏序关系。

上述两种方法均可用于解决输出安全类的不确定性问题。第 1 种方法的特点是分析准确性高,但复杂度也相应较高;第 2 种方法相对比较灵活,但仍然是安全的,其优势在于复杂度较低。

本节以简单的线性和非线性安全格为例讨论了多级安全格下的 GLIFT 方法,该方法和结论可推广至一般或更复杂的安全格结构。然而,在实际分析中,需要为多输入门乃至更复杂的数字电路产生 GLIFT 逻辑。一般地,给定一个 n 输入门和一个有 m 个安全类的安全格,此时,每个输入有两种可能的取值,每个污染标签有 m 种可能的取值,则其 GLIFT 标签传播策略规则集一共包含 $(2^n \cdot m^n) = (2m)^n$ 项。随着逻辑单元输入数目的增加和安全格结构的复杂化,标签传播策略规则集的复杂度也将随之呈指数关系增长,因此,需要采用更有效的方法来解决多级安全格下的 GLIFT 扩展问题。

本章将从新的角度探讨多级安全格下的 GLIFT 方法,并构建多级安全格下该方法的一般性理论,为此本书首先定义多级安全格下的一些相关运算操作和运算律。

4.3　多级安全格下的相关运算和运算律

为了对安全类之间的运算进行描述,本节定了安全类的上下届运算与相应的运算律。此外,为了描述安全类和布尔变量之间的运算,本节还定义了点积运算及相关运算律。

4.3.1　安全类的边界运算

根据格的定义,安全格上的任意两个元素都存在最小上界和最大下界。给定安全格上的两个元素 a 和 b ,分别记安全格上的最小上界(Least Upper Bound,

LUB）和最大下界（Greatest Lower Bound，GLB），其运算公式为

$$LUB(a,b) = a \oplus b$$

$$GLB(a,b) = a \odot b$$

此外，当安全格上包含无序的安全类时，最大下界运算符需重新定义。给定两个无序的安全类 A_t 和 B_t。由于安全格所定义的信息流安全策略只允许信息沿安全格向上流动，所以它们的最大下界不能比 A_t 和 B_t 更为严格，否则就违反了信息流安全策略。例如，考虑图 4-1（d）所示的方形安全格中的安全类 S1 和 S2，它们的最大下界应该被置为 S1 或 S2（甚至被保守地置为 S3 也是安全的），然而，若被置为 S0 则会造成信息流安全策略违反。因此，本书重新定义非线性安全格上的最大下界运算（相应的运算符为 $\otimes$）公式为

$$A_t \otimes B_t = \{C_t \mid C_t \sqsubseteq S, \ \forall A_t \sqsubseteq S \ \wedge \ B_t \sqsubseteq S\} \tag{4-14}$$

由式（4-14）中的定义可见：非线性安全格上两个无序元素的最大下界运算结果构成一个安全类的集合。在实际应用中，可从该集合中任意选择一个安全类作为这两个无序元素的最大下界，都不会造成信息流安全策略违反。但是，为了提高分析的准确性，应该尽量从该集合中选择更为保守的安全类作为最大下界。

在后续讨论中，为了保持符号和记法上的统一性，本书仍采用运算符 $\odot$ 来表示最大下界运算，但当所讨论的安全格为非线性格时，采用非线性安全格上的最大下界运算 $\otimes$ 进行相应的替换。

4.3.2　安全类边界运算的运算律

式（4-15）和式（4-16）分别定义了最小下界运算符上的分配律和结合律，即

$$(A_t \oplus B_t) \odot C_t = A_t \odot C_t \oplus B_t \odot C_t \tag{4-15}$$

$$A_t \odot C_t \oplus B_t \odot C_t = (A_t \oplus B_t) \odot C_t \tag{4-16}$$

由式（4-16）可推导出吸收率的计算公式为

$$A_t \odot B_t \oplus A_t \odot B_t \odot C_t = A_t \odot B_t \tag{4-17}$$

上述运算律可用于安全类表达式的推导和化简。

4.3.3　点积运算

由于 GLIFT 同时考虑了变量的安全类和实际值对输出安全类的影响，所以在 GLIFT 逻辑描述中将会涉及布尔变量与安全类之间的运算。由于布尔变量和安全类属于不同的数据类型，并且数据宽度也往往不同，所以有必要引入一种新的操作来描述变量和安全类之间的运算。本书定义布尔变量 A 和污染标签向量[①] B_t 之

---

① 多级安全格下的污染标签是多维向量，以下仍简称为污染标签，以保持概念上的统一性和简洁性。

间的点积运算为

$$A \cdot B_t = \begin{cases} \text{LOW}, & A = 0 \\ B_t, & A = 1 \\ B_t, & A = Z \end{cases} \quad (4\text{-}18)$$

式中，符号 Z 表示高阻态。

在点积运算的布尔逻辑实现中，可对布尔变量 A 进行宽度扩展，然后将点积运算转化为按位逻辑与运算。当参与运算的两个操作数全部为布尔变量时，点积运算即转化为逻辑与运算。

4.3.4 点积运算的运算律

由式(4-18)可以验证式(4-19)所示的点积运算的结合律，即

$$(A \cdot B_t) \odot C_t = A \cdot (B_t \odot C_t) \quad (4\text{-}19)$$

式中，A 是布尔变量；B_t 和 C_t 是污染标签。

式(4-20)和式(4-21)分别定义了点积运算的分配律和结合律，即

$$(A+B) \cdot C_t = A \cdot C_t \oplus B \cdot C_t \quad (4\text{-}20)$$

$$A \cdot C_t \oplus B \cdot C_t = (A+B) \cdot C_t \quad (4\text{-}21)$$

由式(4-21)可以推导出如式(4-22)所示的吸收率，即

$$A \cdot C_t \oplus AB \cdot C_t = A \cdot C_t \quad (4\text{-}22)$$

不失一般性，本书在后续讨论中考虑任意安全格$(SC, \sqsubseteq)$。以 $m = |SC|$ 来表示安全格中安全类的数目，则每个布尔变量的污染标签至少需采用 w 个二进制位来表示，其表达式为

$$w = \lceil \log_2 m \rceil \quad (4\text{-}23)$$

本书采用带上标或者不带上标的大写字母来表示布尔变量，如 $A, B, A^1, A^2, \cdots, A^n$，它们的污染标签相应记为 $A_t, B_t, A_t^1, A_t^2, \cdots, A_t^n$。其中，每个污染标签都是一个 w 维的向量，如 $A_t = (a_t^0, a_t^1, \cdots, a_t^{w-1})$。为了形式上的简洁性，本书在表述中将省略点积运算符。

在上述符号记法和定义的基础上，本书将进一步讨论多级安全格下 GLIFT 方法的一般性理论，该理论的一个重要部分即是 GLIFT 逻辑的生成。因此，首先讨论基本门 GLIFT 逻辑的形式化描述，然后将讨论 GLIFT 逻辑的布尔实现和设计优化问题。

4.4　基本门 GLIFT 逻辑的形式化描述

4.4.1　缓冲器

缓冲器在电路中的主要作用是增强驱动能力和调节延迟。它总是简单地将输入传播至输出,而并不改变电路的逻辑功能。考虑一个缓冲器的逻辑表达式 $O = I$,其中,I 和 O 分别是缓冲器的输入和输出。由于缓冲器的输出总会随输入发生变化,当缓冲器输入可信(或不可信)时,其输出也必然是可信(或不可信)的,所以缓冲器的 GLIFT 逻辑可以表示为

$$O_t = I_t \tag{4-24}$$

式中,I_t 和 O_t 分别表示缓冲器输入 I 和输出 O 的污染标签。

代码 4.3 中的 Verilog 代码描述了缓冲器在多级安全格下的 GLIFT 逻辑,其中 w 表示污染标签的宽度,是一个由安全格中安全类集中元素数目决定的常量,由式(4-23)给出。

代码 4.3　缓冲器在多级安全格下的 GLIFT 逻辑

```
01:  module glift_buf(I, I_t, O, O_t);
02:  input I;
03:  input [w-1:0] I_t;
04:  output O;
05:  output [w-1:0] O_t;
06:    assign O = I;
07:    assign O_t = I_t;
08:  endmodule
```

需要指出的是,在多级安全格下,布尔变量的污染标签都是多维向量。

4.4.2　非门

考虑一个逻辑非表达式 $O = \overline{I}$,其中 I 和 O 分别是非门的输入和输出。假设已知 I 的污染标签,并分别用 I_t 和 O_t 表示非门输入 I 和输出 O 的污染标签。由于非门的输出总是跟随输入发生变化,所以非门的 GLIFT 逻辑可描述为

$$O_t = I_t \tag{4-25}$$

代码 4.4 中的 Verilog 代码描述了非门在多级安全格下的 GLIFT 逻辑。

代码 4.4　非门在多级安全格下的 GLIFT 逻辑

```
01:  module glift_inv(I, I_t, O, O_t);
02:  input I;
```

```
03:  input [w-1:0] I_t;
04:  output O;
05:  output [w-1:0] O_t;
06:    assign O = ~I;
07:    assign O_t = I_t;
08:  endmodule
```

4.4.3　触发器

　　触发器是时序电路中常见的功能部件，其主要作用是寄存数据和调节延迟。触发器的逻辑功能是在时钟边沿将数据从输入传送至输出，即在时钟边沿触发器的输出将随输入发生变化。与缓冲器相比较，触发器的主要功能差异在于输出的变化总在时钟边沿发生，输入的变化总是在一个时钟节拍之后才反映在输出上。根据上述分析，触发器的 GLIFT 逻辑可描述为

$$D_t = I_t \qquad\qquad (4\text{-}26)$$

式中，I_t 和 D_t 分别表示触发器输入 I 和输出 D 的污染标签。

　　若采用硬件描述语言来描述触发器的 GLIFT 逻辑，则可体现其时序特性，具体而言，触发器的 GLIFT 逻辑总是将污染标签延迟一个时钟节拍后传播。代码 4.5 中的 Verilog 代码描述了触发器在多级安全格下的 GLIFT 逻辑(本书不考虑时钟信号 clk 和复位信号 rst 受污染的情形)。

代码 4.5　触发器在多级安全格下的 GLIFT 逻辑

```
01:  module glift_ff(clk, rst, I, I_t, D, D_t);
02:  input clk, rst, I;
03:  input [w-1:0] I_t;
04:  output D;
05:  output [w-1:0] D_t;
06:    always @ (clk, rst)
07:      if (rst) begin
08:        D <= 0;
09:        D_t <= 0;
10:      end
11:      else if (clk == 1) begin
12:        D <= I;
13:        D_t <= I_t;
14:      end
15:  endmodule
```

4.4.4　与门和与非门

　　考虑二输入与门(AND-2)，其布尔逻辑方程是 $O = A \cdot B$。AND-2 每次至多有

两个输入，可见，在推导 AND-2 的 GLIFT 逻辑时可将多级安全格转换为多个二级安全格。因此，多级安全格下 AND-2 的 GLIFT 逻辑应该与式(4-27)所示的二级安全格下的 GLIFT 逻辑具有一定的相似性。

$$o_t = Ba_t + Ab_t + a_t b_t \qquad (4-27)$$

为了对多级安全格下的 GLIFT 逻辑进行形式描述，需要将式(4-27)中单位宽的污染标签扩展为多位宽的污染标签向量(仍统称为污染标签)，并引入适当的运算符来描述污染标签之间，以及污染标签与布尔变量之间的运算操作。具体而言，不仅需要采用最小上界和最大下界运算符来描述污染标签之间的运算，而且需要采用点积运算符来描述污染标签与布尔变量之间的运算。表 4-4 显示了用于计算 AND-2 在多级安全格下输出污染标签的真值表，其中，A_t、B_t 和 O_t 分别是 A、B 和 O 的污染标签。

表 4-4　计算 AND-2 在多级安全格下输出污染标签的真值表

序号	A	B	A_t	B_t	O	O_t
1	0	0	A_t	B_t	0	$A_t \odot B_t$
2	0	1	A_t	B_t	0	A_t
3	1	0	A_t	B_t	0	B_t
4	1	1	A_t	B_t	1	$A_t \oplus B_t$

例如，当输入 A 为 LOW 类型的逻辑 '0' 时，由真值表的第 1 行和第 2 行可知输出的污染标签 O_t 应该被置为 LOW，因为输入 A 完全决定了输出状态。当输出 A 为 LOW 类型的逻辑 '1' 时，由真值表的第 3 行和第 4 行，输出的污染标签为 B_t，即输出的污染标签由输入 B 来决定。当输入 A 和 B 同时为逻辑 '0' 或逻辑 '1' 时，情况将较为复杂，若输入 A 和 B 同时为逻辑 '0'，则 A 和 B 都对输出存在影响，根据 GLIFT 逻辑的定义，输出的污染标签应该置为 $A_t \odot B_t$，即 A_t 和 B_t 中更为严格的一个；若输入 A 和 B 同时为逻辑 '1'，则 A 和 B 都对输出没有直接影响，根据 GLIFT 逻辑的定义，输出的污染标签应该置为 $A_t \oplus B_t$，即 A_t 和 B_t 中更为保守的一个。由真值表 4-4，可推导出 AND-2 在多级安全格下的 GLIFT 逻辑表达式为

$$O_t = AB_t \oplus BA_t \oplus A_t B_t \qquad (4-28)$$

为了对多输入门的 GLIFT 逻辑进行形式化描述，本书首先讨论三输入与门(AND-3)在三级线性安全格下的 GLIFT 逻辑。记 AND-3 的布尔逻辑方程为 $O = A \cdot B \cdot C$，并分别用 A_t、B_t 和 C_t 来表示输入的污染标签，则逐步推导 AND-3 的 GLIFT 逻辑为

$$O_t = C \cdot L(AB) \oplus AB \cdot C_t \oplus L(AB) \odot C_t \qquad (4-29)$$

式中，$L(AB)$ 表示逻辑与表达式 $A \cdot B$ 的污染标签，由式(4-28)给出。对式(4-29)进行展开和化简，可得

$$O_t = ABC_t \oplus ACB_t \oplus BCA_t \oplus AB_t \odot C_t \oplus BA_t \odot C_t \oplus CA_t \odot B_t \oplus A_t \odot B_t \odot C_t \tag{4-30}$$

进一步地，考虑 n 输入逻辑与表达式 $O = A^1 \cdot A^2 \cdots A^n$ 在 m 级安全格下的 GLIFT 逻辑。一种可行的方法是首先对式(4-31)进行展开和化简(表达式中的减号表示消去最后一项)，然后采用适当的运算符对化简后的表达式进行改写，具体而言，用最小上界运算符替换污染标签之间的逻辑或运算符，布尔变量与污染标签之间的点积运算符省去。

$$O_t = (A^1 + A^1_t)(A^2 + A^2_t) \cdots (A^n + A^n_t) - A^1 \cdot A^2 \cdots A^n \tag{4-31}$$

仍以三输入与门为例，由于输入变量数目较少，用 A、B 和 C 来表示与门的三个输入，并相应地以 A_t、B_t 和 C_t 来分别表示各输入的污染标签。根据式(4-31)有

$$O_t = (A + A_t)(B + B_t)(C + C_t) - ABC$$
$$= ABC_t + ACB_t + BCA_t + AB_tC_t + BA_tC_t + CA_tB_t + A_tB_tC_t \tag{4-32}$$

对式(4-32)进行运算符替换后即可得到如式(4-30)所示的结果。

由 4.4.2 节中非门 GLIFT 逻辑的表达式，可从与门的 GLIFT 逻辑快速推导出与非门的 GLIFT 逻辑。根据式(4-25)，在相同的输入组合下，与门和与非门输出的污染标签完全相同。代码 4.6 和代码 4.7 分别给出了二输入与门和二输入与非门在多级安全格下 GLIFT 逻辑的伪代码描述，其中 dot、lub 和 glb 分别是计算点积、最小上界和最大下界的函数。

代码 4.6　二输入与门在多级安全格下的 GLIFT 逻辑

```
01: module glift_and(A, A_t, B, B_t, O, O_t);
02: input A, B;
03: input [w-1:0] A_t, B_t;
04: output O;
05: output [w-1:0] O_t;
06:   assign O = A & B;
07:   assign O_t = lub (dot(B, A_t), dot(A, B_t), glb(A_t, B_t));
08: endmodule
```

代码 4.7　二输入与非门在多级安全格下的 GLIFT 逻辑

```
01: module glift_nand(A, A_t, B, B_t, O, O_t);
02: input A, B;
03: input [w-1:0] A_t, B_t;
04: output O;
```

```
05:   output [w-1:0] O_t;
06:     assign O = ~(A & B);
07:     assign O_t = lub(dot (B, A_t), dot(A, B_t), glb(A_t, B_t));
08:   endmodule
```

4.4.5　或门和或非门

考虑二输入或门(OR-2)，其布尔逻辑方程为 $O = A + B$，由狄摩根律，可得

$$O = \overline{\overline{A} \cdot \overline{B}}$$

根据 4.4.2 节和式(4-25)，只需推导出逻辑与表达式 $\overline{A} \cdot \overline{B}$ 的 GLIFT 逻辑。因此，根据式(4-28)可推导出 OR-2 在多级安全格下的 GLIFT 逻辑为

$$O_t = \overline{A}B_t \oplus \overline{B}A_t \oplus A_t \odot B_t \tag{4-33}$$

进一步地，考虑 m 级安全格下 n 输入逻辑或表达式 $O = A^1 + A^2 + \cdots + A^n$ 的 GLIFT 逻辑。类似地，可以首先对式(4-34)所示的多项式进行展开和化简，然后进行类似的运算符替换。

$$O_t = (\overline{A^1 + A_t^1})(\overline{A^2 + A_t^2}) \cdots (\overline{A^n + A_t^n}) - \overline{A^1} \cdot \overline{A^2} \cdots \overline{A^n} \tag{4-34}$$

以三输入或门为例，由于输入变量数目较少，可以用 A、B 和 C 来表示或门的三个输入，并相应地以 A_t、B_t 和 C_t 分别表示各输入的污染标签。根据式(4-34)有

$$\begin{aligned}
O_t &= (\overline{A} + A_t)(\overline{B} + B_t)(\overline{C} + C_t) - \overline{A}\,\overline{B}\,\overline{C} \\
&= \overline{A}\,\overline{B}C_t + \overline{A}\,\overline{C}B_t + \overline{B}\,\overline{C}A_t + \overline{A}B_tC_t + \overline{B}A_tC_t + \overline{C}A_tB_t + A_tB_tC_t \tag{4-35}
\end{aligned}$$

对式(4-35)进行运算符替换后，即可得到三输入或门在多级安全格下的 GLIFT 逻辑为

$$O_t = \overline{A}\,\overline{B}C_t \oplus \overline{A}\,\overline{C}B_t \oplus \overline{B}\,\overline{C}A_t \oplus \overline{A}B_t \odot C_t \oplus \overline{B}A_t \odot C_t \oplus \overline{C}A_t \odot B_t \oplus A_t \odot B_t \odot C_t$$

$$\tag{4-36}$$

类似地，根据 4.4.2 节和式(4-25)，或门和或非门也具有形式相似的 GLIFT 逻辑。代码 4.8 和代码 4.9 分别给出了二输入或门和二输入或非门在多级安全格下 GLIFT 逻辑的伪代码描述。

代码 4.8　二输入或门在多级安全格下的 GLIFT 逻辑

```
01:   module glift_or(A, A_t, B, B_t, O, O_t);
02:   input A, B;
03:   input [w-1:0] A_t, B_t;
04:   output O;
05:   output [w-1:0] O_t;
```

```
06:     assign O = A | B;
07:     assign O_t = lub(dot(~B,A_t),dot(~A,B_t),glb(A_t,B_t));
08: endmodule
```

代码 4.9　二输入或非门在多级安全格下的 GLIFT 逻辑

```
01: module glift_nor(A, A_t, B, B_t, O, O_t);
02: input A, B;
03: input [w-1:0] A_t, B_t;
04: output O;
05: output [w-1:0] O_t;
06:     assign O = ~(A | B);
07:     assign O_t = lub (dot(~B,A_t),dot(~A,B_t),glb(A_t,B_t));
08: endmodule
```

4.4.6　异或门和同或门

异或门是一类对输入变化敏感的特殊逻辑门。具体而言，只要异或门的任意输入发生变化，在异或门的输出端即可观测到该变化。因此，信息总是从异或门的输入流向输出，而不受其他输入的影响。根据上述分析，n 异或门 $O = xor(A^1, A^2, \cdots, A^n)$ 在多级安全格下的 GLIFT 逻辑可形式化描述为

$$O_t = A_t^1 \oplus A_t^2 \oplus \cdots \oplus A_t^n \tag{4-37}$$

此外，在实际应用中，二输入异或门通常用于复位操作，例如，赋值语句 $R = R \ xor \ R$ 就实现了将寄存器 R 的复位。在此情况下，R 的污染标签应该被置为 LOW，以达到解密的目的。

类似地，根据 4.4.2 节和式 (4-25)，异或门和同或门也具有形式相似的 GLIFT 逻辑。代码 4.10 和代码 4.11 分别给出了二输入异或门和二输入同或门在多级安全格下 GLIFT 逻辑的伪代码描述，其中 xor、nxor 是计算异或和同或的函数。

代码 4.10　二输入异或门在多级安全格下的 GLIFT 逻辑

```
01: module glift_xor(A, A_t, B, B_t, O, O_t);
02: input A, B;
03: input [w-1:0] A_t, B_t;
04: output O;
05: output [w-1:0] O_t;
06:     assign O = xor(A, B);
07:     assign O_t = lub(A_t, B_t);
08: endmodule
```

代码 4.11　二输入同或门在多级安全格下的 GLIFT 逻辑

```
01: module glift_nxor(A, A_t, B, B_t, O, O_t);
```

```
02:  input A, B;
03:  input [w-1:0] A_t, B_t;
04:  output O;
05:  output [w-1:0] O_t;
06:    assign O = nxor(A, B);
07:    assign O_t = lub(A_t, B_t);
08:  endmodule
```

4.4.7 三态门

　　三态门常用于双向或多驱动源总线的驱动。当三态门正常驱动总线时，其输出状态可为逻辑真或逻辑假；当三态门不驱动总线时，其输出应置位高阻态。三态门的逻辑函数可表示为

$$O = S?I:'Z'　　　　　　　　　(4\text{-}38)$$

式中，S、I、O 和 'Z' 分别表示控制信号、输入、输出和高阻态。

　　由式(4-38)可知，当控制信号 S 有效时，输入 I 可以正常流向输出 O，因此三态门的 GLIFT 逻辑应该包含项 SI_t，以追踪在控制信号 S 有效时由输入到输出的信息流动。反之，当控制信号 S 无效时，输出固定为高阻态。由于高阻态属于定常态，其安全类型固定为 LOW，所以 $\overline{S}\cdot LOW$ 项也应加入三态门的 GLIFT 逻辑以描述控制信号无效时信息的流动情况。此外，控制信号 S 本身也是信息流敏感的。控制信号 S 的变化将导致输出在逻辑 '0/1' 和高阻态之间切换，即信息从控制信号流向了输出。为了描述信息从控制信号向输出的流动，S_t 项也应包含于三态门的 GLIFT 逻辑中。根据上述分析，可将三态门的 GLIFT 逻辑形式化描述为

$$O_t = SI_t \oplus \overline{S}\cdot LOW \oplus S_t$$
$$= SI_t \oplus S_t　　　　　　　(4\text{-}39)$$

　　当三态用于总线驱动时，其 GLIFT 逻辑稍有差异。污染状态总线也是共享的，为保证污染状态总线只有一个驱动源，当选择信号无效时，三态门输出的污染标签也应被置为高阻态。此时，需要将三态门的 GLIFT 逻辑改写为

$$O_t = S?(SI_t \oplus S_t):'Z'$$
$$= S?(I_t \oplus S_t):'Z'　　　　(4\text{-}40)$$

　　代码 4.12 给出了三态门在多级安全格下 GLIFT 逻辑的伪代码描述。

代码 4.12　三态门在多级安全格下的 GLIFT 逻辑

```
01:  module glift_tri(S, S_t, I, I_t, O, O_t);
02:  input S, I;
03:  input [w-1:0] S_t, I_t;
04:  inout O;
```

```
05:  inout [w-1:0] O_t;
06:    assign O = S? I : 1'bz;
07:    assign O_t = S? lub(I_t , S_t) : w'bz;
08:  endmodule
```

本节主要讨论了基本门 GLIFT 逻辑的形式化描述问题。在实际应用中，GLIFT
逻辑通常根据原始设计进行物理实现，以动态地对系统中的信息流进行监控，而
现有的数字系统大多为二进制系统，因此，有必要对 GLIFT 逻辑的布尔实现问题
进行讨论。

4.5　GLIFT 逻辑的布尔描述

在 4.4 节对 GLIFT 逻辑的形式描述中，采用了多维向量来表示变量的污染标
签，若要讨论 GLIFT 逻辑的布尔描述问题，则首先需要讨论安全类的二进制编码
问题，然后才能进一步地讨论 GLIFT 逻辑形式化表达式中点积、最小上界和最大
下界运算符的布尔实现问题，最后才能将 GLIFT 逻辑的形式化描述转换为布尔
逻辑。

4.5.1　安全类的编码

在第 3 章所讨论的二级安全格下，安全类集为 SC = {LOW, HIGH}。在讨论中
采用了图 4-3 所示的编码方式。

在图 4-3 所示的编码方式下，第 3 章采用布尔函数对基本门 GLIFT 逻辑进行
了描述。然而，即使在二级安全格下，对安全类仍有其他可行的编码方式。例如，
可采用与图 4-3 相反的编码方式，将安全类 LOW 编码为逻辑 '1'，将 HIGH 编码为
逻辑 '0'。此外，若不考虑编码效率问题，或者为了容错等目的则还可以采用多个
二进制位对 LOW 和 HIGH 进行编码。

图 4-3　二级安全格下安全类的编码方式

二级安全格下仅有两个安全类，且定义在安全格上的偏序关系也较为简单。
当考虑多级安全格时，随着安全类数目的增加和偏序关系的复杂化，安全类的编
码问题就会变得更为复杂。一般而言，寻求最优编码方式属于 NP 困难问题，即
使是找到了给定安全格下的最优编码方式，该最优编码方式在其他安全格结构下

也不一定是最优的。因此，本节只对常用的编码方法进行简要介绍，而不深入讨论最优编码问题。

数字系统中最常用的编码方式有二进制编码(Binary)，格雷码(Gray-code)编码和独热码(One-hot)编码三种。二进制码和格雷码均属于压缩状态编码，即编码位宽小于编码状态的数目。二进制编码也称为连续编码，即码值的大小是连续变化的。格雷码的相邻码值间只有一位是不同的。独热码又称为一位有效编码，其方法是使用 N 位状态寄存器对 N 个状态进行编码，每个状态都有它独立的编码位，并且在任意时刻，只有其中一个编码位有效。以图 4-1(c)所示的四级线性安全格为例，表 4-5 给出了安全类 S0~S3 在不同编码方式下对应的码值。

表 4-5　四级线性安全格安全类在不同编码方式下的码值

编码方式	安全类			
	S0	S1	S2	S3
二进制码	00	01	10	11
格雷码	00	01	11	10
独热码	0001	0010	0100	1000

由前面 GLIFT 逻辑的形式化描述可知，GLIFT 逻辑的规模往往远大于原始设计，特别是在多级安全格下。因此通常采用压缩状态编码，如二进制码或格雷码，并避免采用带冗余位的编码方式以减少额外的设计开销。

4.5.2　运算符的布尔实现

GLIFT 逻辑的形式化描述中采用了点积、最小上界和最大下界运算符，在 GLIFT 逻辑的布尔实现过程中，需采用逻辑函数对这些运算符进行描述。

1)点积运算符

点积用于描述单位宽布尔变量与污染标签之间的运算，其定义由式(4-18)给出。由定义可知，布尔变量 $A \in \{0,1\}$，而污染标签 $B_t \in SC$。当 $A = 0$ 时，运算结果固定为 LOW。以最简单的二级安全格 $LOW \sqsubset HIGH$ 为例，当 LOW 编码为 '0'，$HIGH$ 编码为 '1' 时，有 $0 \cdot B_t = 0$，且 $1 \cdot B_t = B_t$，此时，点积运算可采用简单的逻辑与运算来实现，即

$$A \cdot B_t = A \& B_t \tag{4-41}$$

式中，"·"为点积运算符，"&"为逻辑与运算符。

当 LOW 编码为 '1'，$HIGH$ 编码为 '0' 时，则有 $0 \cdot B_t = 1$，且 $1 \cdot B_t = B_t$，此时，点积运算可描述为

$$A \cdot B_t = \bar{A} \& B_t \tag{4-42}$$

可见，安全类的编码方式对点积运算的实现结果存在影响。一般而言，将 LOW 编码为 w'b 0 时，点积运算总可简化为简单地按位逻辑与运算。考虑图 4-1(d) 所示方形安全格，当 S0 编码为 2'b 0 时，代码 4.13 给出了点积运算的 Verilog 实现代码。

代码 4.13　点积运算在方形安全格下的 Verilog 实现

```
01:  module oper_dot(A, B_t, O_t);
02:  input A;
03:  input [1:0] B_t;
04:  output [1:0] O_t;
05:  wire [1:0] Vector_A;
06:    assign Vector_A = {A, A};
07:    assign O_t = Vector_A & B_t;
08:  endmodule
```

2) 最小上界和最大下界运算符

边界运算规则反映了定义在安全格上的偏序关系，可采用一个运算规则表来描述。对于一个有 m 个安全类的安全格，其边界运算规则表中一共有 m^2 项。例如，考虑二级安全格 $LOW \sqsubseteq HIGH$，最小上界和最大下界运算规则可采用表 4-6 所示的规则集来描述。

表 4-6　二级安全格下的边界运算规则集

.LUB			.GLB		
A_t	B_t	O_t	A_t	B_t	O_t
LOW	LOW	LOW	LOW	LOW	LOW
LOW	HIGH	HIGH	LOW	HIGH	LOW
HIGH	LOW	HIGH	HIGH	LOW	LOW
HIGH	HIGH	HIGH	HIGH	HIGH	HIGH

在不同的编码方式下，边界运算符的布尔逻辑实现也是不同的。假设 LOW 编码为 '0'，HIGH 编码为 '1'。经过编码符号替换后，表 4-6 所示的边界运算规则集可描述为表 4-7 所示的可编程逻辑阵列 (PLA)。

表 4-7　二级安全格下边界运算规则集的 PLA 描述

.LUB			.GLB		
A_t	B_t	O_t	A_t	B_t	O_t
0	0	0	0	0	0
0	1	1	0	1	0
1	0	1	1	0	0
1	1	1	1	1	1

表 4-7 中的 PLA 描述是在假定的编码方式 LOW = '0'，HIGH = '1' 下定义的。二级安全格下的最小上界运算和最大下界运算可分别采用简单的逻辑与和逻辑或运算来实现。在其他编码方式下，边界运算的布尔实现形式也将不同。由于点积运算、最小上界和最大下界运算是 GLIFT 逻辑形式化描述中运算最密集的部分，所以在实际应用中需要选择较优的编码方式，尽量降低这些运算符布尔实现的复杂度，从而降低 GLIFT 逻辑物理实现的复杂度。

4.5.3　GLIFT 逻辑的布尔实现

在 4.5.1 节和 4.5.2 节的基础上，本节将以二输入选择器（MUX-2）为例讨论 GLIFT 逻辑的布尔实现问题。

MUX-2 的布尔函数为 $F = SA + \overline{S}B$，其逻辑功能是根据选择信号 S 的状态从输入 A 和 B 中选择一个作为输出。定义函数 $L: x \to SC$，用以返回对象的污染标签，即 $L(X) = X_t$。根据式（4-25）、式（4-28）和式（4-33）中与、或、非门的 GLIFT 逻辑，MUX-2 的 GLIFT 逻辑可形式化描述为

$$F_t = \overline{SA} \cdot L(\overline{S}B) \oplus \overline{\overline{S}B} \cdot L(SA) \oplus L(SA) \odot L(\overline{S}B) \tag{4-43}$$

对式（4-43）进行展开，并利用 4.3 节中定义的运算律进行化简后，可得到 MUX-2 的 GLIFT 逻辑表达式为

$$F_t = SA_t \oplus \overline{S}B_t \oplus AS_t \oplus BS_t \oplus A_t \odot S_t \oplus B_t \odot S_t \tag{4-44}$$

以三级线性安全格 $S0 \sqsubset S1 \sqsubset S2$ 为例，选择编码方式 $S0 = 00$，$S1 = 01$，$S2 = 11$。在上述编码方式下，点积运算可采用简单的逻辑与运算替代，边界运算规则集可采用表 4-8 所示的可编程逻辑阵列来描述。

表 4-8　三级安全格下边界运算规则集的 PLA 描述

.LUB			.GLB		
A_t	B_t	O_t	A_t	B_t	O_t
00	00	00	00	00	00
00	01	01	00	01	00
00	11	11	00	11	00
01	00	01	01	00	00
01	01	01	01	01	01
01	11	11	01	11	01
11	00	11	11	00	00
11	01	11	11	01	01
11	11	11	11	11	11

由表 4-8 可知，在上述编码方式下，最小上界和最大下界运算可分别采用两个逻辑或门和两个逻辑与门来实现。以 $X_t = (x_t^1, x_t^0)$ 和 $Y_t = (y_t^1, y_t^0)$ 分别表示布尔

变量 X 和 Y 的污染标签，则有

$$X_t \oplus Y_t = \{x_t^1 \mid y_t^1, x_t^0 \mid y_t^0\}$$
$$X_t \odot Y_t = \{x_t^1 \,\&\, y_t^1, x_t^0 \,\&\, y_t^0\}$$
(4-45)

式中，"|"和"&"分别是逻辑或和逻辑与运算符，"{}"表示多个二进制位的组合。

现以 $A_t = (a_t^1, a_t^0)$，$B_t = (b_t^1, b_t^0)$，$S_t = (s_t^1, s_t^0)$ 和 $F_t = (f_t^1, f_t^0)$ 分别表示布尔变量 A、B、S 和 F 的污染标签，则 MUX-2 的 GLIFT 逻辑可采用布尔表达式描述为

$$f_t^1 = Sa_t^1 \mid \overline{S}b_t^1 \mid As_t^1 \mid Bs_t^1 \mid a_t^1 \,\&\, s_t^1 \mid b_t^1 \,\&\, s_t^1$$
$$f_t^0 = Sa_t^0 \mid \overline{S}b_t^0 \mid As_t^0 \mid Bs_t^0 \mid a_t^0 \,\&\, s_t^0 \mid b_t^0 \,\&\, s_t^0$$
(4-46)

在具体实现中可利用 Verilog 语言的按位操作特性简化 GLIFT 的描述，代码 4.14 给出了 MUX-2 在三级线性安全格下 GLIFT 逻辑的 Verilog 实现。

代码 4.14　MUX-2 在三级线性安全格下 GLIFT 逻辑的 Verilog 实现

```
01:  module glift_mux2(A, A_t, B, B_t, S, S_t, O, O_t);
02:  input A, B, S;
03:  input [1:0] A_t, B_t, S_t;
04:  output O;
05:  output [1:0] O_t;
06:  wire [1:0] Vector_A, Vector_B, Vector_S;
07:    assign Vector_A = {A, A};
08:    assign Vector_B = {B, B};
09:    assign Vector_S = {S, S};
10:    assign O = S & A | ~S & B;
11:    assign O_t = Vector_S & A_t | ~Vector_S & B_t | Vector_A
                  & S_t | Vector_B & S_t | A_t & S_t | B_t
                  & S_t;
12:  endmodule
```

类似地，在二级安全格下，4.4 节中各基本门 GLIFT 逻辑的形式化描述也可相应地简化为 3.3 节中的布尔逻辑描述。这种可简化性和结果上的一致性表明：第 3 章所讨论的二级安全格下 GLIFT 理论只是本章所讨论的多级安全格下 GLIFT 理论的一个特例。

4.6　多值逻辑系统下的 GLIFT 逻辑

4.6.1　四值逻辑

在数字电路设计与验证中，除了布尔逻辑系统，通常还会采用多值逻辑来描述电路的状态，如 IEEE 1164 标准中定义了如表 4-9 所示的 9 种逻辑状态。

表 4-9　IEEE 1164 标准定义的逻辑状态

符号	英文名称	中文名称
U	Uninitialized	未初始化
X	Forcing unknown	不确定态
0	Forcing 0	低电位
1	Forcing 1	高电位
Z	High impedance	高阻态
W	Weak unknown	弱不确定态
L	Weak 0	弱低电位
H	Weak 1	弱高电位
-	Don't care	无关电位

在实际应用中，最常用的逻辑系统为四值逻辑系统，包含逻辑 0、逻辑 1、不确定态 X 和高阻态 Z 四种逻辑状态。本书首先以常用的四值逻辑为例，对多值逻辑系统下的污染传播问题和 GLIFT 逻辑描述方法进行探讨；然后以 AND-2 为例对九值逻辑系统下的 GLIFT 逻辑形式化描述方法进行简要的讨论。

4.6.2　四值逻辑系统下的污染传播

以 AND-2 为例，式(4-47)定义了不确定态 X 和高阻态 Z 的逻辑与运算规则，即

$$0 \& X = 0$$
$$0 \& Z = 0$$
$$1 \& X = X$$
$$1 \& Z = X \tag{4-47}$$
$$X \& X = X$$
$$X \& Z = X$$

根据 GLIFT 方法的基本原理，当且仅当受污染的输入对输出存在影响时，污染信息才能流向输出，输出才会受到污染，因此，由式(4-47)，AND-2 在四值逻辑系统下的污染传播规则可由表 4-10 给出，其中，"U"代表未受污染；"T"代表受污染。

表 4-10　AND-2 在四值逻辑系统下的污染传播规则

AND-2	(U, 0)	(T, 0)	(U, 1)	(T, 1)	(U, X)	(T, X)	(U, Z)	(T, Z)
(U, 0)	(U, 0)	(U, 0)	(U, 0)	(U, 0)	(U, 0)	(U, 0)	(U, 0)	(U, 0)
(T, 0)	(U, 0)	(T, 0)	(T, 0)	(T, 0)	(T, 0)	(T, 0)	(T, 0)	(T, 0)
(U, 1)	(U, 0)	(T, 0)	(U, 1)	(T, 1)	(U, X)	(T, X)	(U, X)	(T, X)
(T, 1)	(U, 0)	(T, 0)	(T, 1)	(T, 1)	(T, X)	(T, X)	(T, X)	(T, X)
(U, X)	(U, 0)	(T, 0)	(U, X)	(T, X)	(U, X)	(T, X)	(U, X)	(T, X)
(T, X)	(U, 0)	(T, 0)	(T, X)	(T, X)	(T, X)	(T, X)	(T, X)	(T, X)
(U, Z)	(U, 0)	(T, 0)	(U, X)	(T, X)	(U, X)	(T, X)	(U, X)	(T, X)
(T, Z)	(U, 0)	(T, 0)	(T, X)	(T, X)	(T, X)	(T, X)	(T, X)	(T, X)

表 4-10 中第 4、6、8 列输出结果的污染标签是相应一致的，第 5、7、9 列输出结果的污染标签也是相应一致的；类似地，第 4、6、8 行输出结果的污染标签是相应一致的，第 5、7、9 行输出结果的污染标签也是相应一致的。可见，定义在不确定态 X 和高阻态 Z 上的污染传播规则与定义在逻辑 '1' 状态上的污染传播规则是完全一致的。这种污染传播规则上的一致性有助于多值逻辑系统下 GLIFT 逻辑的推导和描述。

4.6.3　四值逻辑系统下的 GLIFT 逻辑

由于未考虑不确定态 'X' 和高阻态 'Z' 等状态，本书 3.3 节和 4.4 节中给出的基本逻辑单元的 GLIFT 逻辑不能用于多值逻辑系统下的污染传播。以二级安全格 (LOW⊏HICH) 下 AND-2 的 GLIFT 逻辑为例，在布尔逻辑系统下，其 GLIFT 逻辑可采用式 (4-27) 来描述。假设输入 A 是受污染的逻辑 '0' 或逻辑 '1'，输入 B 是未受污染的不确定态 'X'。此时，根据式 (4-27) 计算得到的输出的污染标签为不确定态 'X'。而根据污染标签的定义，它用于表征变量的受污染状态。一个变量要么是受污染的，要么是未受污染的，因此，其污染标签的取值不能为不确定态 'X'。根据 4.6.2 节中不确定态 'X' 和高阻态 'Z' 上的污染传播规则与定义在逻辑 '1' 状态上的污染传播规则一致性的结论，可对 AND-2 的 GLIFT 逻辑进行修正，即当变量为不确定态 'X' 或高阻态 'Z' 时，将其置为逻辑 '1'。代码 4.15 给出了 AND-2 在二级安全格和四值逻辑系统下 GLIFT 逻辑的 Verilog 描述。

代码 4.15　AND-2 在二级安全格和四值逻辑系统下 GLIFT 逻辑
的 Verilog 描述

```
01:   module GLIFT_AND(A, a_t, B, b_t, O, o_t);
02:   input A, a_t, B, b_t;
03:   output O, o_t;
04:   wire Ax, Bx;
05:     assign O = A & B;
06:     assign Ax = (A ===1'bx || A === 1'bz) ? 1'b1 : A;
07:     assign Bx = (B ===1'bx || B === 1'bz) ? 1'b1 : B;
08:     assign o_t = Bx & a_t | Ax & b_t | a_t & b_t;
09:   endmodule
```

为了验证上述修正方法的有效性，可采用 Mentor Graphics ModelSim 逻辑仿真工具对代码 4.15 进行仿真，并比较仿真结果与表 4-10 所示的污染传播规则的一致性。此外，采用类似的分析方法，可根据不确定态 'X' 和高阻态 'Z' 的逻辑或运算规则推导四值逻辑系统下 OR-2 的污染传播规则，进而对 OR-2 的 GLIFT 逻辑进行描述。可以验证，在推导四值逻辑系统下 OR-2 的 GLIFT 逻辑时，应将不确定态'X'或高阻态'Z'变量的值置为逻辑'0'。这一特性能够利用与门和或门的逻辑对称性(狄摩根律)进行解释。更一般地，在推导四值逻辑系统下基本单元的 GLIFT 逻辑时，应将不确定态'X'或高阻态'Z'变量的值置为无关电位(Don't care)，即将该变量直接从 GLIFT 逻辑中消去。例如，若某函数 f 在布尔系统下的 GLIFT 逻辑为 $\text{sh}(f) = A \cdot \text{sh}(g) + \overline{A} \cdot \text{sh}(h)$，则当变量 A 为不确定态'X'或高阻态'Z'时，可忽略变量 A 的值，从而使得函数 f 的 GLIFT 逻辑简化为 $\text{sh}(f) = \text{sh}(g) + \text{sh}(h)$；当变量 A 为逻辑'0'或逻辑'1'状态时，则不能忽略变量 A 的值，函数 f 的 GLIFT 逻辑应相应简化为 $\text{sh}(f) = \text{sh}(h)$ 或 $\text{sh}(f) = \text{sh}(g)$。

4.6.4　九值逻辑系统下的 GLIFT 逻辑

进一步地，对于 IEEE 1164 标准所定义的九值逻辑系统，读者可进一步验证如下结论：对于任意基本逻辑门，定义在逻辑'L'状态上的标签传播规则与定义在逻辑'0'上的标签传播规则完全一致，定义在逻辑'H'状态上的标签传播规则与定义在逻辑'1'上的标签传播规则完全一致。考虑逻辑'L'和'H'状态时，不需要对原有的 GLIFT 逻辑进行任何修改。对于逻辑与门/与非门，定义在逻辑'U'、'X'、'Z'、'W'和'-'状态上的标签传播规则与定义在逻辑'1'上的标签传播策略是完全一致的，在污染传播中应将这些状态转换为逻辑'1'；对于逻辑或门/或非门，定义在逻辑'U'、'X'、'Z'、'W'和'-'状态上的标签传播规则与定义在逻辑'0'上的标签传播策略是完全一致的，在污染传播中应将这些状态转换为逻辑'0'；对于逻辑异或/同或门，其 GLIFT 逻辑中不包含逻辑变量(仅包含变量的污染标签)，在多值逻辑系统下，不需要对逻辑异或/同或门的 GLIFT 逻辑进行任何修改。更一般地，在污染传播中，应将多值逻辑系统中的'U'、'X'、'Z'、'W'和'-'状态设置为当前逻辑门的'无关输入'(Don't care)状态。读者可根据推论 3.2 对上述结论进行证明。

以 AND-2 为例，考虑 IEEE 1164 标准所定义的九值逻辑系统下 GLIFT 逻辑的形式化描述问题。采用类似的分析方法，可根据 IEEE 1164 标准所定义逻辑运算规则推导九值逻辑系统下的污染传播规则，并由污染传播规则集推导出 AND-2 的 GLIFT 逻辑，读者可自行验证。AND-2 在九值逻辑系统的 GLIFT 逻辑可采用 VHDL 语言描述如代码 4.16 所示。

代码4.16　AND-2 在九值逻辑系统下 GLIFT 逻辑的 VHDL 描述

```
01:  library ieee;
02:  use ieee.std_logic_1164.all;
03:
04:  entity GLIFT_AND is
05:    port(A: in  std_logic; --input A
06:         B: in  std_logic; --input B
```

```
07:            A_t: in  std_logic; --label of input A
08:            B_t: in  std_logic; --label of input B
09:            AND_O: out  std_logic; --output for AND-2
10:            AND_T: out  std_logic );
11: end GLIFT_AND;
12:
13: architecture rtl of GLIFT_AND is
14: signal CON_A : std_logic := '0';
15: signal CON_B : std_logic := '0';
16:
17: begin
18:   process(A, B)
19:     begin
20:       AND_O <= A and B;
21:     end process;
22:
23:   process(A, B, A_t, B_t)
24:     begin
25:       if (A = 'X') or (A = 'Z') or (A = 'U') or (A = 'W')
          or (A = '-') then
26:         CON_A <= '1';
27:       else
28:         CON_A <= A;
29:       end if;
30:
31:       if (B = 'X') or (B = 'Z') or (B = 'U') or (B = 'W')
          or (B = '-') then
32:         CON_B <= '1';
33:       else
34:         CON_B <= B;
35:       end if;
36:
37:       AND_T <= (CON_A and B_t) or (CON_B and A_t) or (A_t
          and B_t);
38:     end process;
39: end;
```

　　一般地，对于九值逻辑系统中的'X'，'Z'，'U'，'W'和'-'状态，在污染传播中应将其置为相应逻辑门的无关输入态(对与门而言为逻辑'1'状态；对或门而言为逻辑'0'状态)。而对于'L'和'H'这两个状态，不需要进行额外的处理，第 3 章中所给出的 GLIFT 逻辑可直接用于'L'和'H'输入状态下的污染传播。

4.7　实验结果与分析

4.7.1　GLIFT 逻辑的复杂度分析

　　为了对基本门 GLIFT 逻辑的复杂度随安全格变化的趋势进行分析，本书产生了 AND-2 在多种线性安全格下的 GLIFT 逻辑，并采用逻辑综合工具对其面积和延迟进行分析。实验同时生成了考虑和未考虑无关项的 GLIFT 逻辑，采用 ABC 工具[117]对 GLIFT 逻辑进行综合，并将其映射至 ABC 工具内嵌的 mcnc 标准单元库，以进行面积和延迟分析。为便于比较，综合结果归一化至二级线性安全格下 GLIFT 逻辑的相应参数。图 4-4 和图 4-5 分别给出了归一化之后的面积和延迟结果。

　　由图 4-4 和图 4-5 可知，不考虑无关项时，四级线性安全格较之三级线性安全格，其相应 GLIFT 逻辑的面积和延迟都更小。从五级到八级线性安全格，GLIFT 逻辑的面积和延迟均先呈上升趋势，然后在八级线性安全格处下降至最低。八级安全格之后，GLIFT 逻辑的面积和延迟又均继续增大，而且比五级到七级线性安全格所对应的 GLIFT 逻辑复杂度更高。根据式(4-11)，在相同编码方式下，可采用八级安全格下的 GLIFT 逻辑实现五级到七级线性安全格下的标签传播。由于线性安全格下的标签传播规则集具有向下兼容性，所以不会导致信息流安全策略违反，从而可以利用八级安全格下 GLIFT 逻辑复杂度相对较低的优势，降低设计的面积和性能开销。

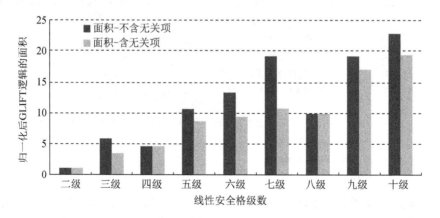

图 4-4　AND-2 在不同级线性安全格下 GLIFT 逻辑的归一化面积

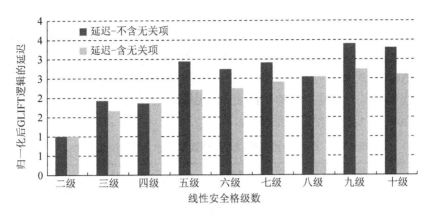

图 4-5　AND-2 在不同级线性安全格下 GLIFT 逻辑的归一化延迟

当考虑无关项时，四级线性安全格较之三级线性安全格，其相应 GLIFT 逻辑的面积和延迟反而较大。这是因为四级线性安全格不包含无关输入集；三级线性安全格考虑无关项之后，GLIFT 逻辑得到了优化。从五级到八级线性安全格，GLIFT 逻辑的面积和延迟仍先呈上升趋势，然后在八级线性安全格处略有下降。但是，五级和六级线性安全格所对应 GLIFT 逻辑的面积和延迟均比八级线性安全格下相应 GLIFT 逻辑的面积和延迟小，这也进一步表明无关项能够使逻辑综合工具有效地对设计进行优化。理论上，七级线性格下 GLIFT 逻辑的面积和延迟不应超过八级线性安全格下相应 GLIFT 逻辑的面积和延迟。但是，逻辑综合工具通常会在面积和延迟之间平衡，从而使得七级线性安全格下的 GLIFT 逻辑面积较大而延迟更小。此外，逻辑综合是一个 NP 困难问题，逻辑综合工具大多采用启发式搜索算法，因此，逻辑综合过程很容易陷入局部最优，无法保证所有的无关项都被充分利用。即便如此，对比考虑无关项前后所得的 GLIFT 逻辑，不难发现无关项的加入都在某种程度上导致了更优化的实现结果。

由实验结果可见，多级安全格下的 GLIFT 逻辑的复杂度随安全格本身复杂度的增长而快速增加，即使考虑无关项之后，十级线性安全格下的 GLIFT 逻辑的面积也接近二级线性安全格下 GLIFT 逻辑的 20 倍，这对设计和应用提出了很大的挑战。在 4.7.2 节，本书将采用 IWLS 测试基准[116]和 Synopsys 公司的商用综合工具 Design Compiler 对线性和非线性安全格下的 GLIFT 逻辑的面积和性能进行更为准确的评估。

4.7.2　GLIFT 逻辑的性能分析

为了对多级安全格下 GLIFT 逻辑的复杂度进行更为准确的评估，本书采用 IWLS 测试基准[116]，为其生成二至四级线性安全格，以及图 4-1 (d) 所示的方形安全格下的 GLIFT 逻辑。然后，采用 Synopsys 公司的商用综合工具 Design Compiler 对所得的 GLIFT 逻辑进行综合，并将其映射至 Synopsys 90nm SAED 标准单元库[118]，以对不同安全格下 GLIFT 逻辑的面积和性能进行评估。实验在生成复杂电路的 GLIFT 逻辑时利用了 3.5.1 节中所提出的构造法，在基本门 GLIFT 逻辑的产生过程中考虑了无关项。表 4-11 显示了逻辑综合结果，其中，面积的单位为平方微米(μm^2)，延迟的单位为纳秒(ns)。

表 4-11　不同安全格下 GLIFT 逻辑的面积(μm^2)和延迟(ns)

测试基准	二级线性格		三级线性格		四级线性格		非线性方形格	
	面积/μm^2	延迟/ns	面积/μm^2	延迟/ns	面积/μm^2	延迟/ns	面积/μm^2	延迟/ns
alu2	9832.74	2.10	25787.28	2.71	30409.90	2.66	35571.02	5.02
alu4	21241.72	2.85	54860.42	3.41	64457.39	3.54	75868.78	6.25
pair	44261.32	1.63	113884.53	2.03	133796.50	1.99	159605.62	3.63
i10	60371.16	3.48	153895.57	4.61	183421.14	4.24	216058.69	8.32
C1355	16853.82	1.46	42909.82	1.75	50448.80	1.80	59677.35	3.35
C1908	13682.26	2.26	33977.68	2.66	40279.14	2.73	47557.50	4.92
C2670	19670.17	1.90	50099.72	2.41	59215.61	2.37	69477.88	4.65
C3540	32254.54	2.66	83946.64	3.20	98314.47	3.10	115754.93	5.62
C5315	47318.20	2.32	122896.77	2.96	144400.48	2.84	171900.57	5.07
C6288	83678.37	8.73	215020.46	9.84	250832.09	10.22	293321.95	17.10
C7552	53603.38	3.31	135958.06	3.71	162224.44	3.74	190607.49	6.73
DES	102563.22	1.30	269417.80	1.64	314532.63	1.62	379610.22	3.19
N. Avg.	1.00	1.00	2.57	1.22	3.03	1.21	3.58	2.24

由表 4-11 可知，当安全格结构变得更为复杂时，GLIFT 逻辑相应地具有更大的面积和延迟。表格最后一行的 N.Avg.给出了不同安全格下各测试基准 GLIFT 逻辑的面积和延迟归一化至二级线性格相应结果之后的平均值。例如，三级线性安全格下 GLIFT 逻辑的面积平均为二级线性安全格下 GLIFT 逻辑面积的 2.57 倍，而延迟则平均为 1.22 倍。需要指出的是：相对于四级线性安全格，三级线性安全格下 GLIFT 逻辑的平均面积更小，平均延迟相当。这是由于实验中考虑了无关项，使得三级线性安全格下基本逻辑门 GLIFT 逻辑得到了优化。实验结果所显示的 GLIFT 逻辑的复杂度变化趋势和无关项的优化作用与前面理论分析结果一致。

由实验结果可见：将针对二级线性安全格的 GLIFT 方法扩展至多级安全格下，会导致较高的面积和性能开销。然而，实际系统大都要求多级安全(MLS)，二级线性安全格无法满足上述应用需求。在高可靠系统中，安全是一个至关重要的问题。若由于安全问题导致系统失效，则将造成严重的经济损失甚至人员伤亡。因此，上述面积和性能上的开销是应该容许的。此外，GLIFT 还可以作为一种静态信息流安全测试与验证方法，此时，GLIFT 逻辑不需要随原始设计物理实现，而仅用于设计时的静态分析,面积和延迟上的开销不会提高后端物理实现的设计代价。

本书采用简单逻辑门和 IWLS 测试基准对多级线性格下 GLIFT 逻辑的复杂度进行了评估。鉴于细粒度信息流分析固有的复杂性,GLIFT 逻辑不可避免地具有很高的面积和性能开销,这一趋势在安全格结构变得复杂时尤为明显。鉴于这种复杂性,本书仅采用了一些规模较小的测试基准进行了实验分析。在后续工作中,还需对一些规模更大的测试基准进行分析和评估,以为 GLIFT 的实际应用提供指导。

4.8 本 章 小 结

本章将 GLIFT 的基本理论扩展到了多级安全格模型下,以简单的线性和非线性安全格为例,讨论了多级安全格下标签传播规则集的产生方法,以及 GLIFT 逻辑形式化描述问题,并对 GLIFT 逻辑的复杂度进行了分析。本章的工作给出了一种将 GLIFT 推广至任意安全格的途径,提供了一种从底层门级电路起保障系统多级信息流安全的方法。本章最后通过实验对在该门级抽象层次上实现细粒度信息流控制所带来的面积和性能开销进行分析。

第5章　GLIFT 逻辑生成算法理论

第 3 章和第 4 章分别介绍了二级和多级安全格下的 GLIFT 方法与理论，对 GLIFT 逻辑潜在的不精确性问题进行了初步地讨论，并进一步从理论上证明了这种不精确性的产生原因。为满足高可靠系统对信息流控制精度的需求，本章重点讨论精确 GLIFT 逻辑生成问题，证明该问题的 NP 完全性，提出更为有效的 GLIFT 逻辑生成算法，并对所提算法的复杂度与精确性进行分析和证明。

5.1　基本概念与理论

为便于后续讨论，本书需对逻辑函数和开关电路的一些相关概念，包括静态逻辑冒险，二分决策图和扇出重回聚等[119-122]进行定义或重述。此外，还将对 NP 复杂度理论，特别是 NP 完全问题的证明方法进行简要介绍。

5.1.1　相关概念

用 $\{0,1\}^n$ 表示 n 维布尔空间。一个完全确定的(completely specified)布尔逻辑函数(以下简称逻辑函数)f 可定义为一个映射：$f:\{0,1\}^n \to \{0,1\}$。对于 n 输入逻辑函数的一个乘积项，若此乘积项中函数的每个输入变量均出现且仅出现一次，则称此乘积项是该逻辑函数的一个最小项(minterm)。逻辑函数的开集(on-set)由所有使函数输出为逻辑真的最小项构成；逻辑函数的闭集(off-set)由所有使函数输出为逻辑假的最小项构成。

定义 5.1(蕴涵项，Implicant)　在逻辑函数的积和表达式中，每个乘积项称为该函数的一个蕴涵项。

定义 5.2(质蕴涵项，Prime Implicant)　若逻辑函数的一个蕴涵项不是该函数其他任何蕴涵项的子集，则称此蕴涵项为质蕴涵项。

定义 5.3(完全和，Complete Sum)　逻辑函数全部质蕴涵项的和(逻辑或)称为该函数的完全和。

定义 5.4(静态逻辑冒险，Static Logic Hazard)　静态逻辑冒险是开关电路中的一种暂态现象，是指当一个输入发生变化时，输出短暂变化为错误状态，并随后稳定至正确状态的现象。

静态逻辑冒险通常由不同信号路径的延迟差异造成，可分为以下两种类型。

(1)静态-1 逻辑冒险。输出初始状态为'1'，当输入发生变化时，输出暂时变化为'0'，并随后稳定至正确的'1'。

(2)静态-0 逻辑冒险。输出初始状态为'0'，当输入发生变化时，输出暂时变化为'1'，并随后稳定至正确的'0'。

定义 5.5(二分决策图(Binary Decision Diagram，BDD))　二分决策图是一种带根节点的有向无环图，其节点集合 V 包含两类节点。一类是非终端节点，其属性包括一个指向决策变量集 $\{x_1, x_2, \cdots, x_n\}$ 的索引 $index(v) \in \{1, 2, \cdots, n\}$ 和两个子节点 $low(v), high(v) \in V$；另一类是终端节点，其属性是一个值 $value(v) \in \{0,1\}$。

定义 5.6(归约二分决策图(Reduced Binary Decision Diagram，RBDD))　当一个二分决策图满足以下性质时，即称为归约二分决策图。

(1)遍历自二分决策图根节点至终端节点的任意一条路径，访问每个决策变量至多一次。

(2)对任意节点 v 有 $low(v) \neq high(v)$，且二分决策图中不存在相似的子图。

定义 5.7(归约有序二分决策图(Reduced Ordered Binary Decision Diagram，ROBDD))　归约有序二分决策图是二分决策图的一种正则形式，它必须满足以下约束条件：对于任意非终端节点 v，若其子节点 $low(v)$ 和 $high(v)$ 也非终端节点，则需满足 $index(v) < index(high(v))$，且 $index(v) < index(low(v))$。

定义 5.8(归约自由二分决策图(Reduced Free Binary Decision Diagram，RFBDD))　归约自由二分决策图仅要求从根节点至终端节点的任意一条路径中，每个决策变量至多出现一次，但是对各决策变量出现的顺序没有严格要求，不同路径中决策变量出现的顺序可以不同，但必须严格保证每个决策变量至多只出现一次。

在后续讨论中，当涉及二分决策图的概念时，如果没有特别说明，则一般是指归约有序二分决策图或归约自由二分决策图。

定义 5.9(重回聚扇出，Reconvergent Fanout)　在开关电路中，如果扇出点 A 与一个逻辑门之间有两条以上的路径，则称 A 是一个重回聚扇出，对应的逻辑门称为该重回聚扇出的重回聚门(Reconvergence Gate)。

定义 5.10(扇出重回聚区域，Reconvergent Fanout Region)　重回聚扇出 A 的扇出重回聚区域由满足下述条件的所有电路节点构成。

(1)重回聚扇出 A 的输出流经该节点。

(2)该节点的输出流向 A 的一个重回聚门。

扇出重回聚区域中通常存在单变量翻转情况，会导致变量的相关关系(correlation)，从而使得所生成的 GLIFT 逻辑不精确。现有文献[122]中，扇出重回聚区域通常是指那些信号扇出和重回聚都显式发生的情况。但是，在采用多级逻辑网络描述的电路中，扇出重回聚区域也可能出现在单一节点中。分别定义这两类重回聚区域为全局扇出重回聚区域（Global Reconvergent Fanout Region）和局部扇出重回聚区域（Local Reconvergent Fanout Region），它们均可能对所生成的GLIFT 逻辑的精确性造成影响。

　　为理解扇出重回聚区域的概念，考虑图 5-1 所示的多级逻辑网络。其中，函数输入位于图的最下方，输出位于最上方，带数字标号的圆圈为包含可编程逻辑阵列（PLA）的内部节点。PLA 用于描述该节点所实现的逻辑功能。例如，图 5-1(b)中节点 n5 的 PLA 定义为：当输入满足 '001' 或 '111' 两种模式之一时，节点 n5 的输出即为逻辑真。

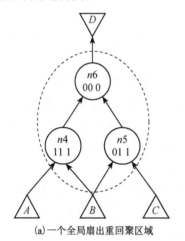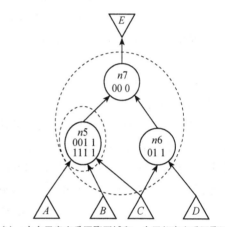

(a)一个全局扇出重回聚区域　　　　　　(b)一个全局扇出重回聚区域和一个局部扇出重回聚区域

图 5-1　扇出重回聚区域示例

　　图 5-1(a)中，节点 n4，n5 和 n6 构成一个全局扇出重回聚区域；图 5-1(b)中，节点 n5，n6 和 n7 构成一个全局重回聚区域，而节点 n5 则包含了一个局部扇出重回聚区域。

5.1.2　NP 完全性理论

　　在算法复杂度理论中[123,124]，如果问题 Π 存在一个时间复杂度为 $O(n^k)$ 的求解算法，其中，n 代表输入规模，k 为非负整数，则称存在一个解决问题 Π 的多项式时间算法。多项式时间算法是一种非常有效的算法，现实世界中有很多问题存在多项式时间算法。但是，也有大量问题的计算时间是以指数或排列函数来衡量的，即具有 $O(k^n)$ 或 $O(n!)$ 时间复杂度。对于此类问题，其计算时间随着输入规模 n 的增长而快速增加，即使对于中等规模的输入，其计算时间也是以世纪来衡量的。因此，把存在多项式时间算法的问题称为易解的问题，而把需要用指数或排列函数时间算法求解的问题称为难解的问题。对于后一类问题，人们一方面在努力寻找多项式时间算法，另一方面也在研究这些问题在计算上的相关性。研究发现：此类问题有很多在计算上是相关的，如果它们中任何一个存在多项式时间算法，则其相关问题也可用多项式时间求解；如果它们之一肯定不存在多项式时间算法，则其相关问题也必然无法在多项式时间内求解。NP 完全性理论即是着眼于计算复杂度之间关系的理论[123,124]。

　　NP 完全性理论最初是针对判定问题的，因为判定问题能够很容易地表述为语言的识别问题，从而能够方便地在图灵机上求解。因此，在讨论 NP 完全性理论时，主要以判定问题为研究对象[123,124]。但是，NP 完全性理论并不局限于判定问题，一些搜索问题也可以方便地表述为相应的判定问题[123]。为简要了解 NP 完全性理论，本书从 P 类和 NP 类判定问题的划分开始讨论。

　　假设 A 是解决判定问题 Π 的一个算法，如果在处理问题 Π 的实例时，算法 A 在整个执行过程中，每一步都只有一个确定的选择，则称算法 A 是一个确定性的算法。对于某个判定问题 Π 的输入规模为 n 的实例，如果能够以 $O(n^k)$ 的时间运行一个确定性的算法，其中 k 为非负整数，得到判定结果"是"或者"否"，则称该判定问题是一个 P 类判定问题。可见，P 类判定问题由所有具有多项式时间确定性求解算法的判定问题组成[124]。

　　一些问题存在多项式时间的非确定性算法，这些问题属于 NP 类问题。求解问题 Π 的非确定性算法由两个阶段组成：推测阶段和验证阶段。在推测阶段，算法对输入规模为 n 的实例 Π_0，采用多项式时间的非确定性算法产生一个输出结果 y，而输出 y 不一定是问题实例 Π_0 的解。若再运行一次该非确定性算法，则所得到的结果可能与 y 不一致。但是，要求非确定性算法能够以多项式时间 $O(n^i)$ 来输出结果，其中 i 为非负整数。

　　在验证阶段，一个确定性算法需要验证两点：它验证推测阶段所产生的输出 y 是否具有正确的形式。如果不具有正确形式，则直接输出判定问题的结果"否"。如果 y 具有正确的形式，则该确定性算法继续检查 y 是否是问题实例的解。如果它确实是问题实例的解，则输出答案"是"，否则输出答案"否"结束。同样，验证阶段也要求确定性算法在多项式时间 $O(n^j)$ 内完成，其中，j 为非负整数。

　　如果对于判定问题 Π，存在非负整数 k，对输入规模为 n 的实例，能够以 $O(n^k)$ 的时间运行一个非确定性的算法，得到"是"或者"否"的答案，则称判定问题 Π 是一个 NP 类判定问题。可见，NP 类判定问题由所有具有多项式时间非确定性求解算法的判定问题组成。NP 类判定问题必须存在一个确定性的算法，能够以多项式时间来验证在推测阶段所产生解的正确性。

　　P 类问题和 NP 类问题的主要差别在于：P 类问题可采用多项式时间的确定

性算法来进行判定或求解；NP 类问题可利用多项式时间的确定性算法来验证它的解。因此，如果判定问题 Π 属于 P 类，则必存在一个多项式时间的确定性算法可对它进行判定和求解。显然对于这样的问题，也可以构造一个多项式时间的确定性算法，来验证给定它的解的正确性，即 Π 也同时属于 NP 类问题。因此，Π∈P，必然有 Π∈NP，可见，P⊆NP。

为了研究一类相似问题的复杂度，有必要研究问题之间的归约关系。令 Π 和 Π' 是两个判定问题，如果存在一个确定性算法 A，则可在多项式时间内把问题 Π' 的实例 I' 转化为问题 Π 的实例 I，使得 I' 的答案为"是"，当且仅当 I 的答案为"是"，则称问题 Π' 以多项式时间归约于 Π，记为 Π' ∝$_p$ Π。多项式时间的确定性算法是不增加问题复杂度的，因此，如果判定问题 Π∈P，且 Π' ∝$_p$ Π，则有 Π'∈P。

令 Π 是一个判定问题，如果对于 NP 类中的每一个问题 Π'∈NP，有 Π' ∝$_p$ Π，则称判定问题 Π 是一个 NP 困难问题。令 Π 是一个判定问题，如果 Π∈NP，且对 NP 类中的所有问题 Π'∈NP，都有 Π' ∝$_p$ Π，则称判定问题 Π 是一个 NP 完全问题。如果 Π 是 NP 完全问题，而 Π' 是 NP 困难问题，那么它们之间的差异在于 Π 必在 NP 类中，而 Π' 不一定在 NP 类中。

通常，如果需要证明一个问题是 NP 完全的，只需证明其满足以下两个条件：① Π∈P；② 存在一个 NP 完全问题 Π'，使得 Π' ∝$_p$ Π。

NP 完全问题是 NP 类中最难解的问题，也是最可能不属于 P 类的问题。因此，一旦证明一个问题是 NP 完全的，即表示此问题很可能不存在多项式时间的有效算法，除非 P = NP。

在上述 NP 完全理论基础上，本书将证明精确 GLIFT 逻辑产生属于 NP 完全问题，以揭示此问题在计算上的复杂性。

5.2　精确 GLIFT 逻辑生成问题的 NP 完全性

5.2.1　非定常 GLIFT 逻辑的存在条件

GLIFT 逻辑生成是 GLIFT 的一个基本问题。GLIFT 逻辑的高复杂度和潜在的不精确性增加了该问题的困难性。本节将证明精确 GLIFT 逻辑产生属于 NP 完全问题，讨论中考虑 n 输入的逻辑函数 $f(x_1, x_2, \cdots, x_n)$，其中，$x_1, x_2, \cdots, x_n$ 为函数的输入。在 NP 完全性证明之前，有必要讨论非定常 GLIFT 逻辑的存在条件。

定理 5.1　逻辑函数存在非定常 GLIFT 逻辑的充要条件是函数为布尔可满足的非重言式。

证明　(1) 必要性。当一个逻辑函数布尔不可满足时，函数输出始终为逻辑假。

此时，受污染的输入无法影响函数输出，GLIFT 逻辑独立于所有受污染的输入，为定常逻辑假。类似地，如果一个逻辑函数为重言式，则其 GLIFT 逻辑同样为定常逻辑假，因为该逻辑函数的输出始终为逻辑真，不会受到任何受污染输入的影响。

（2）充分性。当一个逻辑函数布尔可满足，且为非重言式时，至少存在两组输入使得该函数的输出分别为逻辑真和逻辑假。假设两组输入中发生翻转的变量是受污染的，则这些受污染的输入对函数输出存在影响。这种情况下，GLIFT 逻辑将依赖于受污染的输入，从而非定常。证毕。

定理 5.1 给出了判定逻辑函数是否具有非定常 GLIFT 逻辑的条件。给定一个逻辑函数，判定该函数是否具有非定常 GLIFT 逻辑是一个困难问题，因为此过程需要求解 NP 完全的布尔可满足性和非重言式问题。同时，定理 5.1 也让我们对精确 GLIFT 逻辑生成问题的困难性有一个初步的认识。

5.2.2　污染传播判定问题

由于 NP 完全性理论和证明主要针对判定问题[123,124]，本书的证明过程将从定义与 GLIFT 逻辑生成相关的判定问题开始。根据 GLIFT 的基本原理，本书抽象出 GLIFT 逻辑生成的根本问题，即"污染传播"问题如下。

问题：污染传播（taint propagation）。

实例：一个 n 输入的逻辑函数 f 与单一受污染输入 x_i。

判定问题：是否存在一组函数 f 的输入组合，使得在该输入组合下，受污染输入 x_i 的值能够传播至函数输出？

定理 5.2 给出了"污染传播"问题 NP 完全性的证明。

定理 5.2　"污染传播"是 NP 完全的。

证明　（1）污染传播 $\in$ NP。

污染信息能够从输入传播到输出，当且仅当受污染的输入对输出存在影响。因此，若存在一组输入组合使得

$$f(x_1, x_2, \cdots, x_i, \cdots x_n) \neq f(x_1, x_2, \cdots, \overline{x}_i, \cdots x_n) \tag{5-1}$$

成立，则受污染的输入 x_i 即可传播至输出。

容易证明，污染传播 $\in$ NP。因为，非确定性的算法只需在多项式时间内猜测一组输入组合 $x_1, x_2, \cdots, x_i, \cdots, x_n$，并检查该输入下的式（5-1）是否成立，从而在多项式时间内验证污染能否从 x_i 流向输出。

（2）错误检测 $\propto_p$ 污染传播。

通过 I/O 测试判定输入线 x_i 中的错误是否能够被检测到是多项式完全的（即 NP 完全的）[125]。以下证明此 NP 完全的错误检测问题可线性归约为污染传播问题。

给定一个三元析取范式（Disjunctive Normal Form，DNF）形式的逻辑函数

$f(\mathbf{x}_1, \mathbf{x}_2, \cdots, \mathbf{x}_n)$，根据该函数构造一个输入为 $\mathbf{x}_1, \mathbf{x}_2, \cdots, \mathbf{x}_n$ 的逻辑电路 C，使得对所有输入组合均有 $f(\mathbf{x}_1, \mathbf{x}_2, \cdots, \mathbf{x}_n) = C(\mathbf{x}_1, \mathbf{x}_2, \cdots, \mathbf{x}_n)$。此构造过程是函数 f 的直接物理实现，因此可在多项式时间内完成。假设原逻辑函数的输入 $\mathbf{x}_i$ 是受污染的，现强制在电路 C 的输入线 $\mathbf{x}_i$ 上引入一个错误。

污染从 $\mathbf{x}_i$ 传播到输出，当且仅当某输入组合 $\mathbf{x}_1, \mathbf{x}_2, \cdots, \mathbf{x}_i, \cdots, \mathbf{x}_n$ 使得式(5-1)成立，而输入线 $\mathbf{x}_i$ 上错误的可检测性，取决于完全相同的条件。因此，错误检测可线性归约为污染传播。证毕。

5.2.3　污染传播搜索问题

GLIFT 逻辑生成是一个搜索问题，因此，需要定义"污染传播"判定问题所对应的搜索问题。

问题：污染传播。

实例：一个 n 输入的逻辑函数 f 与单一受污染输入 $\mathbf{x}_i$。

搜索问题：找到一组函数 f 的输入组合，将受污染输入 $\mathbf{x}_i$ 的值传播至函数输出，否则返回 ⊥。

对于 NP 完全判定问题所对应的搜索问题，其复杂度不低于判定问题本身的复杂度[123]。一方面，搜索问题的解可提供判定问题的答案；另一方面，搜索问题可通过多项式次数求解相应的判定问题来解决。对于"污染传播"搜索问题，一个符合条件的输入组合(若存在的话)，可通过求解"污染传播"判定问题 n 次找到。一旦找到一个符合要求的输入组合，即可在 GLIFT 逻辑中添加一个最小项，以跟踪该组合下从输入 $\mathbf{x}_i$ 流向输出的污染信息。确定哪些包含单一受污染输入的最小项应加入到 GLIFT 逻辑中，需解决 NP 完全的判定问题和 NP 困难的搜索问题，属于 NP 困难问题。

除了单一输入受污染的情况，GLIFT 逻辑中通常还包含多输入受污染的最小项。而确定哪些包含多个受污染输入的最小项需加入到 GLIFT 逻辑中，也具有很高的复杂度。在证明这一结论之前，需要先讨论下述引理。

引理 5.1　至少有一个受污染输入传播到逻辑函数的输出时，函数的输出才会受污染。

证明　根据污染的定义，当至少有一个受污染的输入对逻辑函数输出存在影响时，函数才会受污染，而受污染输入的传播不被其他变量阻断时，才能对输出造成影响。因此，至少有一个受污染的输入传播到函数的输出时，函数的输出才会受污染。证毕。

定理 5.3　找到一组输入组合，使得 m 个受污染输入 $\mathbf{x}_{i1}, \mathbf{x}_{i2}, \cdots, \mathbf{x}_{im}$ 中的任意一个传播到输出，是 NP 困难的。

证明　根据引理 5.1，在最坏的情况下，求解污染传播判定问题 m 次，以确定 m 个受污染的输入 $x_{i1}, x_{i2}, \cdots, x_{im}$ 是否可能传播至函数输出。一旦确定某输入可能传播至输出，则需再求解污染传播判定问题 $n-m$ 次，以找到一组能够将该受污染输入传播到输出的输入组合。因此，找到一组输入组合，使得 m 个受污染的输入 $x_{i1}, x_{i2}, \cdots, x_{im}$ 中的任意一个传播到输出，可通过多项式次数求解污染传播判定问题来解决。由于污染传播判定问题是 NP 完全的，所以搜索一组符合条件的输入组合也是 NP 困难的。证毕。

一旦找到一种输入组合，可将 m 个受污染输入中的任意一个传播至输出，即可向 GLIFT 逻辑中加入一个最小项，以跟踪从这 m 个输入到输出的污染信息流。可见，确定哪些包含多个受污染输入的最小项应加入到 GLIFT 逻辑中，也需要求解 NP 完全的判定问题和 NP 困难的搜索问题，因此，复杂度更高。前面已经证明：准确地确定哪些包含单一或多个污染输入的最小项应该加入到 GLIFT 逻辑中需要求解 NP 完全问题。精确 GLIFT 逻辑的产生，即污染传播搜索问题的最优化问题，需要找到全部符合条件的最小项，也属于 NP 困难问题。

"污染传播"是 GLIFT 逻辑生成的根本问题。它与开关电路理论中的若干经典困难问题有密切的联系，包括布尔可满足性、非重言式、错误检测、可观测性及自动测试向量生成（Automatic Test Pattern Generation，ATPG）[123,125,126]等。具体而言，如果污染信息能够从某输入传播到函数输出，那么该函数即是布尔可满足的，且为非重言式；如果污染信息不能从任何输入传播至函数输出，只需一步验证操作即可确定该函数布尔不可满足或属于重言式。反之，当一个函数布尔可满足且非重言式时，则至少存在一个受污染的输入可传播到函数输出。错误检测和可观测性问题都关心是否存在某种输入组合能够将某信号线的值传播到特定的观测点。这两个问题与污染传播本质上属于同一类问题。ATPG 则更进一步，寻找那些能够提供错误检测或可观测性问题答案的测试向量。这些困难问题都关心信号在逻辑函数或电路中的传播，其基本问题与污染传播是完全相同的。由于这些问题都属于 NP 完全问题[123,125,126]，它们为污染传播和精确 GLIFT 逻辑生成问题的困难性提供了佐证。

5.3　GLIFT 逻辑生成算法

本节主要讨论 GLIFT 逻辑生成算法，并对各算法的复杂度和精确性进行分析与证明。

5.3.1　暴力算法

　　暴力算法是一种基于信息流定义的最小项枚举算法。该算法通过改变原始函数的输入，并观察哪些输入的改变能导致输出发生变化。每种能导致输出发生变化的情况，对应于 GLIFT 逻辑中的一个最小项。该最小项中，所有发生变化的输入都标记为受污染的，而没有发生变化的输入都标记为未受污染的。考虑如图 3-1(a) 所示的二输入与非门。首先假设初始输入是 A = 0，B = 1。当改变输入 A 的值为 '1' 时，输出会从 '1' 变化至 '0'。因此，改变输入 A 的值导致输出发生了变化，最小项 $\overline{A}BA_t\overline{B}_t$ 应加入 GLIFT 逻辑中。该最小项描述了当 B 为未受污染的逻辑真时，污染信息从受污染的输入 A 向输出流动的情况。然后，假设输入为 A = 1，B = 1。类似地，当改变 A 的值为 '0' 时，输出将从 '0' 变化至 '1'。因此，改变输入 A 的值导致输出发生了变化，最小项 $ABa_t\overline{b}_t$ 也应加入 GLIFT 逻辑中。该最小项描述了当 B 为未受污染的逻辑真时，污染信息从受污染的输入 A 向输出流动的情况。进一步地，最小项 $\overline{A}Ba_t\overline{b}_t$ 和 $ABa_t\overline{b}_t$ 可合并为蕴涵项 $Ba_t\overline{b}_t$，从而简化了 GLIFT 逻辑。

　　当完整考虑了所有的输入组合和输入变化情况时，采用暴力算法生成的 GLIFT 逻辑能够准确地跟踪从输入到输出的全部污染信息流。算法 5.1 给出了暴力算法流程的伪代码描述，其中 $\{x_1, x_2, \cdots, x_n\}$ 是所有输入的组合。

算法 5.1　暴力算法

```
01:  输入 f(x₁, x₂, ···, xₙ)：变量为 x₁, x₂, ···, xₙ 的逻辑函数
02:  输出 sh(f)：f 的精确 GLIFT 逻辑
03:  for {x₁, x₂, ···, xₙ} in 1 to 2ⁿ do
04:      y ← f(x₁, x₂, ···, xₙ)
05:      for {xₜ¹, xₜ², ···, xₜⁿ} in 1 to 2ⁿ do
06:          yₜ = f(xor(x₁, xₜ¹), xor(x₂, xₜ²), ···, xor(xₙ, xₜⁿ))
07:          if y ≠ yₜ then
08:              将最小项 {x₁, x₂, ···, xₙ, xₜ¹, xₜ², ···, xₜⁿ} 加入 sh(f)
09:          end if
10:      end for
11:  end for
12:  输出 sh(f)
```

　　暴力算法只考虑了实际存在的信息流。因此，暴力算法是一种产生 GLIFT 逻辑的精确算法。然而，暴力算法具有很高的计算复杂度，因为每种输入组合都必须完整地考虑到，以确定哪些最小项需加入到 GLIFT 逻辑中。下面对该算法的复

杂度进行分析与证明。

定理 5.4　暴力算法的复杂度为 $O(2^{2^n})$。

证明　n 输入逻辑函数一共有 2^n 个最小项，因此产生全部最小项共需要 2^n 步。对于每一个最小项，需要检查剩余的所有 2^n-1 个最小项，以确定输入的变化是否造成输出发生变化。此过程存在冗余，因为每对最小项都被检查两次，而实际上只需要 $2^n \cdot (2^n-1)/2$ 个检查步骤。因此，算法执行完成总共需要 $2^n + 2^n \cdot (2^n-1)/2$ $= 2^{n-1} + 2^{2n-1}$ 步，即暴力算法的复杂度为 $O(2^{2^n})$。证毕。

5.3.2　0-1 算法

0-1 算法是对暴力算法的一种改进，该算法以一种更有效的方式来枚举最小项。0-1 算法执行从逻辑函数开集到闭集的映射，每一步映射操作对应于一个 GLIFT 逻辑的一个蕴涵项，此蕴涵项由发生变化输入的污染标签和未发生变化的变量共同组成。此算法利用了 3.2 节所描述的 GLIFT 逻辑的性质，即污染传播中可以忽略受污染变量的值（推论 3.2）。0-1 算法能够直接产生更大的蕴涵项，而非暴力算法中的最小项。图 5-2 所示为 0-1 算法的原理。

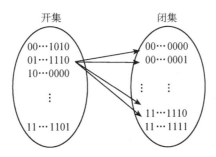

图 5-2　0-1 算法的原理

仍以二输入与非门为例，其逻辑函数的开集为 $S_{on} = \{00,01,10\}$，闭集为 $S_{off} = \{11\}$。不妨假设输入变量的顺序为 AB，如 AB = "01"。当从开集中的最小项 "00" 映射到闭集中最小项 "11" 时，蕴涵项 $a_t b_t$ 应加入到 GLIFT 逻辑中。因为 A 和 B 均发生了翻转，都应标记为受污染的，它们的值可以忽略。当从最小项 "01" 映射到 "11" 时，蕴涵项 Ba_t 应加入到 GLIFT 逻辑中。因为，A 发生了翻转，应标记为受污染的，A 的值可以忽略；B 未受污染，其原变量应加入蕴涵项中。根据信息流的定义，采用 0-1 算法生成的 GLIFT 逻辑也是精确的。算法 5.2 给出了 0-1 算法的流程，其中 and(·) 为逻辑与运算，xor(·) 为逻辑异或运算。

算法 5.2　0-1 算法

```
01:  输入 f(x₁, x₂, ···, xₙ)：变量为 x₁, x₂, ···, xₙ 的逻辑函数
02:  输出 sh(f)：f 的精确 GLIFT 逻辑
03:  for {x₁, x₂, ···, xₙ} in 1 to 2ⁿ do
04:      y ← f(x₁, x₂, ···, xₙ)
05:      if y == 1 then
06:          将最小项 x₁, x₂, ···, xₙ 加入 f 的开集 S_on
07:      else
08:          将最小项 x₁, x₂, ···, xₙ 加入 f 的闭集 S_off
09:      end if
10:      for p ∈ S_on do
11:          for q ∈ S_off do
12:              将最小项 {and(p,q), xor(p,q)} 加入 sh(f)
13:          end for
14:      end for
15:  end for
16:  输出 sh(f)
```

定理 5.5　0-1 算法复杂度的上界为 $2^n + 2^{2n-2}$。

证明　考虑一个未化简的 n 输入逻辑函数，其开集和闭集均由最小项组成。对于一个 n 输入函数，其开集中共有 $C \cdot 2^n (0 < C < 1)$ 个最小项，闭集中则有 $(1-C) \cdot 2^n$ 个最小项。计算函数的开集和闭集共需 2^n 步。

从开集到闭集的每一步映射操作对应于 GLIFT 逻辑的一个蕴涵项。因此，0-1 算法可在 $C \cdot (1-C) \cdot 2^{2n}$ 步内完成。由于 $C \cdot (1-C) \cdot 2^{2n}$ 在 $C = 1/2$ 时达到最大值 2^{2n-2}，因此，0-1 算法的复杂度上界为 $2^n + 2^{2n-2}$。证毕。

在实际应用中，如果逻辑函数开集和闭集中的最小项经化简合并为更大的蕴涵项，则这两个集合中元素的数量会显著减少。相应地，0-1 算法的计算时间也会随之有效缩短，而且映射操作将得到更大的蕴涵项。根据文献[127]，采用积和表达式表示的 n 输入逻辑函数，其乘积项的数量不超过 2^{n-1}。现已知存在开集和闭集中均含有 2^{n-1} 个乘积项的逻辑函数(如 n 输入的异或和同或函数)。该情况下，0-1 算法的复杂度将达到 $O(2^n + 2^{n-1} \cdot 2^{n-1})$，即上界 $O(2^n + 2^{2n-2})$。可见，0-1 算法与暴力算法的复杂度是同阶的。因此，该算法在处理较大的逻辑函数时效率也较低。然而，暴力算法和 0-1 算法都是直接基于信息流定义的，两者都直观地显示了 GLIFT 逻辑的产生原理。

最小项枚举方法，包括暴力算法和 0-1 算法，均基于逻辑函数开集和闭集上的穷举搜索，因此，随着函数输入数目的增加，问题的规模很快就增大到难以求的程度。实验测试显示，最小项枚举方法通常连中等复杂度的逻辑函数都无法处理。开关电路的相关理论，如布尔差分和基于 SAT 的可观测性分析[123,126]等，可以提供比最小项枚举更为有效的解决方法。这些方法能够直接产生蕴涵项集，而非单一的蕴涵项，因此，可处理更大规模的逻辑函数，并且更加符合逻辑综合技术的发展趋势。考虑逻辑函数 f，假设其输入 x_i 是受污染的，可构造另外一个函数 f_{x_i}，其中仅有 x_i 取反。通过使用全解的 SAT 求解器[117,128,129]对两函数的异或 $xor(f, f_{x_i})$ 求解，即可得到所有能将污染信息从 x_i 传播到输出的输入组合。虽然上述算法具有良好的扩展性，但是，其有效性仅限于单输入受污染的情况。考虑 m 个输入同时受污染的情况。在一次具体的分析中，不一定所有输入都应标记为受污染的，而需依次假设这 m 个输入中有 $i (1 \leqslant i \leqslant m)$ 个是受污染的。因为所有可能受污染的变量组合情况是呈组合函数形式增长的，即 C_m^i，所需的总分析次数 $\sum_{i=1}^{i=m} C_m^i$ 也将是组合函数规模的。

鉴于最小项枚举算法具有较高的复杂度，难以处理一些大规模的设计，本书将讨论更为高效的 GLIFT 逻辑生成算法。这些算法利用了开关电路中的一些相关理论，而非纯粹的穷举搜索，因而具有更高的效率。

5.3.3　构造算法

构造算法提供了一种复杂度较低的 GLIFT 逻辑产生方法。如图 5-3 所示，该算法需要创建一个包含基本逻辑单元(如与门、或门和非门等)的 GLIFT 逻辑库。图中的 GLIFT AND、GLIFT OR、GLIFT INV、GLIFT MUX-2 分别表示与门、或门、非门和二输入选择器的 GLIFT 逻辑。给定一个逻辑函数，首先采用逻辑综合工具将函数转换为由 GLIFT 逻辑库中基本逻辑单元描述的门级网表；然后为该门级网表中的各个逻辑单元离散式地实例化 GLIFT 逻辑。此过程类似于逻辑综合中的工艺映射。当采用构造算法产生了复杂逻辑单元的 GLIFT 逻辑时，可进一步将其 GLIFT 逻辑与现有的 GLIFT 逻辑库集成，形成更为复杂的 GLIFT 逻辑库。构造算法的主要优势在于复杂度较低，但是该算法不能保证所生成的 GLIFT 逻辑的精确性(详见 3.5 节)。

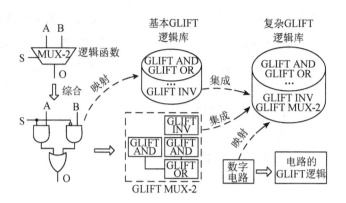

图 5-3　构造算法的原理

算法 5.3 给出了构造算法的流程。

算法 5.3　构造算法

01:　输入 $f(x_1, x_2, \cdots, x_n)$：变量为 $x_1, x_2, \cdots, x_n$ 的逻辑函数

02:　输入 GLIFT_lib：基本门 GLIFT 逻辑构成的库

03:　输出 sh(f)：f 的 GLIFT 逻辑

04:　N ← f 逻辑综合输出的门级网表

05:　for　$g \in$ N do

06:　　将 g 映射至 GLIFT_lib，并将 g 的 GLIFT 逻辑加入 sh(f)

07:　end for

08:　输出 sh(f)

　　用 g 表示原始逻辑函数中所包含的基本逻辑单元的数量，构造算法的复杂度与 g 呈线性关系。定理 5.6 对此进行了证明。

　　定理 5.6　构造算法的复杂度为 O(g)。

　　证明　构造算法中，可通过定常时间的映射操作来为原始逻辑函数中的每一个基本构造单元实例化 GLIFT 逻辑。GLIFT 逻辑生成所需的时间即为 $C \cdot g$，其中，C 为一个常量，表示一次映射操作所需的时间。因此，构造算法的复杂度为 O(g)。证毕。

　　虽然构造算法的计算时间与给定逻辑函数中逻辑单元的数量呈线性关系，但是由该算法生成的 GLIFT 逻辑可能是不精确的。在本书 3.5 节中，对这种不精确性的产生原因进行了分析和证明。具体而言，造成这种不精确性的根本原因是单变量翻转。开关电路理论分别从逻辑冒险和扇出重回聚角度对单变量翻转现象进行了研究，并各为构造算法的不精确性问题提供了一种合理的解释[120,122]。本书

将分别从这两个角度来解决构造算法的不精确性问题，并相应提出精确的 GLIFT
逻辑生成算法。

5.3.4　完全和算法

本书 3.5 节已经证明，造成构造算法不精确性的产生原因是单变量翻转(表现
为静态逻辑冒险)，同时还证明了一个包含其全部质蕴涵项的逻辑函数不会出现任
何静态逻辑冒险。因此，采用构造算法由一个完全和形式的逻辑函数所生成的
GLIFT 逻辑是完全精确的，该精确 GLIFT 逻辑生成算法称为完全和算法。算法 5.4
给出了完全和算法的流程。

算法 5.4　完全和算法

01:　　输入 $f(x_1, x_2, \cdots, x_n)$：变量为 $x_1, x_2, \cdots, x_n$ 的逻辑函数

02:　　输入 GLIFT_lib：基本门 GLIFT 逻辑构成的库

03:　　输出 sh(f)：f 的精确 GLIFT 逻辑

04:　　P ← f 的全部质蕴含项

05:　　for　$p \in$ P do

06:　　　　将 p 映射至 GLIFT_lib，并将 p 的 GLIFT 逻辑加入 sh(f)

07:　　end for

08:　　输出 sh(f)

由算法 5.4 可知，完全和算法也需要维护一个基本门 GLIFT 逻辑库，并采用
与构造算法相似的离散式映射思想。两者的不同之处在于，构造算法对门级网表
的格式没有严格的要求，只需保证网表中的每一个逻辑单元都在 GLIFT 逻辑库中
即可；完全和算法则要求计算逻辑函数的全部质蕴涵项，然后对每个质蕴涵项执
行映射操作。

完全和算法提供了一种精确 GLIFT 逻辑生成方法，但是该算法具有很高的计
算复杂度。相关文献表明，从一个正则逻辑表达式计算出一个质蕴涵项属于 NP 困
难问题[130]。进一步而言，逻辑函数全部质蕴涵项的数量随函数的输入数目呈指数
关系增长。对于一个 n 输入的逻辑函数，其质蕴涵项数量最多可达到 $3^n / \sqrt{n}$，且
目前已经发现存在具有 $3^n/n$ 个质蕴涵项的逻辑函数[131]。因此，完全和算法不可
避免地具有指数复杂度。定理 5.7 对完全和算法的复杂度进行了分析与证明。

定理 5.7　完全和算法的复杂度为 $O(2^n + g)$。

证明　完成完全和算法共需两个步骤。第 1 步需要计算给定逻辑函数的全部
质蕴涵项。这一步的复杂度与函数的初始表达形式有关，且至少具有指数阶复杂
度[132]。已知的质蕴涵项搜索算法的复杂度分别是：Quine 算法[133]的复杂度为

$O(n!)$；文献[134]、[135]中的算法具有 $O(3^n)$ 的复杂度；文献[132]、[136]所给出算法的复杂度为 $O(2^n)$。第 2 步采用构造算法为全部质蕴涵项实例化 GLIFT 逻辑。这一步所需的时间与质蕴涵项的数量 g 呈线性关系。因此，完全和算法的复杂度为 $O(2^n + g)$。证毕。

对于一些质蕴涵项数量较少的简单函数，一些现有的工具，如 ESPRESSO[137]，可有效地计算其全部质蕴涵项。在 8.3 节中，本书将对 ESPRESSO 工具的使用方法进行介绍。然而完全和算法不可避免地具有很高的计算复杂度，因为它需要解决 NP 困难的质蕴涵项搜索问题。这也在一定程度上印证了精确 GLIFT 逻辑生成问题的复杂性。在 5.3.5 节中，将提出一种新的精确 GLIFT 逻辑生成算法，该算法只需计算给定逻辑函数的两个二级表达式（two-level representation），而无须计算全部质蕴涵项。

5.3.5　SOP-POS 算法

构造算法的不精确性可利用静态逻辑冒险理论来解释。开关电路的一个重要性质是：电路的二级积和表达式（SOP）不包含静态-0 逻辑冒险；电路的二级和积表达式（POS）不包含静态-1 逻辑冒险[138,139]。因此采用构造算法，从电路的积和表达式所生成的 GLIFT 逻辑的不精确性是由静态-1 逻辑冒险造成的，而从电路的和积表达式所生成的 GLIFT 逻辑的不精确性是由静态-0 逻辑冒险造成的。进一步地，分别由积和表达式与和积表达式生成的不精确 GLIFT 逻辑没有公共的误报项，因为电路的静态-0 逻辑冒险和静态-1 逻辑冒险没有交集[140]。因此，可分别通过逻辑函数的积和表达式与和积表达式产生两个不精确的 GLIFT 逻辑，然后对这两个不精确的函数执行最大下界运算，即可获得精确的 GLIFT 逻辑。这种精确的GLIFT 逻辑生成算法称为 SOP-POS 算法。

给定一个逻辑函数 f，分别记其积和表达式与和积表达式为 f_{SOP} 和 f_{POS}；采用构造算法由它们所生成的 GLIFT 逻辑分别记为 $\mathrm{sh}(f_{SOP})$ 和 $\mathrm{sh}(f_{POS})$。则精确的GLIFT 逻辑 $\mathrm{sh}(f)$ 为 $\mathrm{sh}(f_{SOP})$ 和 $\mathrm{sh}(f_{POS})$ 的最大下界，即

$$\mathrm{sh}(f) = \mathrm{sh}(f_{SOP}) \odot \mathrm{sh}(f_{POS}) \tag{5-2}$$

算法 5.5 给出了 SOP-POS 算法的伪代码描述。

算法 5.5　SOP-POS 算法

01:　输入 $f(x_1, x_2, \cdots, x_n)$：变量为 $x_1, x_2, \cdots, x_n$ 的逻辑函数

02:　输入 GLIFT_lib：基本门 GLIFT 逻辑构成的库

03:　输出 $\mathrm{sh}(f)$：f 的精确 GLIFT 逻辑

04:　$f_{SOP} \leftarrow f$ 的积和表达式

05:　　$f_{\text{POS}} \leftarrow f$ 的和积表达式

06:　　for　$p \in f_{\text{SOP}}$ do

07:　　　　将 p 映射至 GLIFT_lib，并将 p 的 GLIFT 逻辑加入 $\text{sh}(f_{\text{SOP}})$

08:　　end for

09:　　for　$q \in f_{\text{POS}}$ do

10:　　　　将 q 映射至 GLIFT_lib，并将 q 的 GLIFT 逻辑加入 $\text{sh}(f_{\text{POS}})$

11:　　end for

12:　　$\text{sh}(f) \leftarrow \text{sh}(f_{\text{SOP}}) \odot \text{sh}(f_{\text{POS}})$

13:　　输出 $\text{sh}(f)$

为便于理解，考虑二输入选择器（MUX-2）的逻辑函数 $f = \text{SA} + \overline{\text{S}}\text{B}$。其积和表达式与和积表达式分别为

$$f_{\text{SOP}} = \text{SA} + \overline{\text{S}}\text{B} \tag{5-3}$$

$$f_{\text{POS}} = (\text{A} + \overline{\text{S}})(\text{B} + \text{S}) \tag{5-4}$$

当采用构造算法由式 (5-3) 产生 GLIFT 逻辑时，所得结果 $\text{sh}(f_{\text{SOP}})$ 表达式为

$$\text{sh}(f_{\text{SOP}}) = \text{SA}_t \oplus \overline{\text{S}}\text{B}_t \oplus \text{A}\overline{\text{B}}\text{S}_t \oplus \overline{\text{A}}\text{B}\text{S}_t \oplus \text{A}_t \odot \text{S}_t \oplus \text{B}_t \odot \text{S}_t \oplus \text{AB}\text{S}_t \tag{5-5}$$

其中含有误报项 ABS_t，此误报项由 f_{SOP} 中的静态-1 逻辑冒险导致。

当采用构造算法由式 (5-4) 产生 GLIFT 逻辑时，则所得结果 $\text{sh}(f_{\text{POS}})$ 表达式为

$$\text{sh}(f_{\text{POS}}) = \text{SA}_t \oplus \overline{\text{S}}\text{B}_t \oplus \text{A}\overline{\text{B}}\text{S}_t \oplus \overline{\text{A}}\text{B}\text{S}_t \oplus \text{A}_t \odot \text{S}_t \oplus \text{B}_t \odot \text{S}_t \oplus \overline{\text{A}}\overline{\text{B}}\text{S}_t \tag{5-6}$$

其中含有误报项 $\overline{\text{A}}\overline{\text{B}}\text{S}_t$，此误报项由 f_{POS} 中的静态-0 逻辑冒险导致。

当对式 (5-5) 和式 (5-6) 进行最大下界运算时，两式所包含的误报项都会被消除，所得结果由式 (5-7) 给出，此结果与采用暴力算法计算得到的结果完全一致，即

$$\text{sh}(f) = \text{SA}_t \oplus \overline{\text{S}}\text{B}_t \oplus \text{A}\overline{\text{B}}\text{S}_t \oplus \overline{\text{A}}\text{B}\text{S}_t \oplus \text{A}_t \odot \text{S}_t \oplus \text{B}_t \odot \text{S}_t \tag{5-7}$$

在实际应用中，f 和 $\overline{f}$ 的积和表达式（或和积表达式）也可用于分别生成两个不精确的 GLIFT 逻辑，并在进一步的最大下界运算之后获得精确的结果。这是因为，f 和 $\overline{f}$ 没有公共的静态-1 逻辑冒险（或静态-0 逻辑冒险），并且，根据推论 3.4，f 和 $\overline{f}$ 具有相同的 GLIFT 逻辑。仍以 MUX-2 为例，则有 $\overline{f}$ 的积和表达式为

$$\overline{f}_{\text{SOP}} = \text{S}\overline{\text{A}} + \overline{\text{S}} \cdot \overline{\text{B}} \tag{5-8}$$

当采用构造算法由式 (5-8) 产生 GLIFT 逻辑时，所得结果 $\text{sh}(\overline{f}_{\text{SOP}})$ 由式 (5-6) 给出，其中含有误报项 $\overline{\text{A}}\overline{\text{B}}\text{S}_t$。此误报项由 $\overline{f}_{\text{SOP}}$ 中的静态-1 逻辑冒险导致。同理，对 $\text{sh}(f_{\text{SOP}})$ 和 $\text{sh}(\overline{f}_{\text{SOP}})$ 进行最大下界运算时，式 (5-5) 和式 (5-6) 所包含的误报项都

会被消除，所得结果由式(5-7)给出，此结果与采用暴力算法计算得到的结果完全一致。

计算给定逻辑函数的两个二级表达式的复杂度通常显著低于计算其全部质蕴涵项的复杂度。因此，SOP-POS 算法也往往比完全和算法更为有效。定理 5.8 对此进行了分析与证明。

定理 5.8　SOP-POS 算法复杂度的上界为 $O(2^n + g + 1)$。

证明　SOP-POS 算法由给定函数的两个二级表达式生成两个不精确的 GLIFT 逻辑。对于一个 n 输入的逻辑函数，计算其两个二级表达式的复杂度的上界为 2^n。在最坏的情况下，一个可为函数的开集，另一个可为其闭集。根据这两个二级表达式，不精确的 GLIFT 逻辑可采用构造算法在多项式时间内计算产生。此计算时间与二级表达式中所包含的逻辑门的数量 g 呈线性关系。另外，两个不精确 GLIFT 逻辑上的最大下界运算可在常数时间内完成。因此，SOP-POS 算法复杂度的上界为 $O(2^n + g + 1)$。证毕。

根据文献[127]，对于一个 n 输入的逻辑函数，其积和表达式中的乘积项数量的上界为 2^{n-1}。存在已知函数 f 和 $\bar{f}$ 的积和表达式中都恰好有 2^{n-1} 个乘积项，如 n 输入的异或门和同或门。在这种情况下，计算两个二级表达式的时间可达到其上界 2^n，而 SOP-POS 算法的时间复杂度也相应达到其上界 $O(2^n + g + 1)$。但在通常情况下，SOP-POS 算法的复杂度会低于完全和算法的复杂度。

随着集成电路规模和复杂度的不断增长，主流的逻辑综合工具大多采用多级逻辑网络来描述逻辑电路。SOP-POS 算法需要将多级逻辑网络映射成二级积和或和积表达式，随着输入数量的增加，多级逻辑网络二级化问题也会迅速变得难以解决，从而使得 SOP-POS 算法无法处理大规模的设计。5.3.6 节将考虑一种常用的多级逻辑网络表示方法，并给出一种更高效的精确 GLIFT 逻辑生成算法。

5.3.6　BDD-MUX 算法

逻辑综合技术的研究进展，特别是二分决策图(BDD)在逻辑电路设计中的应用，使得由多级逻辑网络综合产生不含静态逻辑冒险的设计成为可能[119]。由于静态逻辑冒险为构造算法的不精确性提供了一种合理的解释，而基于 BDD 的综合方法能够用于消除静态逻辑冒险，因此，该方法也可用于精确 GLIFT 逻辑的生成。

为了产生精确的 GLIFT 逻辑，首先，必须由给定的逻辑函数构造一个归约有序二分决策图(ROBDD)或归约自由二分决策图(RFBDD)。然后，采用二输入选择器(MUX-2)替换 BDD 中的各个非终端节点，从而得到一个选择器网络。与文献[119]的不同之处在于，仅需要对两个输入都是常量的节点执行常量传播，以对所得的选择器网络进行简化，而对于未执行常量传播的节点，只需将输入常量设置为未受污染状态。最后，采用构造算法为化简后的选择器网络实例化 GLIFT 逻辑。若能够保证 GLIFT 逻辑库中 MUX-2 的 GLIFT 逻辑是精确的，则最终所得的 GLIFT 逻辑也必将是完全精确的。这种精确的 GLIFT 逻辑生成算法称为 BDD-MUX 算法。算法 5.6 给出了 BDD-MUX 算法的伪代码描述。

算法 5.6　BDD-MUX 算法

01:　输入 $f(x_1, x_2, \cdots, x_n)$：变量为 $x_1, x_2, \cdots, x_n$ 的逻辑函数

02:　输入 GLIFT_MUX2：二输入选择器的 GLIFT 逻辑

03:　输出 $\mathrm{sh}(f)$：f 的精确 GLIFT 逻辑

04:　$f_{BDD} \leftarrow f$ 的归约有序或归约自由二分决策图

05:　常量传播，简化带有常量输入的选择器节点

06:　for　$m \in f_{BDD}$ do

07:　　将 m 映射至 GLIFT_MUX2，并将 m 的 GLIFT 逻辑加入 $\mathrm{sh}(f)$

08:　end for

09:　输出 $\mathrm{sh}(f)$

为理解 BDD-MUX 算法的工作原理，考虑逻辑函数 $f = AB + \overline{A}(\overline{B} + C)$。当采用构造算法直接为 f 产生 GLIFT 逻辑时，结果将存在不精确性，因为函数的蕴涵项 AB 和 $\overline{A}C$ 之间存在单变量翻转的情况。若采用 BDD-MUX 算法来生成 GLIFT 逻辑，则首先需要由 f 构建一个 ROBDD 或 RFBDD，结果如图 5-4(a) 所示。然后采用 MUX-2 替换该 BDD 的所有非终端节点，所得的选择器网络如图 5-4(b) 所示。图 5-4(c) 所示为常量传播后所得的选择器网络。最后，利用式 (5-7) 给出的选择器的精确信息流跟踪逻辑，采用构造算法来为 f 产生 GLIFT 逻辑。

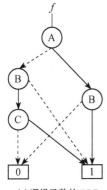
(a) 逻辑函数的 BDD

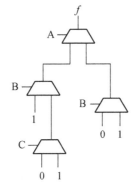
(b) 由 BDD 转换得到的选择器网络

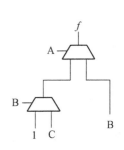
(c) 常量传播后得到的选择器网络

图 5-4　BDD-MUX 算法原理

定理 5.9　BDD-MUX 算法的复杂度为 $O(2^n + g)$。

证明　BDD-MUX 算法首先需要由给定逻辑函数产生一个 ROBDD 或 RFBDD，并同时执行节点替换和常量传播。对于一个 n 输入的逻辑函数，此构造过程的计算复杂度上界为 $O(2^n)$[141]。假设简化后的选择器网络中含有 g 个选择器，则采用构造算法为选择器网络产生 GLIFT 逻辑可在 g 步中完成。因此，BDD-MUX 算法的复杂度为 $O(2^n + g)$。证毕。

BDD-MUX 算法中，计算最密集的步骤在于由给定的逻辑函数构造一个 ROBDD 或 RFBDD。一些已知的 NP 完全问题，如布尔可满足性和非重言式，在 ROBDD 或 RFBDD 上，可采用多项式时间算法求解[141]。因此，ROBDD 或 RFBDD 的构造过程必然具有指数阶的复杂度。尽管如此，在许多情况下，从给定逻辑函数构造 ROBDD 或 RFBDD 的复杂度远低于 $O(2^n)$。决策图构造过程中，变量顺序的选择对构造过程的复杂度有很大的影响，但是最优变量顺序的选择本身也属于困难问题。

BDD-MUX 算法主要针对多级的逻辑网络，而非二级的积和或者和积表达式。一个归约的 BDD 中，非终端节点的数量不超过 $2^n / n$[119]，比较而言，二级的积和或和积表达形式中项的数量上界为 2^{n-1}。因此，BDD-MUX 算法比暴力算法、0-1 算法与完全和算法的可扩展性更好，能够处理更大规模的逻辑函数。此外，BDD 也广泛应用于逻辑综合，有专门的程序库（如 CUDD[142]），以及逻辑综合工具（如 ABC[117]），可用于 BDD 的维护，这也为 BDD-MUX 算法的实现提供了有效的支持。

完全和算法、SOP-POS 算法和 BDD-MUX 算法均从静态逻辑冒险的角度考虑构造算法的不精确性问题。而构造算法的不精确性也可以归结于扇出重回聚现象。5.3.7 节将给出一种通过处理扇出重回聚区域来产生精确 GLIFT 逻辑的算法。

5.3.7　RFRR 算法

在开关电路理论中，扇出重回聚区域通常被认为是竞争和逻辑冒险的潜在根源[138,139]。在扇出重回聚区域中，有可能存在单变量翻转。因此，扇出重回聚区域也是构造法不精确的潜在根源。为产生精确的 GLIFT 逻辑，扇出重回聚区域必须被局部重构为一个完全和形式的单一节点，或经由 ROBDD 或 RFBDD 转换得到的选择器网络。重构或转换完成后，采用构造算法为完全处理后的多级网络实例化 GLIFT 逻辑。这种精确的 GLIFT 逻辑生成算法称为扇出重回聚区域重构（Reconvergent Fanout Region Reconstruction，RFRR）算法。

算法 5.7 描述了 RFRR 算法的实现细节。该算法首先搜索给定多级逻辑网络中所有的扇出重回聚区域，包括全局和局部扇出重回聚区域，并构造一个扇出重回聚区域集合 Rset (3)。对于每一个扇出重回聚区域 $r \in$ Rset (5)，将其局部重构为 $R(6)$。其中，R 是一个完全和形式的单一节点或由 ROBDD 或 RFBDD 转换得到的选择器网络。然后，用 R 替换扇出重回聚区域 $r(7)$。随后，算法从 Rset 中删除所有被 r 包含的扇出重回聚区域和 r 本身(10, 13)。当 Rset 为空时，即可采用构造算法来为完全处理后的多级网络生成精确的 GLIFT 逻辑。

算法 5.7　RFRR 算法

```
01:  输入 N：逻辑函数网络
02:  输出 sh(N)：N 的精确 GLIFT 逻辑
03:  Rset ← N 中全部的扇出重回聚区域  // 采用深度优先搜索算法构造 Rset
04:  while  Rset != NULL do
05:     for r∈ Rset  do
06:        R ← r //重构扇出重回聚区域 r
07:        N ← 用 R 替代 N 中的区域 r
08:         for  s ∈ Rset  do
09:            if   s ⊆ r  then
10:               Rset ← Rset − {s}
11:            end if
12:         end for
13:        Rset ← Rset − {r}
14:     end for
15:  end while
16:  sh(N) ← 采用构造算法为 N 实例化 GLIFT 逻辑
```

一个多级逻辑网络可以采用有向图 $G(V, E)$ 来描述。其中，V 是节点集合，E 是边的集合。节点对应于逻辑门，而边则是逻辑门之间信号流动的路径。两个集合中元素的数目共同决定了逻辑网络中潜在的扇出重回聚区域数量，从而间接影响了 RFRR 算法的复杂度。此外，逻辑函数的输入数目也是影响算法复杂度的一个重要因素。定理 5.10 对 RFRR 算法的复杂度进行了分析与证明。

定理 5.10　RFRR 算法的复杂度为 $O((|v| + |e|) \cdot 2^{|e| - |v| + n} + g)$。

证明　考虑 n 输入的逻辑函数。RFRR 算法计算最密集的步骤在于搜索所有的扇出重回聚区域，并对这些扇出重回聚区域进行重构。在逻辑网络 $G(V, E)$ 中，全局扇出重回聚区域数量不超过 $2^{|e| - |v| + 1}$；局部扇出重回聚区域数量最大为 $|v|$。搜索算法找到一个扇出重回聚区域的复杂度上界为 $O(|v| + |e|)$。假设一个扇出重回聚区域有 m 个输入，则对区域进行重构的复杂度为 $O(2^m)$。若完全重构后的多级

网络总的逻辑门数量为 g，则 RFRR 算法最坏的情况下可以在 $(|v|+|e|) \cdot (2^{|e|-|v|+n+1} + (v-1) \cdot 2^n) + g$ 步内完成，即 RFRR 算法的复杂度为 $O((|v|+|e|) \cdot 2^{|e|-|v|+n} + g)$。证毕。

　　RFRR 算法也针对多级逻辑网络，但相对于 BDD-MUX 算法具有更高的复杂度。理论上，完全和算法即是 RFRR 算法的极端情况(函数输出被看成一个重回聚门)。虽然 RFRR 算法不如 BDD-MUX 算法有效，但是它从另一个角度解释了构造算法不精确性的产生原因，即扇出重回聚现象。RFRR 算法还提供了一种在 GLIFT 逻辑精确性与设计复杂度之间平衡的启发式方法。可采用此算法选择性地重构一些扇出重回聚区域，在达到期望的精确性要求时即可终止算法运行。

5.3.8　GLIFT 逻辑生成算法的比较

　　本节对以上介绍的 GLIFT 逻辑生成算法的复杂度和精确性进行比较分析，以提供算法选择的依据。GLIFT 逻辑生成算法的复杂度和精确性，如表 5-1 所示。

表 5-1　GLIFT 逻辑生成算法的复杂度和精确性

算法	计算复杂度	精确性
暴力算法	$O(2^{2^n})$	精确
0-1 算法	$O(2^{2^n})$	精确
构造算法	$O(g)$	不精确
完全和算法	$O(2^n + g)$	精确
SOP-POS 算法	$O(2^n + g + 1)$	精确
BDD-MUX 算法	$O(2^n + g)$	精确
RFRR 算法	$O((|v|+|e|) \cdot 2^{|e|-|v|+n} + g)$	精确

　　由表 5-1 可知，暴力算法和 0-1 算法的复杂度是同阶的，即 $O(2^{2^n})$。但是这两种算法的复杂度上界不同，分别为 $O(2^{2^{n-1}})$ 和 $O(2^{2^{n-2}})$。而且，当 0-1 算法中函数的开集和闭集由蕴涵项而非最小项组成时，其算法的复杂度会进一步显著降低。完全和算法、SOP-POS 算法和 BDD-MUX 算法的复杂度也是同阶的，并且比暴力算法和 0-1 算法在速度上快一个指数阶。其中，SOP-POS 算法和 BDD-MUX 算法通常比完全和算法更为有效。这是因为，计算逻辑函数的两个二级表达式或一个BDD 的复杂度通常显著低于计算完全和的复杂度。RFRR 算法不可避免地具有较高的复杂度，因为逻辑网络中的扇出重回聚区域通常是指数规模的，而且扇出重回聚区域的重构过程也是呈指数级复杂度的。构造算法是其中唯一具有多项式时间复杂度的 GLIFT 逻辑生成算法，其计算时间与给定函数中逻辑门的数量呈线性

关系，但它也是上述 GLIFT 逻辑生成算法中唯一不精确的。

空间复杂度也是 GLIFT 逻辑生成算法的一个评价准则。暴力算法、0-1 算法和 SOP-POS 算法都具有 $O(n \cdot 2^{2^n})$ 的空间复杂度。构造算法、BDD-MUX 算法和 RFRR 算法的空间复杂度均难以准确评估，因为它们依赖于函数中基本门的数量，通常认为其复杂度为 $O(n \cdot g)$，其中，g 代表基本门的数量。由于逻辑函数的全部质蕴涵项数量一般是指数规模的，所以完全和算法具有较高的空间复杂度，在最坏的情况下，其空间复杂度可达到 $O(\sqrt{n} \cdot 3^n)$。GLIFT 逻辑生成算法的高空间复杂度从另一个侧面反映了精确 GLIFT 逻辑生成问题的复杂性。在实际设计中，可以为每个输出抽取相关内部节点，由一个多输出函数构造若干个单输出函数，从而可以将算法的空间复杂度降低 $O(n)$ 阶。这将使得 ABC[117] 和 ESPRESSO[137] 等逻辑综合工具能够处理更大规模的输入函数。

5.4　结果与分析

5.4.1　实验流程

本书采用 IWLS 测试基准[116]来评估各种 GLIFT 逻辑生成算法的计算复杂度。图 5-5 显示了不同算法的处理流程和它们所采用的工具。

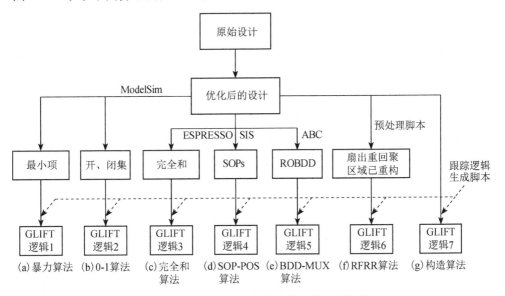

图 5-5　不同 GLIFT 逻辑生成算法的实验流程

(a) 暴力算法首先利用 Mentor Graphics ModelSim 工具产生逻辑函数完整的真值表。对于真值表中的任一最小项 m_i，GLIFT 逻辑生成脚本会对此真值表中的每

一个后续项 m_j，检查两者的输出是否存在差异。如果两个最小项的输出存在差异，则向 GLIFT 逻辑中加入一个在 m_i 基础上附加污染信息的最小项。该附加项中，所有发生变化的输入均被标记为受污染的，而未发生变化的输入则应标记为未受污染的。

(b) 0-1 算法将 Mentor Graphics ModelSim 所产生的真值表划分为函数的开集和闭集。GLIFT 逻辑生成脚本执行从开集到闭集的映射。每一次映射操作对应于 GLIFT 逻辑中的一个蕴涵项，该蕴涵项由未发生变化的输入和发生变化输入的污染标签共同构成。

(c) 完全和算法利用 ESPRESSO[137]工具来搜索给定函数的全部质蕴涵项，然后，GLIFT 逻辑生成脚本采用构造算法来为完全和形式的函数产生信息流跟踪逻辑。

(d) SOP-POS 算法首先采用 SIS[143]工具，计算原设计及其反相函数的二级积和表达式；然后 GLIFT 逻辑生成脚本，采用构造算法分别为它们产生一个不精确的 GLIFT 逻辑；最后对两个不精确的 GLIFT 逻辑执行最大下界运算以获取精确GLIFT 逻辑。

(e) BDD-MUX 算法采用 ABC[117]工具，由给定设计构造一个 ROBDD，并将所得的 BDD 转换为简化的选择器网络。GLIFT 逻辑生成脚本，采用构造算法为简化后的选择器网络产生信息流跟踪逻辑。

(f) RFRR 算法首先采用自行设计的预处理脚本搜索逻辑函数中所有的扇出重回聚区域，并将其重构为一个完全和形式的单一节点，或由 ROBDD 或 RFBDD 转换得到的选择器网络；然后，GLIFT 逻辑生成脚本采用构造算法为完全处理后的多级逻辑网络产生信息流跟踪逻辑。

(g) 构造算法针对优化后的逻辑函数，基于预先生成的 GLIFT 逻辑库，直接为基本逻辑单元实例化 GLIFT 逻辑。

算法流程 (a) ～ (f) 所生成的 GLIFT 逻辑都是精确的，因而在逻辑功能上是完全等价的。实验利用 ABC[117]工具中内嵌的逻辑等价性检查工具对此进行了验证。算法流程 (g) 所生成的 GLIFT 逻辑可能是不精确的，因此，与其他算法生成的 GLIFT 逻辑没有可比性。

5.4.2　实验结果与分析

实验部分采用 IWLS 测试基准[116]对本章所提出算法的执行时间进行测试，结果如表 5-2 所示。实验中，若某种算法在相应测试基准上的执行时间超过 10h，则强制终止算法运行，并忽略此算法在该测试基准上的执行时间结果。实验仅测试了有限数量和大小的测试基准。这是因为，实验采用了一些处理工具，如 ESPRESSO[137]和 ABC[117]，这些工具所能处理的测试基准的规模有限。

表 5-2　不同 GLIFT 逻辑生成算法的执行时间　　　　（单位：s）

测试基准	暴力算法	0-1算法	构造算法	完全和算法	SOP-POS算法	BDD-MUX算法	RFRR算法
ttt2	—	—	0.10	0.52	0.28	0.33	0.99
t481	—	680.70	0.49	0.46	0.66	0.06	21.02
alu2	11.08	2.67	0.14	0.36	0.37	0.27	2.16
alu4	3124.00	291.10	0.27	1.69	1.16	1.20	8.06
apex6	—	—	0.58	3.69	1.90	1.42	7.20
vda	—	—	0.37	1.44	1.24	1.78	3.09
x1	—	—	0.20	1.03	1.12	0.92	0.21
x3	—	—	0.89	3.71	1.97	1.41	7.04
x4	—	—	0.43	2.71	1.41	1.32	2.53
i5	—	—	0.19	1.56	1.17	1.00	2.23
i6	—	—	0.30	1.51	1.08	0.54	2.91
i7	—	—	0.39	1.67	1.14	0.62	3.45
i8	—	—	1.06	4.73	2.92	3.53	85.67
i9	—	—	0.34	7.85	3.03	2.83	26.39
frg2	—	—	0.59	8.37	6.74	4.96	17.47
DES	—	—	1.85	243.10	159.30	47.50	428.10
归一化平均	—	—	1.00	14.47	9.42	5.04	36.46

考虑表 5-2 中的测试基准 DES，该测试基准实现了 DES 加密算法。其中，"—"表明该暴力算法和 0-1 算法在该测试基准上需要 10h 以上才能完成，而构造算法只需 1.85s。与其他算法相比，采用构造算法所生成的 GLIFT 逻辑可能是不精确的。完全和算法、SOP-POS 算法、BDD-MUX 算法和 RFRR 算法分别需要 243.1s、159.3s、47.5s 和 428.1s 完成。表格的最后一行显示了各算法执行时间以构造算法的执行时间为参照归一化后的平均值。该平均值能够有效反映各算法的平均时间复杂度。

暴力算法和 0-1 算法的复杂度相对较高，它们在很多测试基准上都需要 10h 以上才能完成。构造算法通常需要最短的执行时间，而 RFRR 算法则一般需要相对较长的时间才能完成。SOP-POS 算法和 BDD-MUX 算法大多数情况下都比完全和算法需要更短的执行时间，因为计算给定函数的两个二级表达式或一个 BDD 的复杂度通常低于计算其全部质蕴涵项的复杂度。进一步而言，BDD-MUX 算法的效率通常接近或低于 SOP-POS 算法，对于部分测试基准，BDD-MUX 算法的效率有明显的优势，如 t481 和 DES。RFRR 算法速度较慢，因为设计中通常存在大量的扇出重回聚区域，且扇出重回聚区域重构过程本身也具有指数级复杂度。此方法在设计中仅存在少量扇出重回聚区域时才具有优势，如测试基准 x1。需要指出的是：不同算法的执行时间与测试基准本身也是有关的。函数的功能和描述方式都是影响算法执行时间的因素。

　　由实验结果可见,构造算法具有最低的复杂度,而其他所有算法的复杂度都相对较高。但构造算法也是上述算法中唯一不精确的。系统设计者需要在精确性和设计复杂度之间权衡。对于一些对 GLIFT 逻辑精度有严格要求的高安全性系统,有必要不惜设计代价而采用精确的 GLIFT 逻辑生成算法;对于一些可适当允许误报存在的系统,则可采用不精确的构造算法在线性时间内产生 GLIFT 逻辑。信息流分析方法到底需要达到何种精度仍然是一个开放式问题。系统设计者应最终决定何种精度的 GLIFT 逻辑能够满足设计需求,从而选取相应的 GLIFT 逻辑生成算法。

5.5　本章小结

　　本章基于开关电路理论中的错误检测问题,证明了精确 GLIFT 逻辑生成问题的 NP 完全性。本书还提出了多种 GLIFT 逻辑生成算法,包括暴力算法、0-1算法、构造算法、完全和算法、SOP-POS 算法、BDD-MUX 算法和 RFRR 算法,并对这些算法的复杂度和精确性进行了分析与证明,结果表明 BDD-MUX 算法具有相对较低的平均计算复杂度。本书所提出的 GLIFT 逻辑生成算法解决了 GLIFT 应用的一个基本问题。算法复杂度分析结果则为设计者提供了算法选择依据。

第6章 GLIFT 逻辑的设计优化问题

GLIFT 逻辑通常具有比原始设计更高的复杂度，在设计中需对其进行有效的优化，以降低面积、延迟和功耗上的开销，提高测试与验证的效率。在 6.1 节和 6.2 节中，本书针对二级安全格下 GLIFT 逻辑编码方式的不足，提出了一种改进的编码方式。在新编码方式下，GLIFT 逻辑具有更小的面积、延迟、功耗和验证时间。此外，GLIFT 逻辑还可以同时配置为信息流跟踪逻辑或冗余电路，从而通过共用电路同时达到增强信息流安全和容错的目的。在 6.3 节中，本书将从编码方式和利用无关项两个方面讨论多级安全格下的 GLIFT 逻辑设计优化问题。本章在讨论中不再强调 GLIFT 逻辑的精确性，而着重从设计开销和性能指标方面进行评估。

6.1 二级安全格下 GLIFT 逻辑编码方式及其不足

6.1.1 二级安全格下 GLIFT 逻辑编码方式

GLIFT 逻辑现有编码方式中[42]，变量和污染标签是独立编码的，各占一个二进制位。变量和污染标签的组合一共有 4 种编码状态，即"未受污染-0"、"未受污染-1"、"受污染-0"和"受污染-1"。本书用符号 (U,0)，(U,1)，(T,0) 和 (T,1) 来分别表示这些状态。其中，U 代表 Untainted，即未受污染的；T 代表 Tainted，即受污染的。该编码方式的符号集为

$$\alpha_1 = \{(U,0),(U,1),(T,0),(T,1)\} \tag{6-1}$$

现有编码方式为各符号分配了以下二进制码：(U,0) = "00"，(U,1) = "01"，(T,0) = "10" 和 (T,1) = "11"。基于该二进制编码，可形式化地描述基本门 GLIFT 逻辑(详见 3.3 节)，以作为构造复杂电路 GLIFT 逻辑的基础。式(3-7)和式(3-12)所给出的形式化表达式可改写为

$$sh(f = A_1 \cdot A_2 \cdots A_n) = \prod_{i=1}^{i=n}(A_i + a_i) \cdot \left(\sim \prod_{i=1}^{i=n} A_i \overline{a_i}\right) \tag{6-2}$$

$$sh(f = A_1 + A_2 + \cdots + A_n) = \prod_{i=1}^{i=n}(\overline{A}_i + a_i) \cdot \left(\sim \prod_{i=1}^{i=n} \overline{A}_i \overline{a_i}\right) \tag{6-3}$$

$$sh(\overline{A}_i) = sh(A_i) \tag{6-4}$$

式中，$sh(f)$ 表示函数 f 的 GLIFT 逻辑；a_i 是 A_i $(i = 1,2,\cdots,n)$ 的污染标签；运算

符 Σ 代表多变量"逻辑或"操作，运算符 Π 表示多变量"逻辑与"操作，运算符 $\sim$ 表示"逻辑非"操作。

　　为了能够在线性时间内产生复杂电路的 GLIFT 逻辑，必须构建一个包含基本门 GLIFT 逻辑的库，将复杂电路划分为基本逻辑单元，并采用构造算法(5.3.3 节)离散式地为这些基本单元实例化 GLIFT 逻辑；此过程类似于逻辑综合中的工艺映射。在现有的 GLIFT 逻辑生成方法中，通常会构造一个包含与门/与非门、或门/或非门和非门 GLIFT 逻辑的库[112]。该 GLIFT 逻辑库在描述任意数字电路上是功能完备的。

　　现有编码方式能够用于 GLIFT 逻辑的描述，但是该编码方式包含冗余的编码状态，进而导致 GLIFT 逻辑具有额外的面积和性能开销。6.1.2 节将对此进行详细的讨论。

6.1.2　二级安全格下 GLIFT 逻辑编码方式的不足

　　现有编码方式的不足主要在于其包含冗余的编码状态。根据 GLIFT 逻辑的基本性质：污染传播中可以忽略受污染变量的值(推论 3.2)。定理 3.1 已经证明：逻辑变量可从包含其污染的乘积项中直接消除。现不妨假设逻辑函数 f 的输入 A_i 是受污染的，即 A_i 的污染标签 $a_i = 1$，并用 $\mathrm{sh}(f)$ 表示 f 的 GLIFT 逻辑。由于 A_i 可从 $\mathrm{sh}(f) \cdot a_i$ 中直接消除(推论 3.2)，所以当 $a_i = 1$ 时，有 $\mathrm{sh}(f) \cdot a_i = \mathrm{sh}(f)$，在上述假设条件下，$A_i$ 也可从 $\mathrm{sh}(f)$ 中消除。考虑式(6-2)和式(6-3)所示的 GLIFT 逻辑，当 $a_i = 1$ 时，A_i 即可从上述表达式中消除。因为这些基本门 GLIFT 逻辑可构成一个在描述所有数字电路 GLIFT 逻辑上功能完备的集合，所以污染传播中可以忽略受污染逻辑变量的值。因此，可将现有编码方式中的"受污染-0"和"受污染-1"两个编码状态进行合并，从而将总的编码状态数从 4 个减少至 3 个。需要指出的是：上述编码状态的压缩利用了 GLIFT 逻辑的固有性质，因此不能够通过纯粹的状态编码或逻辑优化得到。

　　由式(6-2)和式(6-3)可知，在现有编码方式下，一些基本逻辑门 GLIFT 逻辑中的乘积项数量随输入数目的增加呈指数关系增长。例如，根据式(6-2)，n 输入与门 GLIFT 逻辑中乘积项的数量为 $2^n - 1$。这将导致 GLIFT 逻辑具有较高的面积和性能开销。此外，在现有编码方式下，GLIFT 逻辑需要引用原始逻辑函数的中间计算结果，从而导致了 GLIFT 逻辑和原始逻辑函数的嵌套关系，这会对设计的稳定性和复杂度造成显著的影响。

　　由上述分析可见，现有编码方式包含冗余的编码状态，从而导致基本门 GLIFT 逻辑的规模会随输入数目呈指数关系增长，进而导致 GLIFT 逻辑具有较大的面积、延迟和功耗开销。6.2 节中，本书将提出一种新的编码方式，以更有效地对 GLIFT 逻辑进行描述。

6.2　二级安全格下 GLIFT 逻辑编码方式的改进

6.2.1　GLIFT 逻辑现有编码方式的改进

6.1.2 节中的理论分析表明：污染传播中可以忽略受污染变量的值；可合并"受污染-0"和"受污染-1"状态，使总的编码状态减少至 3 个，即"未受污染-0"、"未受污染-1"和"受污染-X"状态。本书采用符号 (U,0)，(U,1) 和 (T,X) 来分别表示这 3 种编码状态，则新编码方式的符号集为

$$\alpha_2 = \{(U,0),(U,1),(T,X)\} \tag{6-5}$$

以表 6-1 所示的"逻辑与"操作为例，表格前两行和前两列的交集对应于无输入受污染的 4 种情况。当两个输入都未受污染时，输出也必将是未受污染的，且输出的值与未考虑污染信息的普通与门完全一致。表格的第 3 行和第 3 列显示了有输入受污染的情况。此时，只要有一个输入是未受污染的'0'，即 (U,0)，则即使另一个输入是受污染的，输出也不会受污染。这是 GLIFT 的基本原理在"逻辑与"操作上的体现。需要注意的是：当一个输入或输出受污染时 (T)，其数值即为无关 (X)。为便于理解，可以认为受污染的变量是不可信的，受污染的'0'/'1'的真实值可能是'1'/'0'，即该值不具有参考意义，可将其忽略。这一基本性质是新编码方式减少编码状态数量的理论依据。

表 6-1　新编码方式下的"逻辑与"操作

逻辑与	(U,0)	(U,1)	(T,X)
(U,0)	(U,0)	(U,0)	(U,0)
(U,1)	(U,0)	(U,1)	(T,X)
(T,X)	(U,0)	(T,X)	(T,X)

首先，考虑 GLIFT 用于静态信息流安全验证的情况。旧编码方式共有 4 个编码状态，对于一个 n 输入逻辑函数，其 GLIFT 逻辑的测试状态空间中总共有 $2^{2n} = 4^n$ 个状态；新编码方式仅包含 3 个编码状态，因此，相应测试状态空间中的状态数目即可减少至 3^n，从而有效地减小了测试状态空间的规模。例如，当 $n = 5$ 时，在旧编码方式下，总共需要测试 $4^5 = 1024$ 个向量才能完全覆盖整个测试状态空间；而在新编码方式下，仅需要测试 $3^5 = 243$ 个向量即可覆盖整个测试状态空间。随着输入数目 n 的增加，旧编码方式下测试状态空间规模的增长速度远超过新编码方式。这一结论可采用式 (6-6) 来描述，即

$$\lim_{n \to \infty} \frac{3^n}{4^n} = 0 \tag{6-6}$$

图 6-1 所示为不同编码方式下测试状态空间规模随输入数目变化的趋势。在这两种编码方式下，测试状态空间中的状态数量都是随输入数目增加呈指数关系增长的。对于一些复杂的 GLIFT 逻辑，在静态信息流安全验证中通常无法完全覆盖整个测试状态空间。但是测试相同数量的输入向量时，新编码方式下可获得更高的测试覆盖率。可见，新编码方式能够有效缩短验证周期。

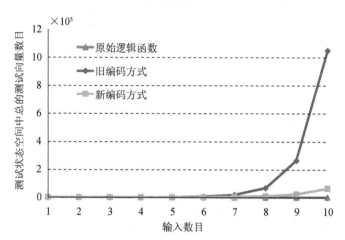

图 6-1   不同编码方式下测试状态空间的规模随输入数目变化的趋势

此外，由于新编码方式只有 3 个编码状态，在静态信息流安全验证时，可采用三值逻辑（three-valued logic）系统来加速验证过程。可为符号集 α_2 中的符号 (U,0)，(U,1) 和 (T,X) 分别分配值 0，1 和 x，其中，x 是三值逻辑中的不确定态。对比表 6-2 和表 6-3 可以发现，定义在符号 (T,X) 上的污染标签传播规则与定义在值 x 上的逻辑操作规则是完全一致的。

表 6-2   定义在符号(T, X)上的污染标签传播规则

操作数	与操作	或操作	非操作
{(U,0),(T,X)}	(U,0)	(T,X)	—
{(U,1),(T,X)}	(T,X)	(U,1)	—
{(T,X),(T,X)}	(T,X)	(T,X)	—
{(T,X)}	—	—	(T,X)

注："—"符号表示操作数对相应操作不适用。

表 6-3   定义在值 'x' 上的逻辑操作规则

操作数	与操作	或操作	非操作
{0, x}	0	x	—
{1, x}	x	1	—

续表

操作数	与操作	或操作	非操作
{x, x}	x	x	—
{x}	—	—	x

注："—"符号表示操作数对相应操作不适用。

　　操作规则上的一致性表明：采用三值逻辑进行静态信息流安全测试与验证是可行的。主流的数字电路仿真工具，如 Mentor Graphics ModelSim，即支持三值逻辑仿真。进一步地，基于三值逻辑系统的信息流安全验证可直接在原始设计上进行，不需要产生额外的 GLIFT 逻辑。由于 GLIFT 逻辑的复杂度为 $O(2^{2n})$，而原始设计的复杂度为 $O(2^n)$，所以 GLIFT 逻辑的规模往往是原始设计的数倍，基于原始设计的三值逻辑验证技术将具有更高的效率。

　　在静态信息流安全验证方式下，新编码方式显著减少了测试状态空间中状态的数量，能够采用三值逻辑仿真并且直接针对原始设计进行信息流安全验证，避免了复杂 GLIFT 逻辑的产生，可有效地提高静态验证的效率。在本章实验部分，将采用 IWLS 测试基准[116]对不同编码方式下的静态验证时间进行比较。

　　然后考虑 GLIFT 逻辑随原始设计物理实现，用于动态信息流跟踪的情况。此时，至少需要两个二进制位来编码 3 个状态。由于两个二进制位最多可以编码 4 个状态，所以有一个二进制编码是空余的。这将导致一个无关输入集，这些无关输入项并不会实际出现在 GLIFT 逻辑的输入端口，但是可利用这些无关输入项对 GLIFT 逻辑进行设计优化。相比之下，旧编码方式总共有 4 个编码状态，不存在无关输入集，因此，也无法利用无关输入项实现设计优化。可见，新编码方式不仅减少了编码状态的数目，还提供了一种设计优化的有效途径。

　　为验证无关输入项对 GLIFT 逻辑的优化效果，以符号 (U,0)，(U,1) 和 (T,X) 分别编码为"00"，"01"和"10"时的情况为例，在未考虑和考虑无关输入项的情况下，分别形式化 AND-2 的 GLIFT 逻辑，即

$$o_1 = a_1 \bar{a}_0 b_1 \bar{b}_0 + \bar{a}_1 a_0 b_1 \bar{b}_0 + a_1 \bar{a}_0 \bar{b}_1 b_0$$
$$o_0 = \bar{a}_1 a_0 \bar{b}_1 b_0 \tag{6-7}$$

$$o_1 = a_1 b_1 + a_0 b_1 + a_1 b_0$$
$$o_0 = a_0 b_0 \tag{6-8}$$

式中，$a_{[1:0]}$ 和 $b_{[1:0]}$ 为输入的污染标签（即编码结果），$o_{[1:0]}$ 为输出的污染标签，如 $a_{[1:0]}$ 用于表征输入 A 为 (U,0)，(U,1) 或者 (T,X)。

　　对比式 (6-7) 和式 (6-8) 可知：新编码方式考虑了无关输入项，能够获得更优化的 GLIFT 逻辑。考虑无关输入项是逻辑综合中一种常用的设计优化方法，通常能够取得良好的优化效果。上述设计优化方法也适用于其他编码方式，读者可选

择其他编码方式进行尝试。

6.2.2 基本门 GLIFT 逻辑

新编码方式下,至少需要两个二进制位来编码 3 个状态,而两个二进制位最多可编码 4 个状态,因此,一共有 $P_4^3 = 24$ 种二进制编码组合,其中 P 表示排列运算。寻找针对目标电路的最优化编码是一个困难问题[144],并且最优化编码往往只针对具体电路,因此难以找到一种对所有 GLIFT 逻辑都最优的二进制编码方式。但是,由于基本门 GLIFT 逻辑是复杂电路 GLIFT 逻辑的构造单元,可对不同二进制编码下基本门 GLIFT 逻辑的面积和性能进行评估,并选择一种相对更优的编码。评估中考虑了无关输入项,使用 ABC[117]工具对 GLIFT 逻辑的面积和延迟进行评估。表 6-4 给出了 24 种二进制编码方式下基本门 GLIFT 逻辑的实现结果①。

表 6-4 不同二进制编码下基本门 GLIFT 逻辑的实现结果

序号	符号集			GLIFT 逻辑的面积和延迟						总面积	最大延迟
	(U,0)	(U,1)	(T,X)	与门		或门		非门			
				面积	延迟	面积	延迟	面积	延迟		
1	00	01	10	10	2.6	10	2.9	3	1.4	23	2.9
2	00	01	11	9	2.0	11	3.5	4	1.9	24	3.5
3	00	10	01	10	2.6	10	2.9	3	1.4	23	2.9
4	00	10	11	9	2.0	11	3.5	4	1.9	24	3.5
5	**00**	**11**	**01**	**6**	**1.9**	**8**	**1.9**	**2**	**0.9**	**16**	**1.9**
6	**00**	**11**	**10**	**6**	**1.9**	**8**	**1.9**	**2**	**0.9**	**16**	**1.9**
7	01	00	10	10	2.9	10	2.6	3	1.4	23	2.9
8	01	00	11	11	3.5	9	2.0	4	1.9	24	3.5
9	01	10	00	7	1.9	7	1.9	2	1.0	16	1.9
10	01	10	11	7	1.9	7	1.9	2	1.0	16	1.9
11	01	11	00	12	3.0	9	2.1	4	2.3	25	3.0
12	01	11	10	8	2.1	13	2.6	3	1.0	24	2.6
13	10	00	01	10	2.9	10	2.6	3.0	1.4	23	2.9
14	10	00	11	11	3.5	9	2.0	4	1.9	24	3.5
15	10	01	00	7	1.9	7	1.9	2	1.0	16	1.9
16	10	01	11	7	1.9	7	1.9	2	1.0	16	1.9
17	10	11	00	12	3.0	9	2.1	6	2.3	27	3.0
18	10	11	01	8	2.1	10	3.0	3	1.0	21	3.0
19	**11**	**00**	**01**	**8**	**1.9**	**6**	**1.9**	**2**	**0.9**	**16**	**1.9**
20	**11**	**00**	**10**	**8**	**1.9**	**6**	**1.9**	**2**	**0.9**	**16**	**1.9**
21	11	01	00	9	2.1	12	3.0	4	2.3	25	3.0
22	11	01	10	13	2.6	8	2.1	3	1.0	24	2.6
23	11	10	00	9	2.1	12	3.0	6	2.3	27	3.0
24	11	10	01	10	3.0	8	2.1	3	1.0	21	3.0

---

① ABC 工具内置的 mcnc 库未指定面积和延迟的单位。

由表 6-4 可知，第 5，6，19，20 和 9，10，15，16 这 8 种二进制编码下基本逻辑门的 GLIFT 逻辑的面积和延迟相对较小。但是前 4 种编码方式下非门的 GLIFT 逻辑的延迟更小。可见，第 5，6，19 和 20 这 4 种二进制编码下基本逻辑门的 GLIFT 逻辑的面积和延迟相对更优。实验结果表明：考虑无关输入项之后，第 5，6，19 和 20 这 4 种编码下与、或、非门的 GLIFT 逻辑具有相同或对称的形式。不失一般性，本书在后续讨论中以编码方式 5 为代表。在该编码方式下，符号 (U,0)，(U,1) 和 (T,X) 所分配的二进制码分别为"00"，"11"和"01"。该二进制编码下与门、或门和非门的 GLIFT 逻辑分别为

$$o_1 = a_1 \cdot b_1$$
$$o_0 = a_0 \cdot b_0 \tag{6-9}$$

$$o_1 = a_1 + b_1$$
$$o_0 = a_0 + b_0 \tag{6-10}$$

$$o_1 = \overline{a_0}$$
$$o_0 = \overline{a_1} \tag{6-11}$$

式中，$a_{[1:0]}$、$b_{[1:0]}$ 和 $o_{[1:0]}$ 分别为输入和输出的污染标签。

需要指出的是：非门的 GLIFT 逻辑中，o_1 的值为 a_0 的非，而 o_0 的值是 a_1 的非，从而保证 (T,X) 的非仍保持为"01"。

考虑 n 输入的与门和或门，假设其输入为 $A_1, A_2, \cdots, A_n$，与门和或门的 GLIFT 逻辑分别为

$$o_1 = a_1^1 \cdot a_1^2 \cdots a_1^n$$
$$o_0 = a_0^1 \cdot a_0^2 \cdots a_0^n \tag{6-12}$$

$$o_1 = a_1^1 + a_1^2 + \cdots + a_1^n$$
$$o_0 = a_0^1 + a_0^2 + \cdots + a_0^n \tag{6-13}$$

式中，$a_{[1:0]}^i$ 为 A_i $(i = 1, 2, \cdots, n)$ 在新编码方式下的污染标签。

n 输入与非门和或非门的 GLIFT 逻辑可由式 (6-11) 分别与式 (6-12) 和式 (6-13) 的组合来实现，即

$$o_1 = \overline{a_0^1 \cdot a_0^2 \cdots a_0^n}$$
$$o_0 = \overline{a_1^1 \cdot a_1^2 \cdots a_1^n} \tag{6-14}$$

$$o_1 = \overline{a_0^1 + a_0^2 + \cdots + a_0^n}$$
$$o_0 = \overline{a_1^1 + a_1^2 + \cdots + a_1^n} \tag{6-15}$$

基本门 GLIFT 逻辑是复杂电路 GLIFT 逻辑的构造单元，6.2.3 节将对新旧两种编码方式下基本门 GLIFT 逻辑进行比较。

6.2.3　新旧编码方式下 GLIFT 逻辑的比较

由式(6-2)和式(6-3)，在旧编码方式下，GLIFT 逻辑中乘积项的数目随输入数目呈指数关系增长；根据式(6-12)~式(6-15)，新编码方式下 n 输入与门、或门、与非门和或非门的 GLIFT 逻辑均由两个 n 输入的乘积项构成。乘积项数量的减少能够有效降低 GLIFT 逻辑的面积和性能开销。图 6-2 给出了二输入与门、与非门、或门、或非门和单输入非门在新旧编码方式下的 GLIFT 逻辑。其中图 6-2(a)~(c)为旧编码方式下与门/与非门、或门/或非门和非门的 GLIFT 逻辑；图 6-2(d)~(h)为新编码方式下与门、与非门、或门、或非门和非门的 GLIFT 逻辑。

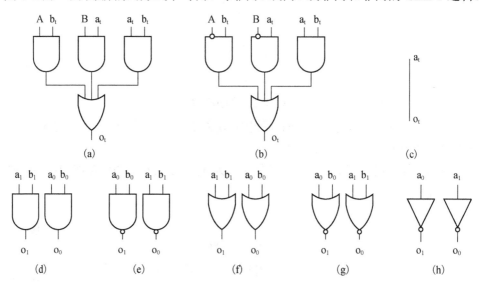

图 6-2　新旧两种编码方式下基本门 GLIFT 逻辑

由图 6-2(c)和图 6-2(h)可知，旧编码方式采用一根连接线来描述非门的 GLIFT 逻辑，而新编码方式下对应的 GLIFT 逻辑则为两个非门。可见，当原始设计包含的非门数量超过与门/与非门和或门/或非门时，新编码方式下的 GLIFT 逻辑将会有更大的面积和延迟。由图 6-2(d)~(g)可知，新编码方式下与门、与非门、或门和或非门的 GLIFT 逻辑只增加了一个逻辑门，而不改变逻辑层级数，相对于图 6-2(a)和图 6-2(b)中旧编码方式下对应的 GLIFT 逻辑具有更小的面积和延迟。

除了上述基本门，一些功能单元在新编码方式下的 GLIFT 逻辑也更加简单。以 MUX-2 为例，其逻辑表达式为 O = SA + $\overline{\text{S}}$B。在旧编码方式下，需首先为两个与门 SA 和 $\overline{\text{S}}$B 产生 GLIFT 逻辑，然后为或门产生 GLIFT 逻辑。简化后的结果为

$$o_t = Sa_t + \overline{S}b_t + A\overline{B}s_t + \overline{A}Bs_t + a_ts_t + b_ts_t \tag{6-16}$$

式中，a_t、b_t、s_t 和 o_t 分别是 A、B、S 和 O 的污染标签。

　　在新编码方式下，GLIFT 逻辑的产生过程更为简单，可直接给出其 GLIFT 逻辑，即

$$\begin{aligned} o_1 &= s_1a_1 + \overline{s_0}\,b_1 \\ o_0 &= s_0a_0 + \overline{s_1}\,b_0 \end{aligned} \tag{6-17}$$

式中，$a_{[1:0]}$、$b_{[1:0]}$、$s_{[1:0]}$ 和 $o_{[1:0]}$ 分别是 A、B、S 和 O 在新编码方式下的污染标签。

　　进一步地，在新编码方式下，任何由与、或、非运算符描述的逻辑表达式，只需采用狄摩根律将表达式转换为逻辑非运算全部直接作用于变量的形式，即可直接给出该逻辑表达式的 GLIFT 逻辑。在旧编码方式下，需要离散式地处理每个基本门，过程更为复杂，并且最终得到的 GLIFT 逻辑的面积和性能开销也更高。

　　新编码方式的另一优势在于：新 GLIFT 逻辑与原始电路是相互独立的。在旧编码方式下，污染标签不包含变量值的信息，因此变量和污染标签都必须参与污染传播，并且旧 GLIFT 逻辑需要从原始电路引用中间计算结果，从而导致原始电路与 GLIFT 逻辑的嵌套关系。对于复杂电路，很难将 GLIFT 逻辑单独分离开来。在新编码方式下，编码结果不仅包含污染信息，还包含污染传播所需的变量值信息。因此，新 GLIFT 逻辑与原始电路是完全分离的，可独立于原始电路进行污染传播。图 6-3 所示为两种编码方式下 GLIFT 逻辑结构上的差异。

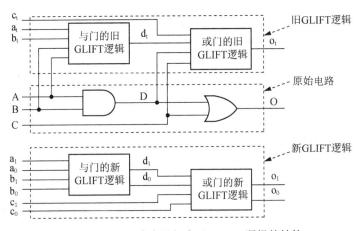

图 6-3　新旧两种编码方式下 GLIFT 逻辑的结构

　　如图 6-3 所示，在旧编码方式下，或门的 GLIFT 逻辑需要从原始电路引用中间变量 D 的值，从而导致了 GLIFT 逻辑与原始电路的嵌套关系。在新编码方式下，编码结果包含了污染传播所需的全部信息，因此 GLIFT 逻辑与原始电路是完全分离的。

新编码方式的这一改进具有重要的应用价值。当 GLIFT 用于静态信息流安全测试与验证且验证结束后,即可直接将独立的 GLIFT 逻辑从设计中移除,而不会对原始电路造成任何影响。当该方法用于动态信息流跟踪时,原始电路和 GLIFT 逻辑可以分离设计、验证和优化,能够有效降低设计复杂度;两者的设计流程可以并行化,有利于缩短设计周期。此外,文献[145]提出了一种 3-D 的安全芯片架构。在新编码方式下,原始电路可对应于该架构中的数据平面,GLIFT 逻辑可分布于控制平面。新编码方式下,由于 GLIFT 逻辑无须从原始电路引用中间计算结果,数据和控制平面之间的通信将极大地减少,从而有利于降低设计复杂度和提高目标设计的稳定性。

上述分析表明新编码方式能更有效地描述污染传播。但是新编码方式在用于信息传输和存储时不如旧编码方式有效。新编码方式下,受污染的'0'和受污染的'1'共用了一个二进制码"01",需要一个额外的二进制位来区分这两种状态,即共需三个二进制来传输或存储变量的值和污染标签。而在旧编码方式下,仅需两个二进制位即可达到同样目的。为了发挥新旧两种编码方式各自的优势,可采用编解码逻辑在特定位置(如 I/O 端口)实现编码转换。

对于在旧编码方式下的输入 A 及其污染标签 a_t,可采用式(6-18)所示的编码逻辑将其转换为新编码方式,即

$$a_1 = A \cdot \overline{a_t}$$
$$a_0 = A + a_t$$

(6-18)

式中,a_1 和 a_0 表示 A 在新编码方式下的污染状态编码结果。

相应地,在输出端,需要根据新编码方式下输出的污染状态 o_1 和 o_0 来确定旧编码方式下的污染标签。此过程的解码逻辑实现表达式为

$$o_t = \overline{o_1} \cdot o_0$$

(6-19)

$$o_t = xor(o_1, o_0)$$

(6-20)

式中,xor 表示逻辑异或运算。

在 GLIFT 逻辑设计中,仅需在系统的最顶层模块中为 I/O 端口附加编解码逻辑。因此,在面积开销上编解码逻辑与 I/O 口的数量呈线性关系;在延迟开销上,编解码逻辑各增加一级延迟。因此,编解码逻辑所增加的面积开销和延迟相对于复杂的 GLIFT 逻辑可以忽略不计。逻辑综合属于 NP 困难问题,新 GLIFT 逻辑在描述形式上更有利于综合工具优化,而编解码逻辑只需要在设计最后阶段加入,不会对 GLIFT 逻辑的优化造成影响,因此,即使加入编解码逻辑后,新 GLIFT 逻辑的实现结果在面积和性能开销方面仍具有明显的优势。

6.2.4 新 GLIFT 逻辑用于硬件冗余

高可靠系统设计中，容错性是通常需要考虑的一个重要安全属性。为保证系统在局部失效情况下的可用性，高可靠系统设计阶段通常会采用一些容错机制。在硬件电路设计领域，最常用的容错机制是硬件冗余，如三模冗余 (Triple Modular Redundancy，TMR)[146]。该机制通过为系统关键模块附加两倍的冗余逻辑来达到检错和容错的目的。例如，飞机的电子飞控系统即经常采用 TMR 设计[147]；当一个模块出错时，可通过三方表决来确定最终的输出结果，或者当一个模块失效时，仍可临时采用备用模块作为替代，从而保障系统的可靠性。

在新编码方式下，当一个输入未受污染时，该输入的污染标签将与该输入取值相同。例如，当输入 A 未受污染时，输入 A 在新编码方式下的污染标签 a_1 和 a_0 将与 A 的值一致。当全部输入都未受污染时，只有 $(U,0)$ 和 $(U,1)$ 状态在 GLIFT 逻辑中传播，(T,X) 状态不会出现，可作为无关输入项用于设计优化。将 (T,X) 作为无关项，式 (6-9) 和式 (6-10) 的形式不变，式 (6-11) 可改写为

$$o_1 = \overline{a_1}$$
$$o_0 = \overline{a_0}$$
$$(6\text{-}21)$$

此时，新 GLIFT 逻辑在功能上恰好是原始电路的两倍，即新 GLIFT 逻辑可作为冗余电路。

以图 6-4 所示 MUX-2 的 GLIFT 逻辑为例，当所有输入均未受污染时，有 $a_1 = a_0 = A$，$b_1 = b_0 = B$ 和 $s_1 = s_0 = S$。上述编码结果沿 GLIFT 逻辑传播之后，即有 $o_1 = o_0 = O$。此时，GLIFT 逻辑在功能上相当于原始电路的两倍。因此，可将 GLIFT 逻辑的两位输出 $o_{[1:0]}$ 和原始电路的输出 O 作为三选一表决器的输入，从而实现 TMR。

定理 6.1 对新编码方式的这一属性进行了证明。

定理 6.1 当所有输入均未受污染时，新编码方式下的 GLIFT 逻辑可实现 TMR。

证明 给定布尔函数 f，以 $sh(f)$ 表示函数 f 在旧编码方式下的 GLIFT 逻辑；以组合 (f_1, f_0) 表示函数 f 在新编码方式下的 GLIFT 逻辑。根据新编码方式的定义和式 (6-18) 得

$$f_1 = f \cdot \overline{sh(f)}$$
$$f_0 = f + sh(f)$$
$$(6\text{-}22)$$

当函数 f 的所有输入均未受污染时，在旧编码方式下有 $sh(f) = 0$。此时，由式 (6-22) 可知，在新编码方式下有 $f_1 = f_0 = f$，即新编码方式下的 GLIFT 逻辑实现了 TMR。证毕。

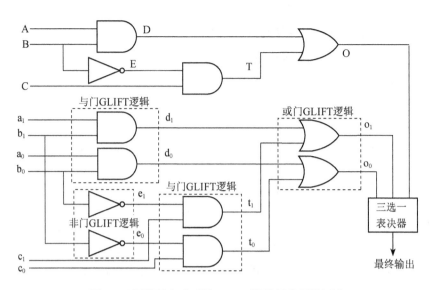

图 6-4 新编码方式下的 GLIFT 逻辑用作硬件冗余

新编码方式的这一性质在高可靠系统设计中有重要的应用价值。高可靠系统通常都需要实现严格的信息流控制，并需通过附加硬件冗余来实现错误检测和容错。当执行错误检测时，只需将 GLIFT 逻辑的所有输入都置为未受污染的，并检测原始电路和 GLIFT 逻辑是否具有相同的输出。如果检测到原始电路中存在错误，则可采用 GLIFT 逻辑作为替代。此外，通过在系统输出端引入三选一表决器，即可实现 TMR，提高系统可靠性。

根据定理 6.1，新 GLIFT 逻辑只有在所有输入都未受污染的情况下才在功能上等同于原始电路的两倍，而在有输入受污染时，上述性质不再成立。这是因为，式(6-11)给出的非门的 GLIFT 逻辑中，o_1 取值为 $\overline{a_0}$，而 o_0 取值为 $\overline{a_1}$；非门的 GLIFT 逻辑使输入的高低位发生了交错，从而使新 GLIFT 逻辑在物理结构和功能上与原始电路存在一定的差异。由于上述差异，只要设计中存在非门，新 GLIFT 逻辑在实现时即不会被综合工具视为逻辑冗余优化掉。此外，即使不考虑非门引起的高低位交错现象，变量的两位污染标签在输入端也是完全独立的，它们的输入状态可以是逻辑 '0' 和逻辑 '1' 的任意组合。逻辑综合工具需要考虑全部可能的输入组合，而不仅是所有输入均未受污染这些特殊的情况。这种独立性也使逻辑综合工具能够保留全部的 GLIFT 逻辑(不会被逻辑综合工具优化掉)，从而保证 GLIFT 逻辑在无输入受污染的情况下可用于硬件冗余。

6.3　多级安全格下 GLIFT 逻辑的设计优化问题

在多级安全格下,污染标签将由一位宽的变量扩展至多维向量,从而使 GLIFT 逻辑的复杂度比二级安全格下更高。GLIFT 逻辑复杂度的提高将导致更长的测试与验证时间和更高的面积、延迟与功耗开销。因此,有必要讨论多级安全格下 GLIFT 逻辑的设计优化问题,尽量降低 GLIFT 逻辑的规模,从而降低设计开销并缩短验证周期。

6.3.1　编码方式的优化

根据 4.5 节,多级安全格下,GLIFT 逻辑可统一表达为由布尔变量、污染标签、点积、最小上界和最大下界运算符共同描述的形式化表达式。在信息流安全测试和 GLIFT 逻辑物理实现时,需要将上述形式化表达式转换为布尔逻辑表达式。为实现上述转换,需要为安全类集中的各个安全类分配二进制编码。由于最优编码问题是一个 NP 困难问题,目前尚无有效的求解方法,并且最优编码往往仅对具体的设计实例有效。对于结构简单的安全格和小规模设计,可采用穷举搜索方法求解最优编码问题。当安全格结构变得更为复杂时,穷举搜索方法的效率将显著降低。因此,本书不讨论最优编码问题,而只为编码优化提供一些指导性原则。

为了产生较优的 GLIFT 逻辑,可根据给定的安全格结构确定一种安全类的编码方式,使得 GLIFT 逻辑形式化描述中运算最密集的操作得到优化。具体而言,应优先使点积、最小上界和最大下界运算得到优化。以图 2-1(b)所示的三级线性机密性安全格为例,其安全类集 SC = {Unclassified, Confidential, Secret}。由于一个二进制位可以编码 2 种状态,所以至少需要两个二进制位对三个安全类进行编码,则一共有 P_4^4 = 24 种编码方式。本书分别对这 24 种编码方式下的点积、最小上界和最大下界运算进行布尔逻辑实现,并采用 ABC 综合工具对上述布尔逻辑实现的面积和性能参数进行评估。表 6-5 给出了不同编码方式下点积、最小上界和最大下界运算符的物理实现的面积和延迟参数,其中 UC 代表 Unclassified 安全类,C 代表 Confidential 安全类,S 代表 Secret 安全类。

表 6-5　不同二进制编码下点积、最小上界和最大下界运算符的实现结果

序号	符号集			GLIFT 逻辑的面积和延迟							
	UC	C	S	点积		最小上界		最大下界		总面积	最大延迟
				面积	延迟	面积	延迟	面积	延迟		
1	00	01	10	6	1.9	12	3.5	13	3.9	31	3.9
2	00	01	11	6	1.9	11	3.5	10	2.6	28	3.5
3	00	10	01	6	1.9	12	3.5	13	3.9	31	3.9
4	00	10	11	6	1.9	11	3.5	10	2.6	28	3.5
5	00	11	01	6	1.9	19	3.5	16	3.0	41	3.5
6	00	11	10	6	1.9	19	3.5	16	3.0	41	3.5
7	01	00	10	6	1.9	11	2.6	12	3.5	29	3.5
8	01	00	11	6	1.9	12	3.9	13	3.5	31	3.9
9	01	10	00	6	1.9	15	3.0	20	3.5	41	3.5
10	01	10	11	6	1.9	16	3.0	19	3.5	41	3.5
11	01	11	00	6	1.9	13	3.5	12	3.9	31	3.9
12	**01**	**11**	**10**	**6**	**1.9**	**10**	**2.6**	**11**	**3.5**	**27**	**3.5**
13	10	00	01	6	1.9	11	2.6	12	3.5	29	3.5
14	10	00	11	6	1.9	12	3.9	13	3.5	31	3.9
15	10	01	00	6	1.9	15	3.0	20	3.5	41	3.5
16	10	01	11	6	1.9	16	3.0	19	3.5	41	3.5
17	10	11	00	6	1.9	13	3.5	12	3.9	31	3.9
18	**10**	**11**	**01**	**6**	**1.9**	**10**	**2.6**	**11**	**3.5**	**27**	**3.5**
19	11	00	01	6	1.9	20	3.5	15	3.0	41	3.5
20	11	00	10	6	1.9	20	3.5	15	3.0	41	3.5
21	11	01	00	6	1.9	12	3.5	11	2.6	29	3.5
22	11	01	10	6	1.9	13	3.9	12	3.5	31	3.9
23	11	10	00	6	1.9	12	3.5	11	2.6	29	3.5
24	11	10	01	6	1.9	13	3.9	12	3.5	31	3.9

由表 6-5 可知，在第 12 和 18 两种编码方式下，点积、最小上界和最大下界运算符的 GLIFT 逻辑的复杂度相对较低。以编码方式 12 为例，此时，三种运算的 GLIFT 逻辑分别为

$$o_t^1 = A \& b_t^0$$
$$o_t^0 = \overline{A} \mid b_t^1 \tag{6-23}$$

$$o_t^1 = a_t^1 \& b_t^1 \mid a_t^0 \& b_t^1 \mid a_t^1 \& b_t^0$$
$$o_t^0 = a_t^0 \& b_t^0 \tag{6-24}$$

$$o_t^1 = a_t^1 \& b_t^1 \mid \overline{a_t^0} \& b_t^1 \mid a_t^1 \& \overline{b_t^0}$$
$$o_t^0 = a_t^0 \& b_t^0 \tag{6-25}$$

由于数字电路由基本逻辑门组成，而基本逻辑门 GLIFT 逻辑的形式化描述又由布尔变量、点积、最小上界和最大下界运算符共同构成，所以如果一种编码方式能够使点积、最小上界和最大下界运算符的 GLIFT 达到相对最优，那么基本逻辑门 GLIFT 逻辑的物理实现也往往能达到相对较优。进一步地，整个数字电路GLIFT 逻辑的面积和性能参数也往往相对更优。本书对三级线性安全格下 24 种编码方式下的与门、或门和非门 GLIFT 逻辑的面积和性能参数进行评估，结果显示表 6-5 中的第 12 和 18 两种编码方式下的与门、或门和非门的 GLIFT 逻辑物理实现达到了相对最优。

由于在版图级集成电路不同标准逻辑单元面积和延迟上的差异，例如，与门通常由与非门和非门的级联构成，与门比与非门的面积和延迟更大，因此，一些能够使 GLIFT 逻辑在表达形式上最简的编码方式在物理实现上并不一定是最优的。在实际应用中，应该根据给定的安全格结构和具体的工艺库，通过实验手段评估点积、最小上界和最大下界运算或基本门（与门/与非门、或门/或非门、异或门/同或门、非门）在不同编码方式下 GLIFT 逻辑的复杂度，从而为选择最佳编码方式提供实验依据。

6.3.2　利用无关项优化 GLIFT 逻辑

利用无关输入项是集成电路设计中一种常用的设计优化手段。对于一个安全类集中有 m 个安全类的安全格，对全部安全类进行编码至少需要 $w = \lceil \log_2 m \rceil$ 个二进制位。由于 w 个二进制位最多可以编码 2^w 个状态，所以将有 $2^w - m$ 个码值是空余的。可以利用这些空余的码值所对应的无关输入项对 GLIFT 逻辑进行优化。考虑图 2-1(b) 所示的三级线性机密性安全格，现将 Unclassified、Confidential 和Secret 安全类分别编码为"00"、"01"和"10"。

若不考虑无关输入项，则 AND-2 的 GLIFT 逻辑采用可编程逻辑阵列（PLA）描述为代码 6.1。

代码 6.1　不考虑无关输入项时 AND-2 的 GLIFT 逻辑的 PLA 描述

```
.i 6
.o 2
.ilb at1 at0 A bt1 bt0 B
.ob ct1 ct0
.p 15
000---  00
---000  00
001001  00
00101-  01
00110-  10
```

```
01-001   01
10-001   10
01001-   01
01010-   01
01-010   01
10-010   01
011011   01
01110-   10
10-011   10
10-10-   10
.e
```

对代码 6.1 中的 PLA 描述进行逻辑化简后，所得结果为

$$o_t^1 = A\,\overline{a_t^1}\,b_t^1\,\overline{b_t^0} + B a_t^1\,\overline{a_t^0}\,b_t^1 + a_t^1\,\overline{a_t^0}\,b_t^1\,\overline{b_t^0}$$

$$o_t^0 = A\,\overline{a_t^1}\,b_t^1\,b_t^0 + B\,\overline{a_t^1}\,a_t^0\,\overline{b_t^1} + \overline{A}\,a_t^1\,a_t^0\,b_t^1\,\overline{b_t^0} + \overline{B}\,a_t^1\,\overline{a_t^0}\,b_t^1\,b_t^0 + \overline{a_t^1}\,a_t^0\,\overline{b_t^1}\,\overline{b_t^0}$$

(6-26)

式中，$O_t = (o_t^1, o_t^0)$，$A_t = (a_t^1, a_t^0)$ 和 $B_t = (b_t^1, b_t^0)$ 分别为 O，A 和 B 的污染标签。

在上述编码方式下，"11" 即是一个空余的码值，污染标签不存在 "11" 输入组合。因此，GLIFT 逻辑在任一输入的污染标签为 "11" 的情况下，输出的污染标签可任意取值，即所有污染标签中包含 "11" 的输入组合都属于无关项。代码 6.2 显示了加入无关输入项后的 AND-2 的 GLIFT 逻辑的 PLA 描述。

代码 6.2　加入无关输入项时 AND-2 的 GLIFT 逻辑 PLA 描述

```
.i 6
.o 2
.ilb at1 at0 A bt1 bt0 B
.ob ct1 ct0
.p 17
000---   00
---000   00
001001   00
00101-   01
00110-   10
01-001   01
10-001   10
01001-   01
01010-   01
01-010   01
10-010   01
011011   01
01110-   10
10-011   10
10-10-   10
```

```
11---- --
---11- --
.e
```

加入无关输入项后，再次对 AND-2 的 GLIFT 逻辑的 PLA 描述进行逻辑化简，所得的逻辑函数为

$$o_t^1 = Ba_t^1 + Ab_t^1 + a_t^1b_t^1$$

$$o_t^0 = Ba_t^0\overline{b_t^1} + \overline{B}a_t^1b_t^0 + A\overline{a_t^1}b_t^0 + \overline{A}a_t^0b_t^1 + a_t^0b_t^0 \tag{6-27}$$

对比式(6-26)和式(6-27)可以发现，考虑无关输入项后，GLIFT 逻辑得到了优化。

现将 Unclassified，Confidential 和 Secret 安全类分别编码为"00"，"01"和"11"。若不考虑无关输入项，则 AND-2 的 GLIFT 逻辑采用可编程逻辑阵列(PLA)描述，如代码 6.3 所示。

代码 6.3　不考虑无关输入项时 AND-2 的 GLIFT 逻辑 PLA 描述

```
.i 6
.o 2
.ilb at1 at0 A bt1 bt0 B
.ob ct1 ct0
.p 15
000--- 00
---000 00
001001 00
00101- 01
00111- 11
01-001 01
11-001 11
01001- 01
01011- 01
01-010 01
11-010 01
011011 01
01111- 11
11-011 11
11-11- 11
.e
```

对代码 6.3 进行逻辑化简后，所得的逻辑函数为

$$o_t^1 = A\overline{a_t^1}b_t^1b_t^0 + Ba_t^1a_t^0\overline{b_t^1} + a_t^1a_t^0b_t^1b_t^0$$

$$o_t^0 = A\overline{a_t^1}b_t^0 + Ba_t^0\overline{b_t^1} + a_t^0b_t^0 \tag{6-28}$$

在上述编码方式下，"10"即是一个空余的码值，污染标签不存在"10"输入组合。因此，GLIFT 逻辑在任一输入的污染标签为"10"的情况下，输出的污染标签可任意取值，即所有污染标签中包含"10"的输入组合都属于无关项。现将上述无关输入项加入 AND-2 的 GLIFT 逻辑的 PLA 描述，结果如代码 6.4 所示。

代码 6.4　加入无关输入项时 AND-2 的 GLIFT 逻辑 PLA 描述

```
.i 6
.o 2
.ilb at1 at0 A bt1 bt0 B
.ob ct1 ct0
.p 17
000--- 00
---000 00
001001 00
00101- 01
00111- 11
01-001 01
11-001 11
01001- 01
01011- 01
01-010 01
11-010 01
011011 01
01111- 11
11-011 11
11-11- 11
10---- --
---10- --
.e
```

加入无关输入项后，再次对 AND-2 的 GLIFT 逻辑的 PLA 描述进行逻辑化简，所得的逻辑函数为

$$o_t^1 = Ab_t^1 + Ba_t^1 + a_t^1b_t^1$$
$$o_t^0 = Ab_t^0 + Ba_t^0 + a_t^0b_t^0$$

(6-29)

对比式(6-26)和式(6-28)可以发现，在不考虑无关输入项时，选用更优的编码方式能够使得GLIFT逻辑得到简化。分别对比式(6-26)和式(6-27)，以及式(6-28)和式(6-29)可以发现，在选定的编码方式下，利用无关输入项能够使GLIFT逻辑得到进一步的优化。

6.4　实验结果与分析

本书采用 IWLS 测试基准[116]来对新旧两种编码方式下 GLIFT 逻辑的静态验证时间和物理实现的面积、延迟、功耗开销进行评估。实验中，本书采用 Synopsys Design Compiler 作为逻辑综合工具，Mentor Graphics ModelSim 作为逻辑仿真工具。表 6-6 给出了实验所采用测试基准的统计信息，包括 I/O 数目、逻辑门的数量、非门所占的百分比，以及原始测试基准的面积和延迟时间。其中，面积结果已转换为等同的与非门数量（#NAND）；延迟的单位为纳秒（ns）。

表 6-6　测试基准的统计信息

测试基准	#输入	#输出	#逻辑门	非门的比例/%	面积(#NAND)	延迟/ns
ttt2	24	21	167	14.4	146	0.32
alu2	10	6	336	6.16	312	0.97
alu4	14	8	824	10.9	591	1.30
vda	17	39	729	3.99	665	0.58
x1	51	35	299	12.0	233	0.31
t481	16	1	46	32.6	44	0.22
too_large	38	3	280	12.9	246	0.48
pair	173	137	2174	10.7	1600	0.66
i10	257	224	3118	14.4	2050	1.93
C3540	50	22	2476	10.8	1336	1.50
C5315	178	123	3705	13.1	1808	1.10
C6288	32	32	12625	5.85	7526	5.47
C7552	207	108	3692	16.4	1089	1.21
DES	256	245	4671	5.32	3358	0.79

6.4.1　静态验证效率分析

本书考虑 GLIFT 用于静态信息流安全验证的情况，对不同编码方式下 GLIFT 逻辑的验证时间进行比较。测试基准大多具有较大数目的输入，而测试状态空间的规模是随输入数目呈指数关系增长的，测试中无法覆盖整个测试状态空间，因此，无法显示新编码方式下测试空间减小所带来的验证时间的显著下降（在理论上是显然的，相关内容见 6.2.1 节），本书仅从 GLIFT 逻辑复杂度降低带来的验证时间下降来说明新编码方式的优越性。

由于实验采用的线性反馈移位寄存器[148]（Linear Feedback Shift Register, LFSR）的输出最多不超过 168 个二进制位，所以实验选取 7 个输入数目相对较少的测试基准做静态验证时间分析，实现了 5.3.3 节中介绍的构造算法，以产生旧编码方式下的 GLIFT 逻辑。对于新编码方式下的 GLIFT 逻辑，则直接利用原始逻辑电路(上述测试基准中所有的输入、输出和内部信号都是一位宽的)。实验以 Mentor Graphics ModelSim 为三值逻辑仿真工具，对两种编码方式下的 GLIFT 逻辑进行静态验证。对所有的测试基准，均测试 2^{24} 组随机向量。新编码方式下，实验采用附加逻辑向随机测试向量中添加 X 状态，当变量的污染标签为逻辑'1'时，则置该变量为 X 状态。图 6-5 显示了各测试基准在不同编码方式下的静态验证时间结果，图中的百分数给出了仿真时间下降的比率。

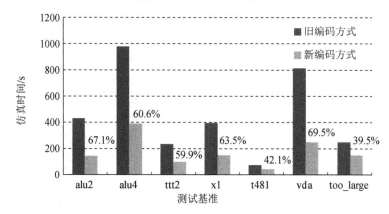

图 6-5　不同编码方式下 GLIFT 逻辑的验证时间

以测试基准 alu2 为例，新编码方式在该测试基准上可节省 67.1%的验证时间。在所有被测基准上，平均可以节省 57.5%的验证时间。这种验证时间上的下降，源自新编码方式将总编码状态从 4 个减少至 3 个，从而可采用三值逻辑仿真技术，基于更为简单的原始设计直接进行信息流安全验证。仿真中虽然需要加入一定量的状态转换逻辑，但是这些逻辑只针对 I/O 端口，其规模相对于原始电路可以忽略不计，因此新编码方式仍可带来验证时间上的显著下降。

6.4.2　动态实现性能分析

本节对不同编码方式下 GLIFT 逻辑物理实现的面积和性能进行评估。实验分别采用新旧两种编码方式对 IWLS 测试基准[116]的 GLIFT 逻辑进行描述。不同编码方式下的 GLIFT 逻辑均采用 Synopsys Design Compiler 综合工具，以相同的优化策略进行综合，并映射至 Synopsys 90nm SAED 标准单元库[118]，以进行面积、延迟和功耗分析。表 6-7 给出了分析结果。其中，面积被转换为等同的与非门(NAND)数量，延迟的单位是纳秒(ns)。表格中的百分数显示了新编码方式下 GLIFT 逻辑在面积和延迟上减小的比率。

表 6-7　采用不同方式描述的 GLIFT 逻辑的面积和延迟结果

测试基准	面积(#NAND)			延迟/ns		
	旧编码	新编码	减少比率/%	旧编码	新编码	减少比率/%
ttt2	498	388	22.1	0.53	0.52	1.90
alu2	1326	717	45.9	1.88	1.26	33.0
alu4	2686	1261	53.1	2.22	1.35	39.2
vda	2955	1551	47.5	1.24	0.87	29.8
x1	1492	646	56.7	0.76	0.40	47.4
t481	68	76	−11.8	0.26	0.21	19.2
too_large	1537	627	59.2	1.34	0.61	54.5
pair	8298	4574	44.9	1.45	0.89	38.6
i10	8205	5505	32.9	4.47	2.33	47.9
C3540	5288	2868	45.8	2.46	1.95	20.7
C5315	7653	5239	31.5	1.66	1.48	10.8
C6288	58038	18016	69.0	12.1	6.59	45.5
C7552	6603	5723	13.3	4.05	2.59	36.0
DES	14981	7917	47.2	1.42	1.26	11.3
平均值	—	—	39.8	—	—	31.1

由表 6-7 可知,对于绝大部分测试基准,新编码方式下的 GLIFT 逻辑具有更小的面积和延迟。例如,旧编码方式下 alu2 的 GLIFT 逻辑的面积和延迟分别为 1326ns 和 1.88ns,而新编码方式下 alu2 的 GLIFT 逻辑的面积和延迟分别为 717ns 和 1.26ns。相比之下,新编码方式节省了 45.9% 的面积,并减小了 33.0% 的延迟。考虑全部测试基准,新编码方式平均节省 39.8% 的面积,平均减小 31.1% 的延迟。这是由于新编码方式下基本门 GLIFT 逻辑更为简单,尤其是多输入的与门、与非门、或门和或非门。需要指出的是,测试基准 t481 是一个特例,新编码方式下,该测试基准的 GLIFT 逻辑反而具有更大的面积,这是由于该测试基准综合到目标 GLIFT 库时包含很高比例的非门(32.6%,见表 6-6)。该情况下,新 GLIFT 逻辑将具有更大的面积或延迟,因为根据图 6-2(c) 和图 6-2(h),新编码方式下非门的 GLIFT 逻辑相对更为复杂。

除了面积和延迟,功耗也是集成电路的一个重要性能指标。实验选取 7 个较大的测试基准,将其在不同编码方式下的 GLIFT 逻辑都映射到 Synopsys 90nm SAED 标准单元库进行功耗分析。图 6-6 和表 6-8 给出了分析结果,其中,功耗结果的单位是毫瓦(mW);该图的纵轴为对数坐标。新编码方式下,功耗降低率由图中的百分数给出。例如,测试基准 pair 的原始设计的功率为 1.49mW,其新旧编码方式下的 GLIFT 逻辑的功耗分别为 3.6mW 和 7.79mW,新编码方式降低功耗 53.8%。在全部被测的基准上,新编码方式平均降低功耗达 50.8%,这与表 6-7 中的面积结果在趋势上是一致的。

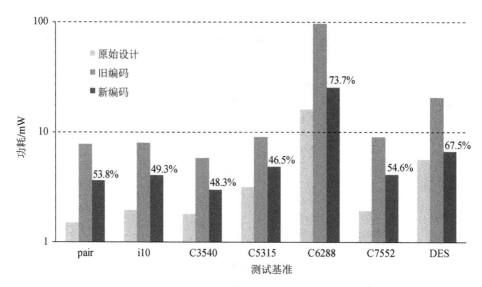

图 6-6　原始设计及其在不同编码方式下 GLIFT 逻辑的功耗(纵轴为对数坐标)

对于综合到目标 GLIFT 库上时包含 30%以上非门的测试基准 t481，其原始设计的功耗为 51.2μW，而其采用新旧两种编码方式描述的 GLIFT 逻辑分别具有 90.8μW 和 77.6μW 的功耗。与面积结果相似的是，当设计含有较高比例的非门时，新编码方式下 GLIFT 逻辑的功耗也相对较大。

表 6-8　原始设计及其在不同编码方式下 GLIFT 逻辑的功耗　　（单位：mW）

项目	pair	i10	C3540	C5315	C6288	C7552	DES
原始设计	1.49	1.95	1.78	3.17	16.12	1.92	5.62
旧编码	7.79	7.97	5.76	9.07	96.93	8.99	20.6
新编码	3.6	4.04	2.98	4.85	25.47	4.08	6.69
降低率/%	53.8	49.3	48.3	46.5	73.7	54.6	67.5

由于细粒度信息流分析方法固有的复杂性，GLIFT 逻辑相对于原始设计在面积、延迟和功耗上通常都有显著的增长。虽然这种开销在新编码方式下已经降低到了原始设计的两倍左右，但这对于 GLIFT 逻辑的后端物理实现而言仍然是很高的设计开销。在实际应用中，通常会将设计划分为不同的安全域，且只需要为安全关键的域附加 GLIFT 逻辑。例如，在波音 787 中[29]，飞行控制系统对安全性要求较高，只需要为该系统产生 GLIFT 逻辑，而无须监控用户数据网络中的信息流动，这将有效降低系统面积和性能上的开销。此外，至少需要两倍的硬件冗余才能实现最基本的错误检测和容错机制，即 TMR。新编码方式使得 GLIFT 逻辑可选择性地配置为信息流跟踪或冗余逻辑，这将避免采用分离逻辑各自实现这两种

安全机制所带来的额外面积和性能开销。

由实验结果可知，新编码方式可更有效地描述污染传播，这能够从新编码方式下 GLIFT 逻辑在面积、延迟、功耗和验证时间上的显著下降得到证实。这一改进源自于对编码符号集，二进制码值，以及门级 GLIFT 逻辑的描述、设计和验证方式的根本改变。新编码方式利用了 GLIFT 逻辑的固有性质，因而无法由综合工具通过状态编码或纯粹的逻辑优化获得。新编码方式使得 GLIFT 能够更加有效地用于静态验证和动态监控高可靠系统的信息流安全。

进一步地，本书还生成了一些 Trust-Hub 和 IWLS[116]测试基准在二级至四级线性安全格和方形安全格下的 GLIFT 逻辑。GLIFT 逻辑生成过程中，采用了 5.3.3 节所介绍的构造算法。GLIFT 逻辑生成以后，将其映射至 Synopsys 90nm SAED 标准单元库[118]，以进行面积和性能评估，实验结果如表 6-9 所示。表中还给出了每个测试基准 GLIFT 逻辑形式化表达式中所包含的运算符(最小上界、最大下界和点积运算符)的数目，该运算符数目不随安全格结构变化。

表 6-9　二级至四级线性安全格和方形安全格下测试基准的 GLIFT 逻辑中所包含的运算符数目与 GLIFT 逻辑物理实现的面积和延迟

测试基准	运算符个数	面积/μm^2				延迟/ns			
		二级	三级	四级	方形	二级	三级	四级	方形
s1423	3672	20096	49208	62308	68435	2.18	2.52	2.62	4.01
s5378	7392	39527	99659	125364	142428	1.54	1.96	2.03	2.49
s9234	5742	31964	79796	100979	113922	0.48	0.64	0.70	1.17
s13207	12618	52589	137231	162122	206494	1.07	1.89	2.11	2.79
s15850	19680	35581	97020	116675	126359	0.49	0.76	0.70	0.92
s35932	71136	458857	1160821	1511884	1705441	0.57	1.29	1.10	1.38
s38417	98310	569453	1511936	2136536	2310636	1.12	1.28	1.65	1.83
s38584	61896	340235	897934	1208826	1322753	1.35	2.81	1.88	2.02
DES	17712	45845	154853	204085	244764	2.18	2.76	2.62	3.03
BasicRSA	30204	129282	354764	432836	508598	0.14	0.33	0.48	0.34
b19	688050	2326801	6184741	7848774	8266121	6.66	8.73	8.61	12.0
RS232	1740	11459	27262	32285	35965	0.62	0.81	1.01	1.17
Wb_conmax	225294	992830	3514102	4403386	4614289	2.61	3.38	4.16	4.62
PIC16F84	13416	64282	184123	223647	249298	0.50	0.74	0.71	0.86
MCU8051	56148	237109	692763	874074	991815	11.2	15.3	17.0	25.3
N. Average	—	1.00	2.74	3.47	3.89	1.00	1.53	1.62	1.95

由表 6-9 可知，当安全格结构变得更为复杂时，同一测试基准的 GLIFT 逻辑将有更大的面积和延迟。表格最后一行的 N. Average 显示了不同安全格下 GLIFT 逻辑的面积和延迟归一化至二级安全格下相应GLIFT 逻辑的面积和延迟之后的平均值。该平均值反映了多级安全格下 GLIFT 逻辑的平均设计复杂度。需要指出的

是，三级线性安全格下各测试基准的 GLIFT 逻辑均比四级线性安全格下相应的
GLIFT 逻辑具有更小的面积和延迟，这是由于在 GLIFT 逻辑生成过程中考虑了无
关输入项，并利用无关输入项集对 GLIFT 逻辑进行了优化。

　　上述实验结果显示，将 GLIFT 方法扩展至多级安全格后将面临更高的面积和
延迟开销。然而，实际系统大多需要采用多级安全格对安全策略进行描述，例如，
军用系统通常将信息划分为非保密、秘密、机密和绝密这四个安全等级；在片上
系统(SoC)中，通常需要验证不同可信级别(如开源、IP 设计商、自行设计)IP 核
之间的信息流安全属性。因此，仍有必要将二级安全格下的 GLIFT 方法扩展至多
级安全格。

6.5　本　章　小　结

　　本章提出了一种用于 GLIFT 逻辑描述的新编码方式。该编码方式不仅仅是在
原编码方式下为不同的编码状态分配不同的二进制编码值，而是利用了 GLIFT 逻
辑的固有性质，从根本上改变了 GLIFT 逻辑的描述、设计和验证方法。该编码方
式有效降低了 GLIFT 逻辑在面积、延迟、功耗和验证时间上的开销。采用 IWLS
测试基准的实验结果显示：新编码方式平均减少 GLIFT 逻辑的面积达 39.8%、延
迟达 31.1%、功耗达 50.8%。新编码方式使得 GLIFT 逻辑可以配置为冗余电路以
实现检错和容错，从而进一步地有效避免了采用分离逻辑分别实现信息流跟踪和
容错所带来的额外设计开销。此外，本章还对多级安全格下 GLIFT 逻辑的设计优
化方法进行了讨论，并采用 Trust-Hub 和 IWLS 测试基准对所提出的优化方法进行
了评估。

第 7 章　GLIFT 方法的应用

GLIFT 方法既可用于静态地验证系统是否满足预定义的信息流安全策略，也可用于动态地监控系统中是否出现了有害信息流。本章对该方法的这两种应用模式的特点和相应的设计方法学进行阐述。此外，本章还将讨论 GLIFT 在开关电路测试等相关领域的应用。

7.1　GLIFT 方法应用原理

GLIFT 提供了一种细粒度的信息流分析方法，从包含丰富时序信息的逻辑门级精确地度量和监控系统中的全部逻辑信息流，从硬件底层建立一个可靠、可验证的安全基础，在此安全基础之上，可构建具备信息流控制能力的功能单元和体系架构，从而使得整个系统硬件均具有良好的信息流度量与控制能力。在软件层次上，基于类型系统对程序设计语言和编译环境进行定制，使软件设计者能够有效利用所定制的语言对系统的安全需求和策略进行描述，并借助定制的编译环境将信息流安全策略嵌入到目标应用中；通过定制的操作系统实现与下层硬件架构的交互，并调用底层硬件的信息流度量与控制能力，实现对高可靠系统信息流安全属性的测试与验证。基于 GLIFT 的设计与验证方法中，系统的信息流度量与控制能力从逻辑门级向上传递给系统栈中更高的抽象层次，而安全需求和策略所反映的信息流安全属性则自应用层向下传递至逻辑门级，从而能够利用底层硬件的信息流度量能力实现信息流安全属性的形式化验证。基于 GLIFT 的设计与验证方法涵盖了整个系统栈，从多个抽象层次共同解决高可靠系统的信息流安全问题。图 7-1 所示为 GLIFT 的应用原理。

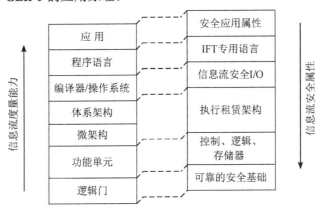

图 7-1　GLIFT 的应用原理

　　如图 7-1 所示，在逻辑门级抽象层次上，GLIFT 采用细粒度的信息流分析方法，准确地监控每一个二进制位信息的流动。与以往信息流分析方法不同之处在于：当且仅当某个输入对输出存在影响时，包含在该输入中的信息才能流向输出。以三输入与门（AND-3）为例，传统信息流分析方法认为三个输入所包含的信息总能流向输出，而实际上，当 AND-3 的一个输入为逻辑'0'时，包含在其他输入中的信息即无法流向输出。在准确分析基本逻辑门中信息流的基础上，可建立基本门的信息流模型。为此，需引入表征输入安全属性的标签。这些标签随数据在系统中传播，通过检测输出的标签即可确定输入中所包含的信息是否流向了输出。根据基本门的逻辑函数和信息流模型，可采用 GLIFT 逻辑对其信息流模型进行形式化描述。GLIFT 逻辑提供了一种精确度量信息流的方法，可从逻辑门级抽象层次精确地度量系统中全部的逻辑信息流，包括显式流、隐式流和由硬件相关时间隐通道所引发的有害信息流，从而在底层为系统构建一个可靠的信息流安全基础。

　　在基本逻辑门信息流模型和 GLIFT 逻辑的基础上，可选择一个功能完备的基本逻辑单元集合，构建一个基本逻辑单元的 GLIFT 逻辑库，并采用第 5 章所介绍的算法为更复杂的电路结构生成 GLIFT 逻辑，从而构建具有信息流控制能力的功能单元，如控制逻辑、数据路径和存储器等。例如，MUX-2 可采用两个与门、一个或门和一个非门来描述，因此可采用与、或、非门的 GLIFT 逻辑来为 MUX-2 构造 GLIFT 逻辑；全加器可采用与门、或门和异或门来描述，因此可采用与门、或门和异或门的 GLIFT 逻辑来为全加器构造 GLIFT 逻辑。通过构造具有信息流度量与控制能力的功能单元和体系架构，可将底层逻辑门级的信息度量能力传递至更高的抽象层次。逻辑门级抽象层次的信息流可采用输入集合 S、输入的污染标签集合 T（反映对应输入的安全属性，如可信/不可信，保密/非保密）和输出污染标签 O_T 组合的实例来描述。给定输入集及污染标签集的实例 s 和 t，即可采用 GLIFT 逻辑计算输出的污染标签 o_t，从而度量该输入实例是否会引发有害信息流，即受污染信息是否流向了输出。GLIFT 逻辑提供了一种验证信息流安全属性的形式化方法。通过对 GLIFT 逻辑进行布尔可满足性（Boolean Satisfiability, SAT）[123]、可观测性（observability）[126]、可控性（controlability）[126]分析即可形式化验证系统的一些安全属性，例如，对密码算法核的 GLIFT 逻辑进行布尔可满足性分析即可验证密钥是否会流向密文之外的输出。

　　进一步地，在体系架构层次上为处理器、存储器和控制逻辑等系统关键部件附加 GLIFT 逻辑，从而将逻辑门级抽象层次的信息流度量与控制能力传递至体系架构层[44]。为严格限定不可信程序的影响边界，可引入基于沙盒模型和时分多址访问（Time Division Multiple Access，TDMA）机制的执行租赁架构[108]，为可信程序和不可信程序分配处理器和存储器资源，并维护一个可信的状态机和计时器，在某程序的时间片结束时完成其执行环境的安全切换。为了防止体系架构层时间隐通道所造成的信息泄露，可采用程序执行时间归一化、存储器保护、缓存随机分配等措施，防止不可信程序由系统状态推断敏感信息。执行租赁架构和上述措施能够用于保证可信程序与不可信程序的执行环境在空间和时间上都是严格隔离的，即无干扰 (Non-interference)[52,54]。图 7-2 所示为执行租赁体系架构的原理。

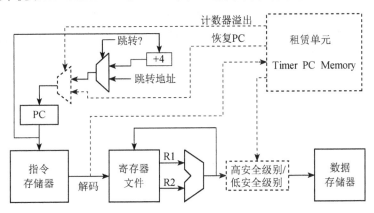

图 7-2　执行租赁体系架构

在操作系统层，利用嵌入式操作系统良好的可裁剪和可定制特性，为操作系统划分出一个最小化的特权独立内核 (separation kernel)[44]作为根信任源 (root of trust)，由该内核负责与执行租赁架构通信，调度程序的执行，并在必要时调用底层硬件的信息流度量能力，实现对程序进行信息流控制的目的。此外，该独立内核还负责进行异常处理。当系统有信息流安全策略被违反 (即出现了有害信息流)时，由独立内核清理当前程序的执行环境，并将系统恢复至初始安全状态，防止中断异常处理不当造成敏感信息泄露、关键数据被篡改，或系统的实时特性被破坏。

在编译器和程序语言层，引入类型系统 (typing system)[79,149]，指导程序语言和编译器的定制，向程序语言中添加安全类型和设计规则，向编译器程序添加编译规则。程序语言可选用常用于嵌入式系统开发的 C 语言；编译器的定制可基于开源的编译环境实现，如 GCC (GNU C Compiler) 和 PCC (Portable C Compiler)。然后，采用定制的语言对系统的信息流安全策略进行描述，并由编译器将安全策略嵌入到目标应用。安全策略所反映的信息流安全属性，能够指导编译器将程序划分为需要或者不需要信息流控制两部分。对于需要信息流控制的部分，程序执行过程中可由独立内核通过执行租赁架构调用底层硬件的信息流度量能力，实现实时信息流监控，从而达到信息流控制的目的。

信息流安全属性的形式化验证分两部分进行。底层硬件的信息流安全属性可独立于上层应用进行验证。系统硬件设计通过功能验证之后，即可为其附加 GLIFT 逻辑，并在期望的信息流安全策略 (完整性与机密性) 下对 GLIFT 逻辑进行测试和验证。可采用的验证方法包括多值逻辑仿真、定理证明、布尔可满足性分析等。应用的信息流安全验证需要在完整的系统描述之上进行。系统的关键信息流安全属性由应用层经独立内核、执行租赁架构向下传递至硬件底层，并通过逻辑门级的信息流度量来完成安全属性的验证。在系统信息流安全属性形式化验证中，需借助于软件工程、软件自动验证技术和软硬件联合验证技术。如图 7-3 所示，在本书采用的安全测试与验证方法中，信息流度量能力从硬件底层向上传递到软件层次，从而可实现软硬件的联合安全验证；系统安全属性则由高抽象层次向下映射，并基于细粒度信息流模型的信息流度量能力实现验证。

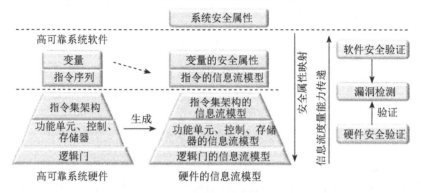

图 7-3　基于 GLIFT 的信息流安全验证原理

　　上述过程采用跨抽象层次的信息流安全度量和安全验证方法。一方面，充分利用逻辑门级所包含的丰富的时序信息和信息流的显式特性，可更有效地捕捉传统方法无法捕捉到的时间隐通道，进而将这种信息流度量和控制能力传递给系统栈中更高的抽象层次。另一方面，将应用层的信息流安全属性向下传递至逻辑门级，借助底层硬件的信息流度量能力来实现对这些安全属性的验证。这种跨层的设计和验证方法很好地满足了系统层次化的安全性需求，能够更加有效地解决高可靠系统中的信息流安全问题，防止有害信息流造成的安全隐患。

7.2　静态信息流安全测试与验证

　　作为一种静态信息流安全验证方法，GLIFT 可用于测试或验证目标系统是否完全符合预定义的信息流安全策略，测试和验证过程在设计阶段进行。静态验证完成后，无须对 GLIFT 逻辑进行物理实现。图 7-4 所示为 GLIFT 用于静态信息流安全测试和验证的流程。

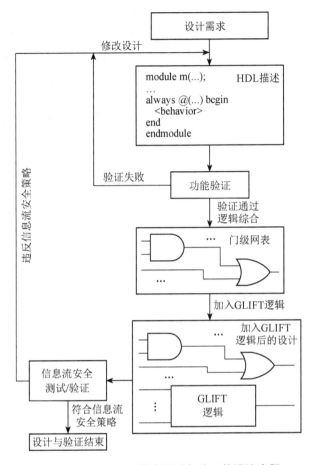

图 7-4　GLIFT 用于静态测试与验证的设计流程

　　静态测试与验证的主要区别在于：静态测试主要通过逻辑仿真实现，而静态验证则需借助于一些形式化分析工具，如 SAT 求解器[128,129]。静态测试与验证的流程如下。

　　(1) 根据设计需求采用硬件描述语言(HDL)，如 VHDL 或 Verilog，对底层硬件进行描述；描述完成后，需对所描述的硬件电路进行功能验证，以保证其功能的正确性；当设计通过功能验证后，即可采用逻辑综合工具(如 Synopsys Design Compiler)，将被测电路转化为门级网表。

　　(2) 采用第 5 章所介绍的算法，为门级网表中的每一个逻辑门实例化 GLIFT 逻辑；整个设计的 GLIFT 逻辑生成后，即可对其进行仿真和测试，以验证其是否存在违反预定义信息流安全策略的情况；如果有信息流安全策略被违反，则需对原始设计进行修改，并重新进行功能和信息流安全验证，直至设计严格符合所有的信息流安全策略。

在静态测试与验证应用模式下，测试者负责为设计输入分配安全属性(污染)标签。例如，在完整性分析中，测试者可将源自开放网络环境的数据标记为受污染的，并监控这些受污染的数据是否会影响系统中一些关键的区域；机密性分析中，测试者可将一些敏感的数据标记为受污染的，并监控这些受污染的数据是否流向了非保密的输出。

为便于理解，考虑一个分支程序硬件实现的例子。在图 7-5 所示的条件分支程序的硬件实现中，全部的信息都显式地流动。

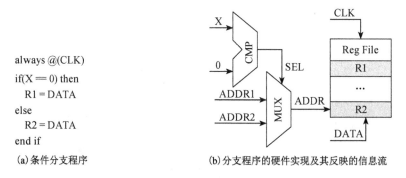

```
always @(CLK)
if(X == 0) then
    R1 = DATA
else
    R2 = DATA
end if
```

(a)条件分支程序   (b)分支程序的硬件实现及其反映的信息流

图 7-5　GLIFT 用于分析分支程序中的信息流

考虑条件变量 X 受污染的情况。当 X = 0 时，显然寄存器 R1 是受污染的，因为对 R1 赋值是基于 X 决策的结果。事实上，即使 $X \neq 0$，R1 也应当是受污染的，因为 R1 未被赋值也同样是基于 X 决策的结果。因此，通过观察条件分支语句执行前后 R1 的值是否发生变化，即可推断有关变量 X 的信息，即 X 是否为零。类似地，不管 X 的值是否非零，寄存器 R2 都应被标注为受污染的。

上述分析结果可反映于图 7-5(b) 所示的分支程序的门级实现中，比较器的输出用于从 MUX 的输入中选择一个作为目的寄存器的地址。在此过程中，变量 X 中所包含的污染信息会通过选择信号 SEL 流向目的地址 ADDR，并最终流向目标寄存器 R1 和 R2。GLIFT 逻辑能够准确地捕捉到上述污染信息流动，并将寄存器 R1 和 R2 标记为受污染的。在门级抽象层次上，GLIFT 逻辑不仅能够捕捉到组合逻辑中的信息流动，还可以捕捉到寄存器级的时序关系，而且系统中全部的逻辑信息流，包括显式流、隐式流，以及由硬件相关时间隐通道所引发的信息流，在该抽象层次上都是显式的，因而在信息流安全验证中可有效地捕捉这些逻辑信息流。

在静态信息流安全验证中，GLIFT 逻辑仅用于测试和验证，不需要随原始设计物理实现，从而不会导致额外的面积、延迟和功耗方面的开销。但是该方法通常需要进行大量的测试或验证，以保证目标设计是安全的。实际应用中，测试状态空间的规模通常是与设计复杂度成正比的。对于大规模的设计，其测试空间非常庞大，测试中往往难以对其进行全面的覆盖，即使采用大量的测试用例进行验证，测试结果的置信度仍可能难以保证。

　　针对静态验证方法的不足，7.3 节将介绍 GLIFT 的另一种应用方法，该方法将 GLIFT 逻辑随原系统物理实现，以在系统运行中动态地监控系统中的信息流动。

7.3　动态信息流跟踪

　　动态信息流跟踪方法中，GLIFT 逻辑随原设计物理实现，在系统运行中实时地监控设计中的信息流动。由于 GLIFT 逻辑的复杂性，动态信息流跟踪(DIFT)方法通常会带来较大的面积和性能开销，所以在设计阶段应对系统进行合理的划分，并仅为对安全性要求较苛刻的部件实例化 GLIFT 逻辑。本书将对系统处理器和外围 I/O 两种环境下动态信息流跟踪方法的应用原理进行介绍。

　　图 7-6 所示为 GLIFT 方法用于动态监控处理器数据路径信息流安全的原理，为算术逻辑单元(ALU)实例化 GLIFT 逻辑，以对设计中的信息流动进行实时监控。

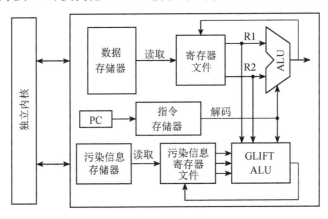

图 7-6　GLIFT 方法用于动态监控系统核心数据路径信息流安全的原理

　　ALU 通常是系统中对信息流安全要求较为苛刻的部分，因此需为其实例化 GLIFT 逻辑。如图 7-6 所示，从数据存储器、寄存器文件到 ALU 的整个数据路径都实例化了相应的 GLIFT 逻辑。与数据存储器相对应的是污染信息存储器；与寄存器文件相对应的是污染信息寄存器文件；而与 ALU 相对应的是 ALU 的 GLIFT 逻辑。独立内核在向数据存储器中写入数据的同时，向污染信息存储器中写入数据的污染标签。当数据被读取至 ALU 并参与运算时，GLIFT 逻辑也同时根据数据的污染状态进行动态污染标签传播。GLIFT 逻辑的输出可用于检测是否有信息流安全策略被违反。

　　除了系统关键数据路径，I/O 设备也可能引发信息流安全问题。本书以拓扑结构较为简单的 I²C 总线为例，讨论 GLIFT 用于动态跟踪外围 I/O 设备信息流安全的情形。分析中以数据完整性为例(本书所采用的方法同样适用于数据机密性分析)。

在 I^2C 总线系统中,可信和不可信设备共享总线资源进行通信。不可信的从设备与主设备通信后,来自从设备的不可信数据会影响主设备的完整性,从而导致主设备不可信,此时主设备的 GLIFT 逻辑将变成受污染状态;接下来,不可信的主设备与可信的从设备通信后,来自主设备的不可信数据将会影响从设备的完整性,从而导致可信的从设备也变成不可信状态,此时从设备的 GLIFT 逻辑也会变成受污染状态。因此,即使不可信从设备与可信从设备之间没有直接通信,它们之间也通过主设备发生了间接交互。这些间接交互所引发的隐式流会造成系统的信息流安全策略被违反,因此需要采取有效的设计手段来防止有害信息流的发生。GLIFT 既可用于检测可信设备和不可信设备之间是否存在有害信息流,又可阻止这些有害信息流的发生。图 7-7 所示为其应用原理。

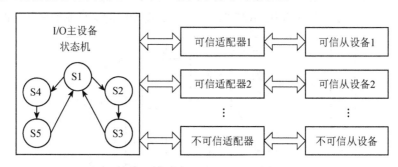

图 7-7　GLIFT 用于 I/O 设备动态信息流跟踪的原理

在共享总线系统中,需将适配器划分为可信和不可信(或保密与非保密)两类,并通过定义安全策略规定可信设备只能连接至可信适配器;不可信设备只能连接至不可信适配器。此时,来自可信适配器的数据即可标记为未受污染的,而来自不可信适配器的数据即应标记为受污染的。I/O 主设备的 GLIFT 逻辑对来自不同从设备的数据及其污染标签进行动态跟踪,一旦检测到主设备进入受污染状态,即应对其进行复位,将其恢复至初始的未受污染状态,以防止污染信息进一步流向未受污染的从设备。此外,还需在主设备上实现一个状态机,以控制不同从设备之间通信活动的切换。为防止不可信从设备通过共享总线监视通信内容,或通过分析总线活动来间接获取信息,需要对适配器结构进行改进,以保证不在当前通信时间片内的所有从设备都从总线上隔离。此外,还需保证主设备分配给每个从设备的通信时间片都是严格等长的,如可采用 TDMA 机制来实现。

在动态信息流跟踪应用中,系统设计者可根据数据的来源为其分配不同的完整性或机密性级别。例如,在完整性分析中,来自开放网络环境的数据应标记为受污染的，以表示它是不可信的，而来自安全独立内核的数据应标记为未受污染的，以表示它是可信的。GLIFT 逻辑在输入数据及其污染标签的基础上实时地监控信息的流动。通过检查输出的污染标签，即可确定是否有信息流安全策略被违反。例如，是否有机密的数据流向了非保密输出，可信数据是否受到不可信输入的影响等。如果检测到信息流安全策略被违反，则系统将产生一个中断，并执行相应的状态清理和恢复操作。动态信息流跟踪应用模式能够监测到一些在设计和测试阶段难以预测的系统行为，因而分析结果更为准确，但是 GLIFT 逻辑通常具有较大的面积和性能开销。因此，只能为系统中对信息流安全要求较为苛刻的部分实例化 GLIFT 逻辑。

7.4　GLIFT 在开关电路设计中的扩展应用

在第 5 章有关 GLIFT 逻辑生成问题复杂度的相关讨论中，本书已经指出 GLIFT 逻辑生成问题与开关电路中的布尔可满足性、静态逻辑冒险检测、错误检测、可控性和可观测性，以及自动测试向量生成(ATPG)等问题存在着密切的联系。本书将对 GLIFT 在静态逻辑冒险检测、可控性分析和错误检测中的应用进行简要介绍。

7.4.1　静态逻辑冒险检测

静态逻辑冒险是开关电路中由于路径延时差异所造成的一种输出暂态现象[138]。静态逻辑冒险产生的原因是单变量翻转，体现为逻辑变量及其反变量沿不同路径传播后重回聚，即扇出重回聚[122]。现有文献中的静态逻辑冒险检测方法大多针对给定的输入集和翻转行为，即在特定的输入组合下考虑某变量发生翻转时是否会出现静态逻辑冒险[120,122,150]。尚未见文献报道有形式化方法可独立于输入集和翻转行为，对电路中可能出现的静态逻辑冒险进行全面的分析。由于 GLIFT 逻辑生成算法中构造算法(5.3.3 节)的不精确性与静态逻辑冒险具有相同的产生原因，所以将分别由构造算法和其他精确算法生成的 GLIFT 逻辑进行对比，可确定电路中是否存在静态逻辑冒险。

对于给定设计，首先采用构造算法为其产生 GLIFT 逻辑；然后，采用第 5 章提出的精确算法(如完全和算法、SOP-POS 算法、BDD-MUX 算法，或 RFRR 算法)，为设计生成精确的 GLIFT 逻辑；最后，采用形式化验证工具，如 SIS[143]或 ABC[117]，对上述两个 GLIFT 逻辑进行等价性检验，即可确定目标设计中是否存在潜在的静态逻辑冒险。具体而言，若所生成的 GLIFT 逻辑是等价的，则表明目标设计中不存在静态逻辑冒险；反之，则其中包含潜在的静态逻辑冒险。若设计中存在静态逻辑冒险，则可进一步分析可能造成静态逻辑冒险的输入组合。这些组合恰好对应于上述两个 GLIFT 逻辑的差异。因此，可对两个 GLIFT 逻辑执行异或操作，并采用全解的 SAT 求解器[128,129]来找出所有的差异，每一个差异项即对应于一种可能出现静态逻辑冒险的情况。

为便于理解，分别考虑以下两个简单逻辑函数

$$f_1 = SA + SB$$

$$f_2 = SA + \overline{S}B$$

当分别采用构造算法和精确算法为 f_1 产生 GLIFT 逻辑时，所得的两个 GLIFT 逻辑完全是等价的，因此，f_1 不存在潜在的静态逻辑冒险；当分别采用构造算法和精确算法为 f_2 产生 GLIFT 逻辑时，所得的两个 GLIFT 逻辑分别由式(5-5)和式(5-7)给出。两者的差异在于构造算法所生成的 GLIFT 逻辑具有一个额外的项 ABS_t。可见，f_2 包含潜在的静态逻辑冒险。额外项 ABS_t 表明：当输入 A 和 B 都为逻辑 '1'，且 S 发生翻转时，可能出现由延迟差异所造成的静态逻辑冒险。该额外项还给出了消除该静态逻辑冒险的一种可能的方法，即向设计中添加冗余项 AB，从而使得在 S 发生翻转时，有一个固定项能够使输出始终保持稳定状态。

7.4.2　X-传播

X-传播(X-propagation)是集成电路设计中的一个典型的 NP 困难问题[151]。在集成电路上电复位过程中，一些未初始化的寄存器的值可能为未知(unknown)状态，即 X 状态[①]。此外，为降低系统的功耗，系统运行过程中通常会选择性地关闭一些空闲模块(如门控时钟)，这些空闲模块的输出也将暂时呈 X 状态。如果系统在运行中引用了这些未知的 X 状态，则可能对系统的稳定性造成严重的影响，如状态机进入未知状态。在集成电路设计过程中，有时需要采取必要的措施防止 X 状态产生，有时也需要 X 状态存在(如低功耗计算)[152]。因此，另一个重要问题就是在设计阶段通过仿真测试来分析 X 状态的影响范围，从而确定对 X 状态敏感的模块是否会受到未知状态的影响，此问题即 X-传播。在实际仿真过程中，对 X 状态的处理策略通常有如下两种[153,154]。

一种策略是 X 优化(X-optimization)，该策略随机为 X 状态赋值，将其转化为确定的 '0' 或 '1' 状态[153]。现有仿真方法通常随机地将 X 状态强制转化为 '0' 或 '1' 状态。将未知的 X 状态转化为已知状态的优点在于能够保证仿真最终结果中不存在 X 状态，但是这种策略无法对 X 状态的影响范围进行准确的评估，从而可能导致集成电路的最终物理实现中存在功能缺陷。

另一种策略是对输出进行保守估计(X-pessimism)，只要有 X 输入，则置输出

① 此处所指的 X 状态是一种真实值未知的不确定态，其真实值可能为逻辑 '0' 或 '1'，应该与中间电平状态加以区分。

为 X 状态[153]。如图 7-8 所示，由于系统上电时未对寄存器 reg1 进行初始化，从而导致该寄存器的值为不确定的 X 状态。进一步地，非门 g3 和 g4、与门 g5 和 g6 的输出也将相应地被置为 X 状态，这将导致或非门 g7、与门 g8 的输出均为 X 状态。然而，若假设 X 的值为逻辑 '0'，则非门 g3 和 g4 的输出分别为逻辑 '1' 和逻辑 '0'，此时，与门 g5 和 g6 的输出将分别为逻辑 '1' 和逻辑 '0'，或非门 g7 的输出为逻辑 '0'；类似地，若假设 X 的值为逻辑 '1'，则非门 g3 和 g4 的输出分别为逻辑 '0' 和逻辑 '1'，此时，与门 g5 和 g6 的输出将分别为逻辑 '0' 和逻辑 '1'，或非门 g7 的输出仍然为逻辑 '0'。可见，或非门 g7 的输出并不受寄存器初始值的影响，不管寄存器 reg1 的初始值为逻辑 '0' 还是逻辑 '1'，其输出均应该为逻辑 '0'。可见，将 g7 的输出置为 X 状态实际上是进行了保守的处理。

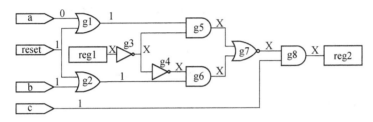

图 7-8　保守策略下的 X-传播

图 7-8 所示电路的输出状态分析见表 7-1。

表 7-1　图 7-8 所示电路的输出状态分析

逻辑门	输出状态		
reg1	X	0	1
g1	1	1	1
g2	1	1	1
g3	X	1	0
g4	X	0	1
g5	X	1	0
g6	X	0	1
g7	X	0	0
g8	X	0	0

根据 GLIFT 基本理论，X-传播与污染传播在本质上属于同一类问题。对于给定的问题实例，可在 X-传播仿真分析过程中将 X 状态变量的污染标签置为逻辑 '1'，然后对该电路的 GLIFT 逻辑进行仿真，即可观测到 X 状态的传播 (影响) 范围。在图 7-8 所示的例子中，用各逻辑门的名称代表其输出，若非门 g3 的输出为

不确定的 X 状态，则 g3 的污染标签 $g3_t = 1$。此时有表 7-2 所示的分析。

表 7-2　利用 GLIFT 方法进行 X-传播分析

逻辑门	输出状态	污染标签
g3	X	$g3_t = 1$
g4	$\overline{g3}$	$g4_t = 1$
g5	g3	$g5_t = 1$
g6	$\overline{g3}$	$g6_t = 1$
g7	0	$g7_t = 1$

图 7-8 所示的例子与 MUX-2 类似，g3 的输出即为选择信号，由于两个备选择的输入均为逻辑 '1'，所以异或门的输出必定为一个确定的状态，而与 g3 的状态无关。可见，采用 GLIFT 理论和方法能够对 X-传播问题进行准确的分析，避免因仿真中采取保守策略所导致的虚假 X 输出，从而缩短测试与验证周期。

7.4.3　可控性分析

可控性分析是开关电路测试中的一个经典 NP 困难问题[126]，具体而言，可控性问题主要研究是否存在输入组合能够使待观测信号分别为逻辑 '0' 和逻辑 '1'，其根本问题是变量值的传播。该问题同时涉及布尔可满足性和非重言式这两个 NP 完全问题，因此上述问题具有很高的复杂度。造成可控性分析问题困难性的原因在于信号传播过程中，信号的值可能被逻辑门改变，此外，信号传播过程也可能被逻辑门阻断。在第 5 章的讨论中，已经探讨了污染传播与可控性问题的相似之处，本书将利用 GLIFT 方法来指导可控性分析。根据 GLIFT 的污染传播理论，则需要确定是否存在某种输入及其污染标签的组合，使得目标信号受污染。因此，需要为分析对象产生 GLIFT 逻辑，并对其进行仿真。若某输入组合使得目标信号受污染，即表明该信号是可控的，则仅通过改变该输入组合中污染变量的值即可使得目标信号出现期望的值。

为便于理解，考虑一个二输入与门的例子。不妨假设其输入为 A 和 B，输入的污染标签分别为 A_t 和 B_t，则其输出 O 的 GLIFT 逻辑为 $O_t = AB_t \oplus BA_t \oplus A_t \odot B_t$。现考虑输出的可控性。由于 GLIFT 逻辑 O_t 是非定常的（原始逻辑函数布尔可满足，且非重言式，见定理 5.1），所以输出必定可控。通过实验仿真可以发现，当输入 A = 1 而输入 B 受污染时，输出是受污染的。即表明当输入的值为 '1' 时，通过改变输入 B 的值，即可控制输出值发生变化。

7.4.4　错误检测

错误检测是开关电路中另一个经典的 NP 困难问题。错误检测的根本问题是错误效应传播，即能否将电路中的错误效应传播至目标观测点。Ibarra 等已经从理论上证明：将输入线中的错误传播到输出进行检测即是 NP 完全的[125]。由于错误效应只在特定的输入组合下才能体现出来，并且其传播还可能被逻辑门阻断，所以只有某些特定的输入组合才能有效地检测到开关电路中的错误。由于错误效应传播与污染传播在本质上的相似，可采用 GLIFT 的相关理论和方法来分析错误效应传播问题，并指导测试向量的生成。为便于理解，本书仅以输入线中的错误传播和检测为例进行说明。当需要确定输入线 x_i 中的错误在给定输入组合下能否传播至输入时，仅需在给定设计的 GLIFT 逻辑中将对应输入设置为受污染的，剩余变量为未受污染的。在上述给定的输入组合下，若设计的输出是受污染的，则表明该输入组合能够将 x_i 中的错误传播至输出。

上述相关应用均涉及变量的传播问题，这与污染传播在本质上属于同一类问题。GLIFT 提供了一种统一的形式化描述和分析方法，能够用于上述相关问题的求解，并指导测试向量的生成。

7.5　本 章 小 结

本章对 GLIFT 的应用原理及其两种常用的应用模式，即静态信息流安全测试与验证和动态信息流跟踪进行了介绍；并结合简单实例对 GLIFT 不同应用模式下的设计方法和流程进行了阐述。GLIFT 与开关电路设计中的多个 NP 困难问题都具有一定的相关性，因此该方法也可以用于这些困难问题的分析和求解，本章也对此进行了简要的探讨。

第 8 章   测试与验证方法

在 GLIFT 的基础理论和应用原理的基础上，本章重点介绍与 GLIFT 相关的一些实验测试与验证方法，包括 GLIFT 逻辑精确性分析、复杂度分析和形式化验证方法，此外本章还将对 GLIFT 方法在实际测试与验证过程中常用的一些软件工具进行简要介绍。

8.1   测试与验证内容

8.1.1   GLIFT 逻辑精确性分析

GLIFT 逻辑的精确性反映了 GLIFT 逻辑所指示的污染信息流数量与实际存在的污染信息流数量之间的关系。在 3.5 节中已经指出采用构造方法所生成的 GLIFT 逻辑可能是不精确的，会包含实际上不存在的污染信息流。GLIFT 逻辑中的每一个最小项对应于一条污染信息流，因此，可以将 GLIFT 逻辑中最小项的数目作为衡量 GLIFT 逻辑精确性的指标。

在 5.3 节所介绍的 GLIFT 逻辑生成算法中，仅有构造算法生成的 GLIFT 逻辑可能是不精确的，即存在误报项。而采用其他算法(暴力算法、0-1 算法、完全和算法、SOP-POS 算法、BDD-MUX 算法和 RFRR 算法)所生成的 GLIFT 逻辑都是完全精确的。给定设计的全部精确 GLIFT 逻辑除了在描述形式上可能存在差异，在逻辑功能上是完全等价的，因此包含相同数目的最小项。给定设计的任意精确 GLIFT 逻辑都可以在精确性分析中作为参照。在实际测试与验证中，GLIFT 逻辑精确性分析内容主要包括以下几个方面。

(1)GLIFT 逻辑的最小项数目分析：对 GLIFT 逻辑中最小项数目进行分析是衡量 GLIFT 逻辑精确性的最直接方法。对于给定设计，可通过逻辑仿真工具对该设计各 GLIFT 逻辑中最小项的数目进行统计。由于采用 5.3 节中各算法中生成的 GLIFT 逻辑只包含额外的最小项，所以包含最小项数目越少的 GLIFT 逻辑越精确。若以已知精确的 GLIFT 逻辑作为参照，则可进一步分析不精确 GLIFT 逻辑中所包含误报项的比率，该参数可作为反映 GLIFT 逻辑精确程度的重要参数。此外，GLIFT 逻辑中包含最小项的数目也是反映 GLIFT 逻辑复杂度的一项指标。

(2)GLIFT 逻辑的等价性分析：GLIFT 逻辑的等价性分析是一种衡量 GLIFT 逻辑精确性的间接方法。对于给定设计，其 GLIFT 逻辑精确性上的差异往往会导致其逻辑功能上的不等价性。反之，若两个 GLIFT 逻辑是完全逻辑等价的，则可说明其含有完全相同的最小项，因而其精确性也是完全相同的。若可采用等价性验证工具(如 ABC)证明某 GLIFT 逻辑与已知精确的 GLIFT 逻辑是完全等价的，则该 GLIFT 逻辑也必然是完全精确的。等价性分析通常是基于形式化验证工具的，相对于最小项分析法能够在更短的时间内对大规模设计的 GLIFT 逻辑的精确性进行分析。

(3) 逻辑综合对 GLIFT 逻辑精确性的影响分析：逻辑综合过程中，采用不同的综合工具、综合算法、优化策略和工艺库均会导致所生成门级网表结构上的差异。这种门级网表结构上的差异可能进一步导致所生成 GLIFT 逻辑精确性上的差别。采用最小项数目分析法或等价性验证方法对不同逻辑综合流程下门级网表所对应 GLIFT 的精确性进行分析，能够反映出逻辑综合过程对 GLIFT 逻辑精确性的影响。

(4) GLIFT 逻辑精确性与复杂度平衡分析：GLIFT 逻辑的精确性与其面积和性能开销等参数往往是相互矛盾的。例如，完全和算法通常需要加入冗余的质蕴涵项来提高 GLIFT 逻辑的精确性，这将导致额外的设计开销。对于大规模设计，通常需要在 GLIFT 逻辑的精确性和复杂度之间寻求平衡，例如，完全和算法中可逐步加入质蕴涵项，以及 RFRR 算法中逐步处理扇出重回聚区域，并在所生成的 GLIFT 逻辑达到一定的精确性需求或者设计复杂度过高时即停止处理。

8.1.2　GLIFT 逻辑复杂度分析

面积、延迟、功耗是反映 GLIFT 逻辑复杂度的关键参数。在实际测试与验证中，GLIFT 逻辑复杂度分析内容主要包括以下几个方面。

(1) GLIFT 逻辑物理实现的复杂度：用于动态信息流跟踪时，GLIFT 逻辑通常需随原始设计物理实现。此时，需采用逻辑综合工具(如 Synopsys Design Compiler，Xilinx ISE)，对设计的面积、延迟和功耗等性能指标进行评估。

(2) GLIFT 逻辑生成算法对复杂度的影响：不同 GLIFT 逻辑生成算法除了对所产生 GLIFT 逻辑的精确性存在影响，还会影响其面积、延迟和功耗等性能参数。对采用不同算法生成的 GLIFT 逻辑的复杂度进行评估，可根据设计需求选择合适的 GLIFT 逻辑生成算法，从而达到精确性和复杂度之间的平衡。

(3) 不同安全格对 GLIFT 复杂度的影响：对于同一设计，其 GLIFT 逻辑的复杂度会随安全格复杂度的增加而快速增长。对于不同安全格下同一设计 GLIFT 逻辑的面积、延迟和功耗等性能参数进行评估，可反映出 GLIFT 逻辑复杂度随安全格结构变化的趋势，并能够揭示在逻辑门级抽象层次上实现细粒度信息流控制和多级安全(MLS)所面临的设计挑战。

(4) 编码方式对 GLIFT 复杂度的影响：在给定安全格结构下，各安全类的编码方式将影响目标 GLIFT 逻辑的复杂度。在不同编码方式下对 GLIFT 逻辑的面积、延迟和功耗等性能参数进行评估将有助于选择更优的编码方式。进一步地，对考虑和未考虑无关输入项的 GLIFT 逻辑的复杂度进行评估和对比，可反映出无关输入项对 GLIFT 逻辑的优化效果。

8.1.3 GLIFT 逻辑静态测试与验证分析

由于 GLIFT 逻辑的复杂度往往远高于原始设计，所以 GLIFT 用于动态信息流跟踪时会导致较高的面积和性能开销。静态分析方法在测试与验证完成后即可将 GLIFT 逻辑移除，从而避免 GLIFT 逻辑物理实现导致的额外设计开销。在实际测试与验证中，GLIFT 逻辑静态测试与验证分析内容主要包括以下两个方面。

（1）GLIFT 逻辑的布尔可满足性分析：在信息系统安全性分析中，通常会关注保密输入是否流向了非保密的输出（机密性属性），以及不可信的输入是否对可信输出存在影响（完整性属性）。在基于 GLIFT 的安全性分析方法中，上述机密性和完整性属性可描述为低安全级别的输入不能对高安全级别的输出存在影响。在实际分析中，可采用布尔可满足性分析手段对这一安全属性进行验证。通过 GLIFT 逻辑的布尔可满足性分析即可从理论上确定是否存在违反机密性或完整性属性的目标输出，从而可以缩小步骤（2）中静态测试分析的范围。

（2）GLIFT 逻辑的静态测试分析：当采用布尔可满足性分析方法定位出违反机密性或完整性属性的输出时，可进一步地采用逻辑仿真工具对设计进行测试分析，从而有目的性地捕捉有害信息的流动，并通过有害信息流的传播路径来逆向定位设计中潜在的安全漏洞。静态测试分析可采用布尔逻辑或多值逻辑等不同的仿真测试方式。

8.2 测试与验证流程

在 8.1 节中，本书对 GLIFT 在实际应用中的测试与验证内容进行了简要介绍，本节将进一步介绍这些测试与验证内容的具体实现流程。

8.2.1 精确性分析流程

GLIFT 逻辑的精确性分析主要包括最小项、等价性分析，逻辑综合对精确性的影响，以及 GLIFT 逻辑生成算法对精确性的影响等方面。图 8-1 所示为精确性分析的流程。

如图 8-1 所示，在最小项分析中，采用不同生成算法产生的 GLIFT 逻辑与测试信号源一起在 Mentor Graphics ModelSim 工具中进行逻辑仿真，并在 GLIFT 逻辑输出为真(逻辑'1')时对当前最小项进行计数,即可实现最小项分析。此外,还可采用 ABC 工具对不同生成算法产生的 GLIFT 逻辑的等价性进行验证,从而间接地对其精确性进行比较分析。

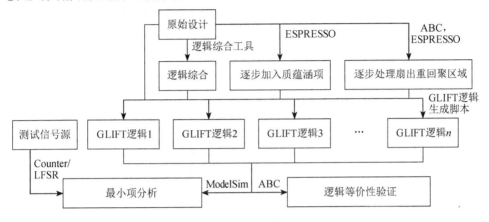

图 8-1　GLIFT 逻辑精确性分析流程

8.2.2　复杂度分析流程

GLIFT 逻辑复杂度分析主要包括 GLIFT 逻辑物理实现的复杂度,GLIFT 逻辑生成算法对复杂度的影响,安全格结构对 GLIFT 逻辑复杂度的影响,以及安全类编码方式对 GLIFT 逻辑复杂度的影响等方面。图 8-2 所示为 GLIFT 逻辑复杂分析的流程。

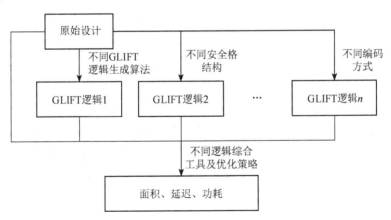

图 8-2　GLIFT 逻辑复杂度分析流程

如图 8-2 所示,首先需采用逻辑综合工具对原始设计的面积、延迟和功耗参数进行评估,然后可对不同生成算法产生的 GLIFT 逻辑的面积和性能参数进行评估。通过与原始设计相比较，即可反映出 GLIFT 逻辑相对于原始设计的复杂度（额外的面积和性能开销）。此外，还可在不同安全格结构下，针对不同的安全类编码方式对 GLIFT 逻辑的复杂度进行评估，以针对给定的安全格结构选择最优的编码方式。进一步地，可结合图 8-1 和图 8-2 所示的分析流程来实现 GLIFT 逻辑精确性与复杂度之间的平衡分析。

8.2.3　静态测试与验证流程

GLIFT 逻辑的静态测试与验证主要分为静态信息流安全验证和静态信息流安全测试两方面的内容。图 8-3 所示为 GLIFT 逻辑的静态测试与验证流程。

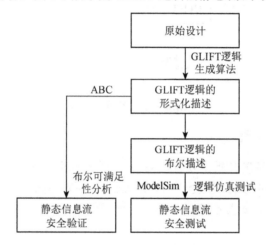

图 8-3　GLIFT 逻辑的静态测试与验证流程

如图 8-3 所示，在静态信息流安全验证中，首先由原始设计产生 GLIFT 逻辑的形式化描述，然后可采用 ABC 等工具对所产生的 GLIFT 逻辑进行布尔可满足性分析，即可实现静态信息流安全验证。在静态信息流安全测试中，需进一步选定某种编码方式，由 GLIFT 逻辑的形式化描述产生其布尔逻辑描述，然后采用 Mentor Graphics ModelSim 等工具对 GLIFT 逻辑的布尔实现进行逻辑仿真，即可实现静态信息流安全测试。通过在静态信息流安全验证和测试中捕捉有害信息流，可进而根据有害信息流的传播路径逆向分析并定位设计中存在的安全缺陷，从而为设计改进提供参考。

8.3　测试与验证环境

本节对 GLIFT 在测试与验证中通常使用到的一些软件工具的使用方法进行简要介绍。这些工具主要用于设计预处理，如门级网表的生成，完全和算法中质蕴

涵项的计算和 BDD 的构建，以及 GLIFT 逻辑的仿真测试、形式化验证和复杂度
分析等。

8.3.1　ABC 工具

ABC 是由加州大学伯克利分校验证与综合研究中心开发的一款面向二进制
时序逻辑电路综合和验证的工具[117]。ABC 融合了基于 AIG(And-Inverter Graph)
的分级逻辑优化技术，面向查找表和标准单元的延迟优化映射方法，以及多种最
新的时序逻辑综合和验证算法。ABC 工具内置了用于 BDD 维护的 CUDD 软件包
和用于 SAT 求解的 MiniSat 工具软件包。本书利用 ABC 对测试基准进行逻辑综合，
对 GLIFT 逻辑的面积、延迟、功耗等参数进行评估，并利用该软件对 GLIFT 逻
辑进行等价性验证。ABC 工具必须在命令行窗口下启动和运行，其源代码和可执
行文件可从附录 2 中给出的地址获得。

ABC 支持多种输入格式，如 Verilog、BLIF、PLA、EQN、AIG 等。对于每
种格式的文件，ABC 都提供了相应的读写命令来实现输入输出操作。此外，ABC
还提供了 read 命令，可根据文件扩展名自动识别文件格式。下面的例子中，ABC
读入一个 Verilog 文件，并将其转换为 BLIF 格式输出。如果原始设计中的端口或
信号名称比较复杂，则可采用 short_names 命令将它们进行自动重命名为短格式变
量名。

```
abc 01> read alu2.v
abc 02> write_blif alu2.blif
```

设计读入后，ABC 工具默认将其存储为由二输入与门和反相器描述的多级
AIG 网表格式。同时，该工具还支持多级逻辑网络、二级 SOP 网络、BDD 和工
艺映射网络等设计描述形式，可调用内部命令实现格式上的相互转换。下面的例
子中，ABC 先将前面所读入的设计 alu2 转换为二级 SOP 网络，然后将其转换为
BDD 网络，最后将其转换为采用 MUX-2 描述的选择器网络。

```
abc 02> sop
abc 02> collapse
Shared BDD size = 172 nodes.  BDD construction time = 0.02 sec
abc 03> muxes
```

ABC 提供了多种综合命令，如 balance、collapse、dsd。balance 命令能够将当
前网表转化为一个均衡的 AIG；collapse 命令以构造全局 BDD 的方式将当前网络
转化为二级描述；dsd 命令采用不相交支持分解方式对当前网络进行分解。此外，
ABC 工具的命令脚本文件 abc.rc 中还定义了多种逻辑综合脚本，如常用的 resyn、
resyn2、compress 等，这些脚本的具体实现方式可参考 abc.rc 文件。在下面的例

子中，分别采用 balance、collapse 和 resyn2 命令对设计 alu2.v 进行逻辑综合，然后映射至 ABC 工具内嵌的 mcnc 标准宏单元库，以对设计的面积和延迟进行评估。其中，ps 也是一个命令脚本，用于显示命令执行后的状态信息。

```
abc 01> read alu2.v
abc 02> balance
abc 03> map
A simple supergate library is derived from gate library
"mcnc_temp.genlib".
Loaded 20 unique 5-input supergates from "mcnc_temp.super".
Time = 0.02 sec
abc 04> ps
alu2 : i/o = 10/ 6 lat = 0 nd = 357 net = 886 area
            = 892.00 delay = 19.80 lev = 17
```

balance 命令综合结果显示：alu2 设计包含 10 个输入、6 个输出，其宏单元占用的总面积为 892.00，逻辑综合后的网络有 17 级，总延迟为 19.80。因为 ABC 工具内嵌的 mcnc 库中宏单元模型参数未给定单位，所以面积和延迟结果也没有单位。

```
abc 04> read alu2.v
abc 05> collapse
Shared BDD size = 172 nodes. BDD construction time = 0.03 sec
abc 06> map
The network was strashed and balanced before mapping.
abc 07> ps
alu2 : i/o = 10/ 6 lat = 0 nd = 278 net = 697 area
            = 700.00 delay = 12.40 lev = 11
```

collapse 命令由设计构建全局 BDD，并将设计转换为二级描述，因此逻辑综合后网络的层级数显著降低，设计的总延迟也大大减小。

```
abc 07> read alu2.v
abc 08> resyn2
abc 18> map
abc 19> ps
alu2 : i/o = 10/ 6 lat = 0 nd = 308 net = 737 area
            = 743.00 delay = 19.70 lev = 18
```

相对于 collapse 命令，resyn2 命令能处理更大规模的设计，并得到相对均衡的综合结果。

ABC 工具还有另外两大亮点。首先，该工具提供了等价性检验命令 cec 和 sec，可分别实现组合逻辑电路和时序逻辑电路等价性的验证。在每进行一次逻辑综合之后，就可将新的网表与原始设计进行一次等价性检验，以保证逻辑综合中的优化操作没有改变原始设计的功能。在下面的例子中，ABC 工具首先读入设计 alu2.v；其次，采用 strash 命令将当前逻辑网络转化为 AIG；再次，采用 rr 命令删除当前 AIG 中的冗余组合逻辑；最后，采用 cec 命令将优化后的网络与原始设计 alu2.v 进行等价性验证。

```
abc 01> read alu2.v
abc 02> strash
abc 03> rr
abc 04> cec alu2.v
Networks are equivalent.
```

此外，ABC 工具还内嵌了 SAT 求解器，可直接对设计的布尔可满足性进行验证。具体流程是先将当前逻辑网络转化为 CNF(Conjunctive Normal Form) 格式，然后内置的 MiniSat 求解器对设计进行布尔可满足性求解。在下面的例子中，ABC 工具首先读入设计 alu2.v，然后采用 sat 命令对设计的布尔可满足性进行验证。

```
abc 01> read alu2.v
abc 02> sat
SATISFIABLE Time = 0.03 sec
```

ABC 工具中的 sat 命令只对整个设计的布尔可满足性进行验证。当需要对设计中的每一个输出的布尔可满足性进行验证时通常有两种可行的方法：一种是将多输出设计转化为多个单一输出的设计；另一种是通过等价性检验实现 SAT 验证，具体方法是构造一个具有相同输入和输出的布尔不可满足设计，然后对两者的等价性进行验证，则一次可以验证多个输出的布尔可满足性，并可得到使目标布尔可满足的一组输入组合。在下面的例子中，alu2.v 是待进行布尔可满足性验证的目标设计，alu2_nop.v 是一个输出恒为逻辑 '0' (布尔不可满足) 的设计。利用 cec 命令对两者的等价性进行比较可以发现两个逻辑网络不等价，并且至少有 4 个输出在相同输入下存在差异，结果还显示，在输入模式 g=0、e=0、f=0、h=0、j=0、a=0、c=0 和 i=0 下，alu2 的输出 k 的值为逻辑 '1'，alu2_nop 的输出 k 的值为逻辑 '0'。

```
abc 01> cec alu2.v alu2_nop.v
Networks are NOT EQUIVALENT.
Verification failed for at least 4 outputs: k l m ...
Output k: Value in Network1 = 1. Value in Network2 = 0.
Input pattern: g=0 e=0 f=0 h=0 j=0 a=0 c=0 i=0
```

ABC 工具的 SAT 验证功能和等价性检验功能可用于对硬件电路的一些安全属性进行形式化的验证。根据 GLIFT 方法的基本原理，当受污染的输入对输出存在影响时，包含在受污染输入中的污染信息才能流向输出，而硬件电路的某一输入对输出存在影响的必要条件是该电路布尔可满足且非重言式。电路的布尔可满足性可采用 ABC 工具的 sat 命令进行验证，而非重言式特性则可采用 sat 命令对输入全部取反后的电路进行布尔可满足性分析来验证。在第 9 章的测试与验证实例中，将利用 ABC 工具对 AES 密码算法和硬件实现的安全性进行简单的验证。

8.3.2　SIS 工具

SIS 工具是由加州大学伯克利分校电子系统设计中心开发的一款逻辑综合工具。SIS 是 ABC 工具的前身，其主要功能已集成于 ABC 工具。SIS 工具有两种运行方式：一种是作为独立程序在命令行窗口中启动；另一种是通过 ABC 工具调用 SIS 的功能，此时，必须先读入一个设计，以保证当前网表不为空。下面的例子显示了 SIS 的两种运行方式。

```
sis> echo run sis from command line
run sis from command line
abc 01> read alu2.v
abc 02> sis echo run sis from abc
run sis from abc
```

虽然 ABC 工具已经集成了 SIS，但是 ABC 工具在输出 PLA 格式文件功能上存在不足，只能将已经转换为二级描述的设计输出为 PLA 格式，且经常输出空文件，因此，实验中仍需经常利用 SIS 工具实现 PLA 格式文件的转换。

SIS 支持多种输入格式，如 BLIF、PLA、EQN 等格式的文件。对于每种格式的文件，SIS 都提供了相应的读写命令来实现输入输出操作。在下面的例子中，SIS 工具读入一个 BLIF 格式的文件，并将其分别转换为 PLA 和 EQN 格式输入。

```
sis> read_blif alu2.blif
sis> write_pla alu2.pla
sis> write_eqn alu2.eqn
```

SIS 工具中内置的 revert_io 命令能够实现对逻辑函数输出取反的功能，可用于 SOP-POS 算法中产生 $\bar{f}$ 的 SOP 描述。下面的例子对三输入与门 F = ABC 的输出 F 取反。

```
sis> read_blif and3.blif
sis> print
    {F} = A B C
sis> invert_io F
sis> collapse
sis> print
    {F} = A' + B' + C'
```

与 ABC 工具类似，SIS 可以加载运行由多条命令组成的脚本文件。下面的例子中，SIS 加载了一个简单的命令脚本文件，并执行了批处理操作。

```
sis> source sis.sc
read_blif alu2.blif
print_stats
alu2  pi=10 po= 6 node= 59 latch= 0 lits(sop)= 730 lits(ff)= 452
simplify
print_stats
alu2  pi=10 po= 6 node= 59 latch= 0 lits(sop)= 696 lits(ff)= 449
write_pla alu2.pla
```

SIS 工具的主要优势在于能够有效地将多级逻辑网络转化为 PLA 格式的二级网络，为 ESPRESSO 工具提供输入。

8.3.3　ESPRESSO 工具

ESPRESSO 是一款面向二级逻辑电路综合的工具。本书主要利用该工具计算逻辑函数的全部质蕴涵项和最小项，并进行逻辑方程化简和无关项优化。

ESPRESSO 工具仅支持 PLA 格式的二级网络，因此，首先需要借助 ABC 和 SIS 等工具将采用高层语言描述的设计（如 Verilog 文件）或多级逻辑网络转化为 PLA 格式文件，方可调用 ESPRESSO 的内置命令。ESPRESSO 工具最常用的两种输出格式分别是 PLA 和 EQN。在下面的例子中，ESPRESSO 工具首先读入设计 and3.pla，并将其分别以 PLA 和 EQN 格式输出。

```
>espresso -of and3.pla
.i 3
.o 1
.ilb A B C
.ob F
.p 1
111 1
.e
>espresso -oeqntott and3.pla
F = (A&B&C);
```

ESPRESSO 工具可实现二级逻辑的精确逻辑最小化（exact logic minimization）。在下面的例子中，ESPRESSO 工具对二级逻辑设计 alu2.pla 进行精确逻辑最小化，并将优化结果以 EQN 形式写入到 alu2_min.pla 文件中。

```
>espresso -oeqntott -Dexact alu2.pla > alu2_min.pla
```

ESPRESSO 工具还可实现逻辑函数最小项枚举功能。以 MUX-2 为例，假设其逻辑方程为 $F = SA + \overline{S}B$。下面的例子利用 ESPRESSO 工具对 MUX-2 的全部最小项进行枚举。

```
>espresso -oeqntott -Dminterms mux2.pla
F = (A&B&S) | (A&!B&S) | (A&B&!S) | (!A&B&!S);
```

在 5.3.4 节所介绍的完全和算法中,经常需要计算给定逻辑函数的完全和表达式(即逻辑函数全部质蕴涵项),ESPRESSO 工具即可实现这一功能。以逻辑函数 $F = AB + \overline{B}C + \overline{C}D + \overline{D}E$ 为例,以下采用 ESPRESSO 工具计算其全部质蕴涵项。

```
>espresso -oeqntott -Dexact glue5.pla
F = (A&B) | (!B&C) | (!C&D) | (!D&E);
>espresso -oeqntott -Dprimes glue5.pla
F = (A&B) | (A&C) | (!B&C) | (A&D) | (!B&D) | (!C&D) | (A&E) |
    (!B&E) | (!C&E) | (!D&E);
```

ESPRESSO 工具可从附录 2 中给出的地址获得。需要指出的是:ESPRESSO、SIS 和 ABC 工具都内嵌了 espresso 命令。该命令主要实现局部函数 SOP 的最小化功能,应当与本节所介绍的 ESPRESSO 工具加以区分。

8.3.4　ModelSim 工具

Mentor Graphics 公司的 ModelSim 是业界最优秀的 HDL 语言仿真软件,它能提供友好的仿真环境,是业界唯一的单内核支持 VHDL 和 Verilog 混合仿真的仿真器。它采用直接优化的编译技术、Tcl/Tk 技术和单一内核仿真技术,编译仿真速度快,编译的代码与平台无关,便于保护 IP 核,个性化的图形界面和用户接口,为用户加快调试提供强有力的手段,是 FPGA 和 ASIC 设计的首选仿真软件。本书利用 Mentor Graphics ModelSim 对 GLIFT 逻辑进行功能仿真和测试,并利用该软件对 GLIFT 逻辑的精确性进行分析。Mentor Graphics ModelSim 提供了用户界面和命令行两种操作方式。编写命令脚本并以命令行方式运行具有更高的自动化程度,因此,本书重点对命令行操作方式进行介绍。

要利用 Mentor Graphics ModelSim 对设计进行仿真,通常需要首先创建一个工作库,如 work,并完成设计库与当前工作库的映射。上述两个步骤可采用如下的命令来完成。

```
>vlib work
>vmap work work
```

接下来需要对采用 HDL(VHDL 或 Verilog 或两者混合)描述的设计进行编译。VHDL 文件需采用 vcom 命令编译,Verilog 文件则应采用 vlog 编译命令。对多个设计文件,可采用 * 作为通配符,一次性完成编译,如

```
>vcom *.vhd
>vlog *.v
```

编译完成后，即可对设计进行逻辑仿真。在 Mentor Graphics ModelSim 的命令/状态窗口中键入 vsim 命令即可启动仿真器。仿真时，若需要保留一些内部信号和未引用的信号，则应加 novopt 参数指定不对设计进行优化。以下面命令启动 Mentor Graphics ModelSim 仿真器，对顶层设计名为 tbTop 的设计进行仿真。

```
>vsim -novopt tbTOP
```

为了观测仿真结果，通常需要将设计的一些端口和内部信号加入到 Mentor Graphics ModelSim 的波形窗口中。可加入的数据类型大致分为三类：第一类是信号间的分隔符，第二类是单位宽的数据，第三类是多位宽的数据。在下面的例子中，首先加入一个信号分隔符，表明该分隔符与下一个分隔符之间的变量是输入信号；然后加入一个单位宽(Logic)的无符号型变量 clk，最后加入一个多位宽(Literal)的十六进制格式信号 key。

```
>add wave -noupdate -divider Inputs
>add wave -noupdate -format Logic -radix unsigned /tbTOP/clk
>add wave-noupdate-format Literal-radix hexadecimal /tbTOP/key
```

将信号加入波形窗口后，即可采用 run 命令启动仿真过程。可以指定仿真时间长度或者让仿真器一次完成全部仿真，如

```
>run 1ms
>run -all
```

Mentor Graphics ModelSim 还支持命令脚本文件，可将所有的命令写入一个.do 格式的仿真脚本文件中，然后用 Mentor Graphics ModelSim 的 do 命令加载该脚本文件，从而自动完成整个编译和仿真过程。例如，可以将上面所列举的所有命令存入 sim.do 文件，然后在 Mentor Graphics ModelSim 的命令/状态窗口中键入 do sim.do，即可执行该命令脚本文件中的所有命令。本书附录 3 中给出了 Mentor Graphics ModelSim 工具的脚本文件示例，供读者参考。

8.3.5　Design Compiler 工具

Design Compiler 是 Synopsys 公司综合软件的核心产品，它不仅提供约束驱动的时序最优化，并支持众多的设计类型，把设计者的 HDL 描述综合成与工艺相关的门级设计；而且能够从速度、面积和功耗等方面来优化组合电路和时序电路设计，并支持平直或层次化设计。本书利用 Design Compiler 通过逻辑综合将测试基准转化为门级网表，并对 GLIFT 逻辑的面积、速度、功耗等参数进行评估。

要使用 Design Compiler 工具对 GLIFT 的面积和性能参数进行评估，首先需将采用 HDL(VHDL 或 Verilog) 描述的设计读入，以下分别是读入 VHDL 或 Verilog 文件的例子。

```
>analyze -format vhdl {file1.vhd file2.vhd … filen.vhd}
>analyze -format verilog {file1.v file2.v … filen.v}
```

然后需要采用 elaborate 命令指定设计中顶层模块的名称，如

```
>elaborate top_module
```

对于时序逻辑电路，还需要指定时钟信号。这一步骤可采用 create_clock 命令完成，如指定 clk 为时钟信号。

```
>create_clock clk
```

需要对设计进行语法检查。这一步骤可能会返回一些错误和警告信息，设计者可根据这些信息对设计进行修改。下面的例子分别对单个设计和多个设计进行检查。

```
>check_design
>check_design -multiple_designs
```

语法检查完毕后，即可对设计进行编译。编译过程主要包括两个步骤：逻辑综合和工艺库映射。Design Compiler 提供了多种优化策略，如面积-速度平衡、面积优先、速度优先等。下面给出一些编译命令的例子。需要指出的是：对于中等和以上规模的设计，不同优化级别命令所需消耗的编译时间通常会存在较大差异，编译结果的面积和性能参数也会因为预选的优化策略而不同。

```
>compile
>compile_ultra
>compile_ultra -area_high_effort_script
>compile_ultra -delay_high_effort_script
```

编译结束后，设计即已成功映射至预设的工艺库，此时可查看目标设计的面积、延迟和功耗等参数。这一功能可通过分别调用 Design Compile 的 report_area、report_timing 和 report_power 命令来实现。

在 5.3.3 节所介绍的构造算法中，通常需要利用设计的门级网表。可利用 Design Compiler 工具将工艺映射后的设计导出为门级网表格式，这一过程可采用 write 命令来完成。

```
>write -f verilog top_module -output design_name.v
>write -f vhdl top entity -output design name.vhd
```

此外，本书在实验中还经常使用到 Design Compiler 强大的重命名功能。ABC 工具只能处理单位宽的变量(I/O 端口和内部信号)，因此，需将设计中的多位宽信号全部转换为单位宽的信号。下面的例子中，首先定义了所需的重命名规则，然后采用 change_names 命令对设计中的变量名进行转换。本书附录 4 中给出了

Design Compiler 工具的脚本文件示例，可供读者参考。

```
>define_name_rules name_rule -casesensitive
>define_name_rules name_rule -remove_port_bus
>define_name_rules name_rule -remove_internal_net_bus
>change_names -rule name_rule -hierarchy
```

Design Compiler 是 EDA 业界公认的一款优秀的商业逻辑综合工具。采用该工具进行面积、延迟和功耗等参数的评估能够更加准确地反映 GLIFT 逻辑的规模和复杂度。

8.4　测试信号源

在对 GLIFT 逻辑进行仿真测试的过程中，通常需要用到测试信号源。硬件电路设计中，最常用的测试信号源主要包括线性计数器和随机数发生器两大类，以下分别对其进行简要介绍。

8.4.1　计数器

计数器的特点是输出系列具有一定的规律和顺序，由这些变化规律和计数器的当前输出很容易预测下一组输出的值。计数器结构简单，通常可采用加法器或减法器来实现。代码 8.1 描述了一个 32 位(bit)的加法计数器。

代码8.1　32 位加法器的 Verilog 描述

```
01: module incr_counter(
02:   input clk,
03:   input reset,
04:   output reg [31:0] count);
05:
06:   always @(posedge clk, posedge reset) begin
07:     if (reset)
08:       count <= 0;
09:     else
10:       count <= count + 1;
11:     end
12:   end
13: endmodule
```

计数器在实际应用中具有易于实现，能够完整地覆盖整个测试状态空间，以及不受位宽限制等优点。特别是对于中等及其以下规模设计的测试，计数器信号源能够顺序地覆盖整个测试状态空间，从而能够有效保证测试的覆盖率。然而，计数器信号源也有它自身的不足。当设计规模较大，特别是输入端口数量较多时，虽然可采用计数器为其产生测试信号，但是，由于其输出会受到固定变化规律的约束，在有限的测试时间下往往只能覆盖到局部的测试状态空间。以一个包含100个二进制位输入的设计为例，其测试状态空间一共有 2^{100} 个状态。假设 CPU 每秒能够处理 2^{10} 个状态，则一共需要运行 2^{90} s 才能覆盖整个测试状态空间，并且计数器在有限的测试时间内能够覆盖到的状态仅分布在整个测试状态空间的一个很小的局部范围之内，大量更有意义的测试输入组合可能还没有被覆盖到。这正是计数器信号源的一个缺点，随机数信号源则能够较好地克服这一不足。

8.4.2　ModelSim 内置随机数发生器

Mentor Graphics ModelSim 仿真工具提供了一些系统函数，用于人机交互、控制仿真进程和提供仿真信号源。其中，$random 就是 Mentor Graphics ModelSim 工具内置的随机数函数。每次调用$random 函数可返回一个 32 bit 的随机数。在使用$random 函数时，若未指定随机数种子，则 Mentor Graphics ModelSim 将使用 modelsim.ini 中 Sv_Seed 变量的值作为随机数种子。如果没有手动修改 modelsim.ini 文件，则 Sv_Seed 变量的默认值为 0。因此，在未设置随机数种子时，$random 函数的输出序列每次也是完全相同的。在 Mentor Graphics ModelSim 工具中，可使用 vsim 命令加-sv_seed 参数来设置随机数种子。下面的例子中，分别采用一个固定整数和一个随机数作为$random 函数的种子。

```
>vsim -sv_seed 999
>vsim -sv_seed random
```

设置好随机数种子后，每次调用$random 函数即可返回一个 32 bit 的随机数。由于$random 函数是 Mentor Graphics ModelSim 工具的内置函数，所以可直接调用该函数用于随机数产生，无需额外的程序代码来实现，使用简便。但是该函数每次只能返回一个 32 位宽的整数。当设计输入的总位宽超过 32 bit 时，则需要多次调用该函数来产生一组测试输入。这将在一定程度上破坏测试向量的随机性，并可能造成测试状态空间的一些测试向量始终无法覆盖到，从而影响到测试的覆盖率。为克服这一不足，可采用输出位宽更大的随机数发生器，如移位寄存器。

8.4.3　线性反馈移位寄存器

线性反馈移位寄存器(LFSR)是指给定前一状态的输出，将该输出的线性函数再用于输入的移位寄存器。异或运算是最常见的线性函数：对寄存器输出的某些位进行异或操作后作为输入，再对寄存器中的各比特进行整体移位。图 8-4 给出了一个线性反馈移位寄存器的例子。

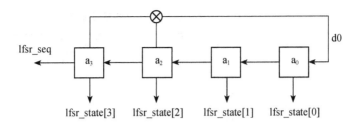

图 8-4　线性反馈移位寄存器示例

图 8-4 中的线性反馈移位寄存器的 Verilog 实现如代码 8.2 所示。其中，lfsr_state是移位寄存器的状态输出，lfsr_seq 是移位寄存器的序列输出。实际测试中，可采用其状态输出作为测试输入。

代码 8.2　线性反馈移位寄存器的 Verilog 实现

```
01: module lfsr_counter(
02:   input clk,
03:   input reset,
04:   output reg lfsr_seq,
05:   output reg [3:0] lfsr_state);
06:   wire d0;
07:
08:   xnor(d0, lfsr_state[3], lfsr_state[2]);
09:   assign lfsr_seq = lfsr_state[3];
10:   always @(posedge clk,posedge reset) begin
11:     if (reset)
12:       lfsr_state <= 0;
13:     else begin
14:       lfsr_state <={lfsr_state[2:0], d0};
15:     end
16:   end
17: endmodule
```

通过调节反馈位置(也称为反馈系数)和控制寄存器复位条件，即可得到不同长度的随机数序列。表 8-1 给出了从 3～168 位宽线性反馈移位寄存器的反馈系数，可供读者设计时参考。

表 8-1　一些线性反馈移位寄存器的反馈系数

级数	反馈系数	级数	反馈系数	级数	反馈系数	级数	反馈系数
3	3,2	45	45,44,42,41	87	87,74	129	129,124
4	4,3	46	46,45,26,25	88	88,87,17,16	130	130,127
5	5,3	47	47,42	89	89,51	131	131,130,84,83
6	6,5	48	48,47,21,20	90	90,89,72,71	132	132,103
7	7,6	49	49,40	91	91,90,8,7	133	133,132,82,81
8	8,6,5,4	50	50,49,24,23	92	92,91,80,79	134	134,77
9	9,5	51	51,50,36,35	93	93,91	135	135,124
10	10,7	52	52,49	94	94,73	136	136,135,11,10
11	11,9	53	53,52,38,37	95	95,84	137	137,116
12	12,6,4,1	54	54,53,18,17	96	96,94,49,47	138	138,137,131,130
13	13,4,3,1	55	55,31	97	97,91	139	139,136,134,131
14	14,5,3,1	56	56,55,35,34	98	98,87	140	140,111
15	15,14	57	57,50	99	99,97,54,52	141	141,140,110,109
16	16,15,13,4	58	58,39	100	100,63	142	142,121
17	17,14	59	59,58,38,37	101	101,100,95,94	143	143,142,123,122
18	18,11	60	60,59	102	102,101,36,35	144	144,143,75,74
19	19,6,2,1	61	61,60,46,45	103	103,94	145	145,93
20	20,17	62	62,61,6,5	104	104,103,94,93	146	146,145,87,86
21	21,19	63	63,62	105	105,89	147	147,146,110,109
22	22,21	64	64,63,61,60	106	106,91	148	148,121
23	23,18	65	65,47	107	107,105,44,42	149	149,148,40,39
24	24,23,22,17	66	66,65,57,56	108	108,77	150	150,97
25	25,22	67	67,66,58,57	109	109,108,103,102	151	151,148
26	26,6,2,1	68	68,59	110	110,109,98,97	152	152,151,87,86
27	27,5,2,1	69	69,67,42,40	111	111,101	153	153,152
28	28,25	70	70,69,55,54	112	112,110,69,67	154	154,152,27,25
29	29,27	71	71,65	113	113,104	155	155,154,124,123
30	30,6,4,1	72	72,66,25,19	114	114,113,33,32	156	156,155,41,40
31	31,28	73	73,48	115	115,114,101,100	157	157,156,131,130
32	32,22,2,1	74	74,73,59,58	116	116,115,46,45	158	158,157,132,131
33	33,20	75	75,74,65,64	117	117,115,99,97	159	159,128
34	34,27,2,1	76	76,75,41,40	118	118,85	160	160,159,142,141
35	35,33	77	77,76,47,46	119	119,111	161	161,143
36	36,25	78	78,77,59,58	120	120,113,9,2	162	162,161,75,74
37	37,5,4,3,2,1	79	79,70	121	121,103	163	163,162,104,103
38	38,6,5,1	80	80,79,43,42	122	122,121,63,62	164	164,163,151,150
39	39,35	81	81,77	123	123,121	165	165,164,135,134
40	40,38,21,19	82	82,79,47,44	124	124,87	166	166,165,128,127
41	41,38	83	83,82,38,37	125	125,124,18,17	167	167,161
42	42,41,20,19	84	84,71	126	126,125,90,89	168	168,166,153,151
43	43,42,38,37	85	85,84,58,57	127	127,126		
44	44,43,18,17	86	86,85,74,73	128	128,126,101,99		

注：表中寄存器的反馈系数均从 1 开始，实际应用中可能需改为从 0 开始。

8.4.4 非线性反馈移位寄存器

在反馈移位寄存器结构中，除了线性反馈移位寄存器，还有非线性反馈移位寄存器（Nonlinear Feedback Shift Register，NFSR）。非线性反馈移位寄存器与线性反馈移位寄存器的主要差别在于其反馈函数为非线性函数。非线性反馈移位寄存器主要有两种反馈方式：Fibonacci 型和 Galois 型。相应地，非线性反馈移位寄存器也有两种实现方式：一种是 Fibonacci 方式，该方式只在最后一个比特寄存器上进行反馈；另一种是 Galois 方式，在这种反馈方式中，每一个比特寄存器均可存在反馈。

在 Fibonacci 方式中，各个比特寄存器之间是简单的平移关系。而在 Galois 方式中，各个寄存器之间的关系比较复杂。很多 Fibonacci 型非线性反馈移位寄存器拥有的性质对 Galois 型非线性反馈移位寄存器并不成立。例如，由 Fibonacci 方式生成的序列，其周期总是与 Fibonacci 型非线性反馈移位寄存器状态的周期相同，但是 Galois 型非线性反馈移位寄存器生成的序列周期则可能仅是 Galois 型非线性反馈移位寄存器状态周期的真因子。值得注意的是，一个由 Fibonacci 方式生成的序列集合总是可以通过某个同级数的 Galois 型非线性反馈移位寄存器来生成；反之，则不一定成立。非线性反馈移位寄存器示例，如图 8-5 所示。

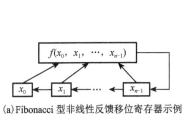

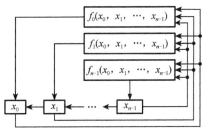

(a) Fibonacci 型非线性反馈移位寄存器示例　　　(b) Galois 型非线性反馈移位寄存器示例

图 8-5 非线性反馈移位寄存器示例

可见，线性反馈移位寄存器只是 Fibonacci 型非线性反馈移位寄存器的一种特殊化情况。在实际测试与验证过程中，也可利用非线性反馈移位寄存器结构，通过选择适当的反馈函数来产生测试输出序列。

8.5 本 章 小 结

本章对 GLIFT 的实验验证方法和相关测试与验证工具进行了讨论，主要包括 GLIFT 逻辑精确性和复杂度分析，以及 GLIFT 逻辑静态测试与验证的相关方法和流程；此外，还对测试与验证中常用的仿真、验证和综合工具，以及测试信号源进行了简要介绍。在第 9 章中将在此基础上结合设计实例来讨论 GLIFT 方法的实际应用。

第 9 章　测试与验证实例

本章以 I²C 总线控制器、USB 总线控制器、AES 密码算法核和 ALU 为设计实例,介绍 GLIFT 在实际安全测试与验证中的应用。为便于理解,本书仅采用一些较为简单的设计实例,但是本书所讨论的测试与验证方法同样适用于更大规模的设计。

9.1　I²C 总线控制器的测试

I²C 总线是由飞利浦(PHILIPS)公司开发的两线式串行总线,常用于连接微控制器及其外围设备,是微电子通信控制领域广泛采用的一种总线标准。

I²C 总线结构简单,仅由一条数据线(Serial Data,SDA)和一条时钟线(Serial Clock,SCL)组成。I²C 总线协议允许接入多个设备,并支持多主设备(I²C master device)工作模式,但每次通信活动中仅有一个主设备。I²C 总线中的设备既可以作为主设备也可以作为从设备(I²C slave device),既可以是发送器也可以是接收器。总线按照一定的通信协议进行数据交换,在每次数据交换开始,作为主设备的器件需要通过总线竞争获得主控权,并启动一次数据交换。系统中各个设备都具有唯一的地址,各设备之间通过寻址确定数据接收方。I²C 总线的系统结构如图 9-1 所示。

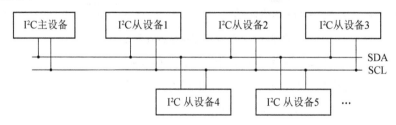

图 9-1　I²C 总线的系统结构

由图 9-1 可见,I²C 总线是一种共享总线结构,多个 I²C 设备共享数据线和时钟线进行通信。这种共享总线结构的优点在于总线结构紧凑,占用芯片的 I/O 引脚较少,能够有效降低硬件设计的难度。然而这种共享结构也会导致严重的安全隐患。如果未对 I²C 控制器进行必要的处理,则在主设备与某从设备通信的过程中，恶意的 I^2C 设备可观测到共享数据线上的传输内容，从而窃取敏感信息。即使所传输的敏感信息是经加密保护的，但在通信握手阶段，目标设备的地址仍必须以明文形式传输，并且所有从设备都始终能够接收到总线时钟信号。因此，恶意的 I^2C 设备可能通过目标设备地址和时钟信号来检测总线活动，从而引发时间隐通道并导致间接的信息泄露。

　　本书采用 GLIFT 方法对 I^2C 共享总线结构下的安全威胁进行测试与分析，并给出一种消除这些安全威胁的方法。在本书所采用的测试用例中，I^2C 总线系统具有一个主设备和两个从设备。假设主设备和从设备 1 在初始状态下是可信的(即未受污染的，以白色来表示)，而从设备 2 在初始状态下是不可信的(即受污染的，以灰色来表示)，并假设 I^2C 总线系统的时钟信号是始终可信的。图 9-2 所示为被测 I^2C 总线系统的初始状态。

图 9-2　被测 I^2C 总线系统的初始状态

　　首先，I^2C 主设备向从设备 1 写入一条信息。由于主设备和从设备 1 都是可信的，而从设备 2 在检测到目标设备地址为从设备 1 时，不参与总线通信，所以通信结束后，从设备 1 的状态仍然是可信的。然后，I^2C 主设备由从设备 1 读取一条信息。类似地，通信结束后，从设备 1 的状态仍然是可信的。

　　为了使用 GLIFT 方法对上述通信活动进行分析，采用第 5 章中所介绍的 GLIFT 逻辑生成算法为被测 I^2C 总线系统中的每一个设备产生 GLIFT 逻辑。加入 GLIFT 逻辑后的 I^2C 总线系统如图 9-3 所示。

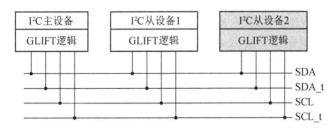

图 9-3　加入 GLIFT 逻辑后的 I^2C 总线系统

首先，采用 Verilog 语言对图 9-3 所示的 I²C 总线系统进行描述，然后利用 Mentor Graphics ModelSim 工具对上述写操作过程进行仿真测试，仿真结果如图 9-4 所示。由图 9-4 可知，I²C 从设备 1 内部状态寄存器的 GLIFT 逻辑 state_S_t 始终保持为逻辑 '0' 状态，即表明 I²C 从设备 1 的信任状态未受到上述写操作的影响。

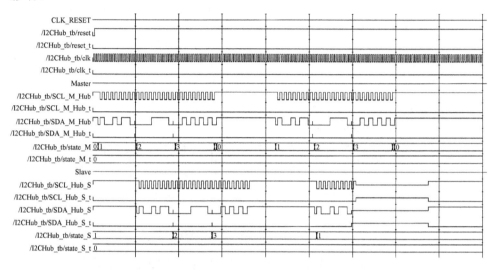

图 9-4　可信主设备对可信从设备 1 进行写操作

上述写操作完成后，I²C 主设备向从设备 2 写入一条信息。此时主设备是可信的，从设备 2 是不可信的，从设备 1 在检测到目标地址为从设备 2 时不参与通信活动。虽然在此通信过程中信息是由可信的主设备流向不可信的从设备 2 的，但是由于 I²C 总线采用了应答机制，所以当一个字节传输完毕后，消息接受者会向主消息发送者返回一个 ACK 应答信号。在上述写操作中，该 ACK 信号来自不可信的从设备 2。因此，在发送 ACK 应答时，I²C 总线的数据信号 SDA 的 GLIFT 逻辑将被置为逻辑 '1'，表明该应答信号是不可信的。主设备接收到 ACK 信号后，其内部状态机将根据 ACK 信号状态跳转至下一状态，包含于 ACK 信号中的受污染信息流向了主设备状态机的状态寄存器，因此，主设备内部状态机的 GLIFT 逻辑也将相应被置位，变为不可信状态。进一步地，主设备的运行状态受状态机的控制，包含于状态寄存器中的污染信息将很快导致整个主设备变为不可信状态。图 9-5 所示的仿真结果显示了这一过程，其中，主设备状态寄存器的 GLIFT 信号 state_M_t 从初始的 0 状态经由 3 状态最后变成 7 状态，至此，状态寄存器的 GLIFT 逻辑全部置位，状态寄存器完全成为不可信状态。

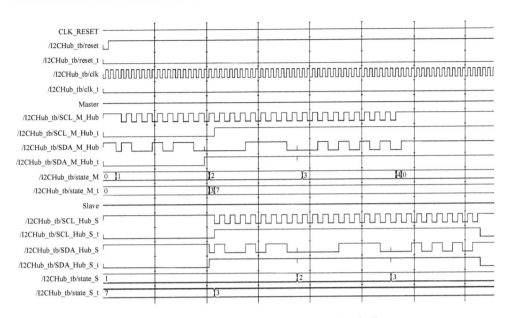

图 9-5　可信主设备对不可信从设备 2 进行写操作

图 9-6 所示为被测 I^2C 总线系统经过上述写操作后的信任状态，即主设备和从设备 2 均变为不可信状态。

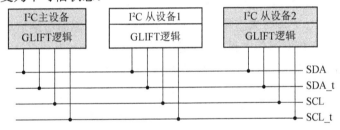

图 9-6　可信 I^2C 主设备向不可信从设备 2 写入数据后的系统状态

随后，已经变为不可信状态的主控制器继续向可信的从设备 1 写入一条消息。由于主设备是不可信的，在写入命令字时，I^2C 总线数据信号 SDA 的 GLIFT 逻辑将被置位，从设备 1 的内部状态机根据命令字的类型进行跳转，与此同时，其内部状态机也将变为不可信状态。图 9-7 所示的仿真结果显示了这一过程。其中，从设备状态机状态信号的 GLIFT 逻辑 state_S_t，由初始的 0 状态转变为 3 状态，表明状态寄存器已受到污染，变为不可信状态。

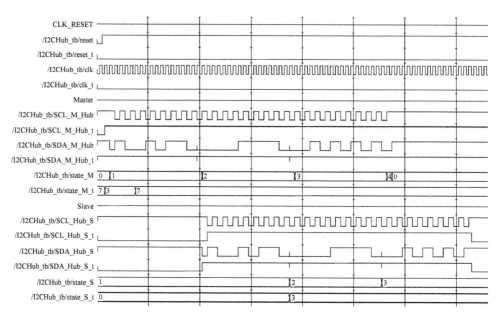

图 9-7　不可信主设备对可信从设备 1 进行写操作

在可信主设备向不可信从设备 2 写入一条消息，并继而向可信的从设备 1 写入一条消息后，整个 I²C 总线系统中的设备均变为不可信状态。在此过程中，从设备 1 和从设备 2 之间并未直接进行通信和数据交换，然而污染信息首先经由应答状态信号 ACK 流向可信主设备，并进一步流向了可信的从设备 1，上述写操作导致了一条由不可信从设备 2 到可信从设备 1 的时间隐通道。

为了消除上述隐通道，设计者通常采用物理隔离或者时钟模糊技术。物理隔离技术需对共享资源进行复制，以防止因关键资源共享所引发的干扰。在 I²C 总线架构中，物理隔离技术需对数据线（SDA）和时钟信号线（SCL）进行复制，从而保证每对主设备和从设备都独享一条 SDA 和 SCL 进行通信。这样存在两方面问题：一方面完全破坏了 I²C 总线的拓扑结构和其结构紧凑的优点；另一方面大多 I²C 设备都只有一对 SDA 和 SCL，没有额外的 I/O 接口来实现隔离。时钟模糊技术通过增大信道的熵来防止攻击者通过时序分析来获取敏感信息[40]。该方法人为地向不可信设备的时钟信号中引入一些错误的时序信息，从而防止攻击者通过总线活动分析来获取敏感信息。实践证明：该方法除了造成更高的信噪比和降低信道带宽，根本无法有效地消除时间隐通道[41]。因此，本书引入图 9-8 所示的 TDMA 机制，实现不同从设备之间的严格隔离，防止它们之间的相互干扰。

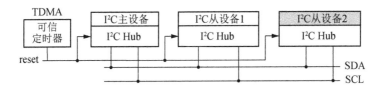

图 9-8 引入 TDMA 机制后的 I²C 总线结构

在图 9-8 所示的 TDMA 机制中,系统需维护一个可信的定时器,并且每个 I²C 设备需通过一个 I²C Hub 才能连入总线系统。可信定时器的作用是实现 TDMA 机制,为每个 I²C 总线设备分配固定的时间片用于数据传输。当定时器溢出后,当前数据传输活动即结束,定时器会发送一个复位信号,将所有初始状态下可信的设备的内部状态恢复至可信。可信定时器可控制污染状态的传播,从而将不可信设备的影响控制在一定的范围内。除此之外,新的 I²C 总线结构中还引入了 Hub 控制器,用于控制 I²C 设备的连入。这些 Hub 控制器是可信的,当 Hub 控制器检测到当前数据传输的目标地址与 Hub 控制器上连接的 I²C 设备的地址不符时,即将该 Hub 控制器上所连接的 I²C 设备从 I²C 总线上断开,从而防止恶意 I²C 设备监听通信活动内容。

类似地,可以采用 GLIFT 方法对其他共享总线(如 USB、AMBA、PCI 总线等)结构中的有害隐通道进行监测,并进而提出消除这些有害隐通道的方法。读者可选择具体设计进行尝试,本书不再一一讨论。

9.2 AES 密码算法核的测试与验证

本书选用 Trust-Hub 硬件安全测试基准集中 AES-T1700 测试基准进行静态测试与验证分析[155]。Trust-Hub 测试基准集的获取地址见附录 2。如图 9-9 所示,AES-T1700 测试基准中包含一个硬件木马。该木马程序通过 AES 密码算法核芯片上的一个未分配引脚发射一个射频(Radio Frequency,RF)信号,从而达到泄露密钥信息的目的。采用 GLIFT 方法对 AES-T1700 测试基准中的硬件木马进行检测,首先采用 Synopsys Design Compiler 工具将其综合为门级网标,然后利用 BDD-MUX 算法为该测试基准生成 GLIFT 逻辑,最后在二级线性安全格(LOW ⊏ HIGH)下将所生成的 GLIFT 逻辑的形式化描述转换成布尔逻辑描述。

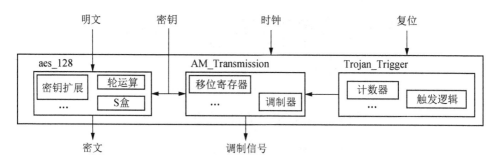

图 9-9　AES-T1700 测试基准的结构框图

代码 9.1 中的 Verilog 语句块显示了 RF 模块的原始设计和相应的 GLIFT 逻辑，其中变量 SHIFTReg 包含了密钥信息。

代码 9.1　AES-T1700 测试基准中 RF 模块的原始设计和相应的 GLIFT 逻辑

```
01: assign beep1 = !(Baud8GeneratorACC[25]
                   | Baud8Generator ACC[24]
                   | Baud8GeneratorACC[23] );
02: assign beep2 = !(Baud8GeneratorACC[25]
                   |!(Baud8Generator ACC[24] )
                   | Baud8GeneratorACC[23] )
                   & SHIFTReg[0];
03: assign beeps = beep1 | beep2;
04: assign MUX_Sel = beeps & Baud8GeneratorACC[15]
                   & Baud8GeneratorACC[4];
05: assign Antena = (MUX_Sel ) ? !(rst): 1'b0;
06: assign beep2_t = !(Baud8GeneratorACC[25]
                    |!(Baud8GeneratorACC[24])
                    |Baud8GeneratorACC[23])
                    &SHIFTReg_t[0];
07: assign beeps_t = ~beep1 & beep2_t;
08: assign MUX_Sel_t = Baud8GeneratorACC[15]
                     & Baud8Genera torACC[4] & beeps_t;
09: assign Antena_t = !rst & MUX_Sel_t;
```

在测试与验证过程中，重点关注硬件木马导致的密钥信息泄露问题，不对密钥、明文、密文和其他状态信号的安全级别进行细致的区分。因此，将密钥的污染标签设置为全 '1'（$key_t = 128'bFFFF\_FFFF\_FFFF\_FFFF\_FFFF\_FFFF\_FFFF\_FFFF$），而其他所有信号的污染标签设置为 '0'，以表征密钥信号是保密的，其他信号是非保密的[①]。

---

① 密码算法中，明文也应是保密的，此处重点关注密钥泄露问题。

使用 ABC 工具内置的 SAT 命令验证密钥是否会泄露向任何输出。由于只有 aes_128 和 AM_Transmission 两个模块引用了密钥信号,而密钥经由 aes_128 模块中的密码运算后必然流向密文输出,所以仅需分析 AM_Transmission 模块是否会导致密钥泄露。如图 9-10 所示,验证结果显示:AM_Transmission 模块中的输出信号 Antena(调制信号)的 GLIFT 逻辑是布尔可满足的。验证结果表明:在某种给定的输入组合下,Antena 信号的安全级别是可能为保密的,即密钥在特定输入组合下会流向输出 Antena。

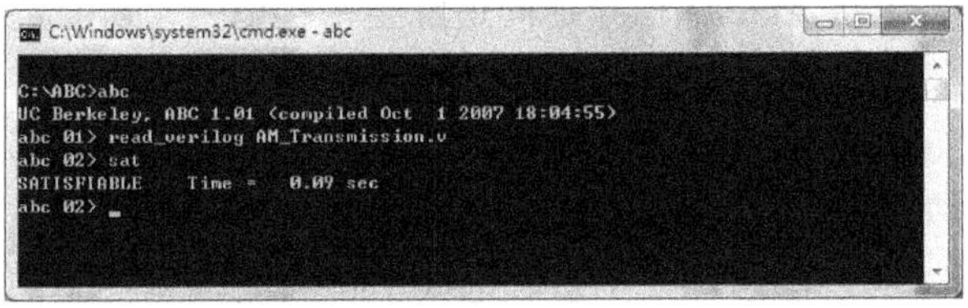

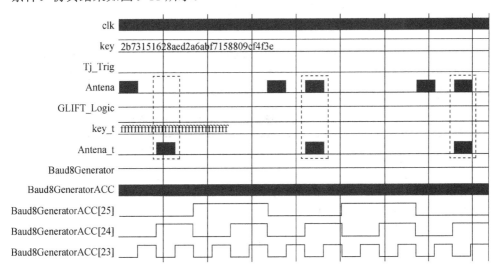

图 9-10 AM_Transmission 模块输出信号 GLIFT 逻辑的布尔可满足性验证结果

为了进一步对 AES-T1700 测试基准发生密钥泄露的条件进行分析,可采用 Mentor Graphics ModelSim 工具通过静态仿真测试来捕捉密钥流向 Antena 信号的条件。仿真结果如图 9-11 所示。

图 9-11 AES-T1700 测试基准的静态仿真测试结果

由图 9-11 可知,当 Baud8GeneratorACC[25:23] = "010" 时(虚线框中的部分),AES-T1700 测试基准的 GLIFT 逻辑显示密钥信号流向输出 Antena,此时 Antena 信号的 GLIFT 逻辑 Antena_t 被置'1',表明该信号包含了保密类型的信息。通过观测 Antena 信号可以发现,在第 1 个虚线框中,Antena 信号泄露了一比特的 '0',

而在第 2 和第 3 个虚线框中,Antena 信号分别泄露了一比特的 '1'。这三位正好是密钥信息的最低四个二进制位 0xE 中的三位。这三位通过一个移位寄存器泄露至 Antena 信号,当仿真时间足够长时,全部 128 位密钥将通过 Antena 信号发生泄露。在上述虚线框之外的位置,即使 Antena 也有翻转活动,但是其 GLIFT 逻辑 Antena_t 始终保持为 '0',因此,Antena 信号在这些位置上并未泄露密钥信息。

在 AES-T1700 测试基准例子中,首先采用静态验证方法确定密钥信息是否会发生泄露,然后进一步地采用静态仿真测试方法来确定该设计发生密钥泄露的条件。更进一步地,可从 Antena 信号逆向追踪至密钥信号,从而定位引发密钥泄露的安全漏洞。

由于静态验证是一种形式化方法,而形式化验证方法与仿真测试方法相比,可在相同时间内处理更大的状态空间,并且形式化验证方法在理论上可以处理无限大的状态空间,所以静态验证的效率远高于仿真测试。首先采用静态验证排除一些不会引发安全问题的输出,并将仿真测试的对象定位于某些特定的输出上,能够有效降低整个测试与验证过程所需的时间,因此,这种静态验证与仿真测试相结合的设计方法能够有效提高测试与验证的效率。

9.3　ALU 的测试与验证

本书以一个简单的 4 位 ALU 为例,说明 GLIFT 在 ALU 和上层软件测试与验证中的应用。被测 ALU 一共支持 14 条指令,指令、操作数和输出结果均为 4 位宽。表 9-1 给出了被测 ALU 所支持的指令类型和输出格式。

表 9-1　被测 ALU 所支持的指令类型和输出格式

指令符号	指令代码	指令格式	指令输出	说明
RESET	0000	RESET	F = 4'b0000	复位
SET	0001	SET	F = 4'b1111	置位
ADD	0010	ADD OPERA, OPERB	F= OPERA + OPERB	加法
SUB	0011	SUB OPERA, OPERB	F = OPERA−OPERB	减法
AND	0100	AND OPERA, OPERB	F = OPERA & OPERB	逻辑与
OR	0101	OR OPERA, OPERB	F = OPERA	OPERB	逻辑或
NOT	0110	NOT OPERA	F = ~OPERA	逻辑非
XOR	0111	XOR OPERA, OPERB	F = OPERA ^ OPERB	逻辑异或
SHR	1000	SHR OPERA	F = OPERA >> 1	逻辑右移
SHL	1001	SHL OPERA	F = OPERA << 1	逻辑左移
SAR	1010	SAR OPERA	F = {OPERA [3], OPERA [3:1] }	算术右移
SAL	1011	SAL OPERA	F = OPERA << 1	算术左移
CSR	1100	CSR OPERA	F = {OPERA[0], OPERA[3:1]}	循环右移
CSL	1101	CSL OPERA	F = {OPERA[2:0], OPERA[3]}	循环左移

代码 9.2 是被测 ALU 的 Verilog 描述。

代码 9.2　被测 ALU 的 Verilog 描述

```
01:  module ALU(INSTR, OPERA, OPERB, F);
02:    input [3:0] INSTR;
03:    input [3:0] OPERA, OPERB;
04:    output [3:0] F;
05:    reg [3:0] F;
06:
07:    always @ (INSTR or OPERA or OPERB)
08:      case (INSTR)
09:        4'b0000: F = 4'b0000;      // 复位
10:        4'b0001: F = 4'b1111;      // 置位
11:        4'b0010: F = OPERA + OPERB;   // 加法
12:        4'b0011: F = OPERA - OPERB;   // 减法
13:        4'b0100: F = OPERA & OPERB;   // 逻辑与
14:        4'b0101: F = OPERA | OPERB;   // 逻辑或
15:        4'b0110: F = ~OPERA;        // 逻辑非
16:        4'b0111: F = OPERA ^ OPERB;   // 逻辑异或
17:        4'b1000: F = OPERA >> 1;     // 逻辑右移
18:        4'b1001: F = OPERA << 1;     // 逻辑左移
19:        4'b1010: F = {OPERA [3], OPERA [3:1]};// 算术右移
20:        4'b1011: F = OPERA << 1; // 算术左移
21:        4'b1100: F = {OPERA[0], OPERA[3:1]}; // 循环右移
22:        4'b1101: F = {OPERA[2:0], OPERA[3]}; // 循环左移
23:        default: F = 4'b0000;
24:      endcase
25: endmodule
```

在上述 ALU 的 Verilog 描述基础上，可采用 Synopsys Design Compiler 综合工具对 ALU 设计进行逻辑综合，以生成门级网表。进一步地，可采用第 5 章所介绍的 GLIFT 逻辑生成算法为其产生相应的 GLIFT 逻辑。然后可采用 GLIFT 方法对被测 ALU 设计和上层应用程序进行信息流安全测试与验证。

（1）假设操作数 OPERA=0x0A，并且是可信的（OPERA_t=4'b0）；操作数 OPERB=0x05，也是可信的（OPERB_t=4'b0）；而指令是不可信的（INSTR_t=4'b1111，即 4'hF）。在不同指令输入情况下对 ALU 及其 GLIFT 逻辑进行仿真测试，其结果如图 9-12 所示。

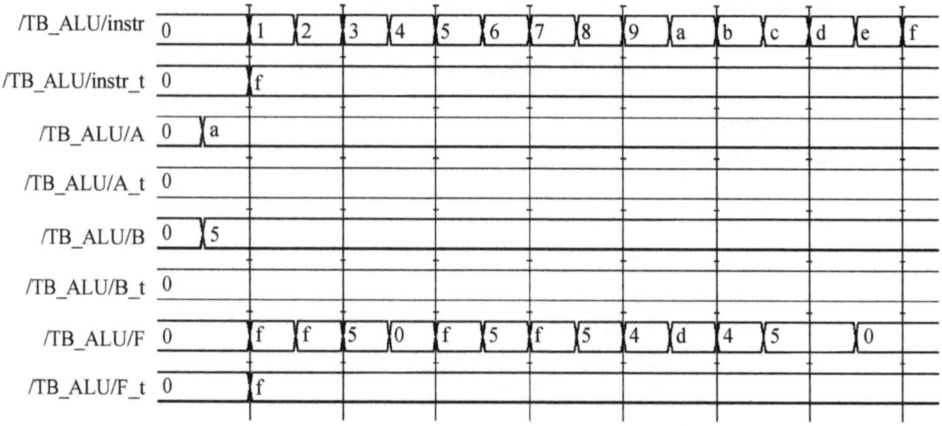

/TB_ALU/instr　0 ∣ 1 ∣ 2 ∣ 3 ∣ 4 ∣ 5 ∣ 6 ∣ 7 ∣ 8 ∣ 9 ∣ a ∣ b ∣ c ∣ d ∣ e ∣ f

/TB_ALU/instr_t　0 ∣ f

/TB_ALU/A　0 ∣ a

/TB_ALU/A_t　0

/TB_ALU/B　0 ∣ 5

/TB_ALU/B_t　0

/TB_ALU/F　0 ∣ f ∣ f ∣ 5 ∣ 0 ∣ f ∣ 5 ∣ f ∣ 5 ∣ 4 ∣ d ∣ 4 ∣ 5 ∣ 0

/TB_ALU/F_t　0 ∣ f

图 9-12　ALU 及其 GLIFT 逻辑在指令不可信情况下的仿真结果

由图 9-12 可知，初始状态下，当指令为 RESET 时，指令是可信的（INSTR_t=4'b0），此时，F_t=4'b0，表明输出结果 F=4'b0 是可信的。此后，指令变为不可信（INSTR_t=4'b1111），此时，尽管两个操作数 OPERA 和 OPERB 一直都是可信的，但输出结果一直是不可信的。在上述仿真情形下，仅将指令的最低位设置为不可信（INSTR_t=4'b0001），并通过仿真测试来确定指令类型对运算结果可信度的影响，其结果见图 9-13。可见，指令的最低位在某些情况下只对输出结果的部分位存在影响，F_t 并不一定所有的位都被置位。

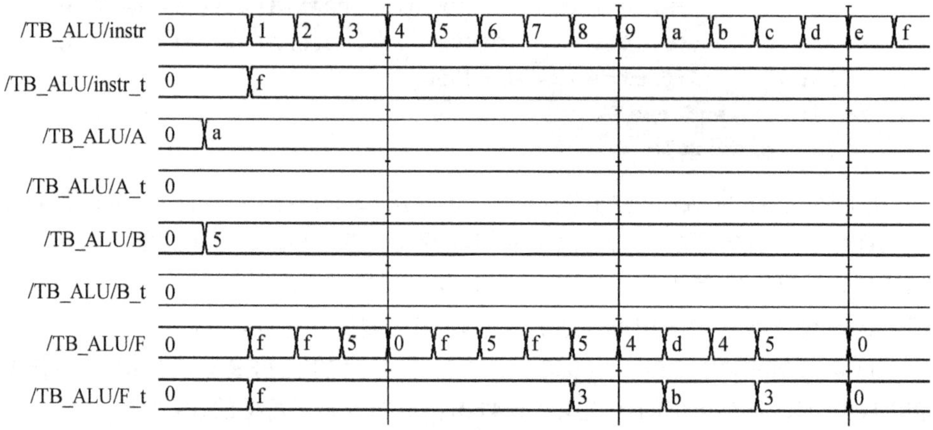

/TB_ALU/instr　0 ∣ 1 ∣ 2 ∣ 3 ∣ 4 ∣ 5 ∣ 6 ∣ 7 ∣ 8 ∣ 9 ∣ a ∣ b ∣ c ∣ d ∣ e ∣ f

/TB_ALU/instr_t　0 ∣ f

/TB_ALU/A　0 ∣ a

/TB_ALU/A_t　0

/TB_ALU/B　0 ∣ 5

/TB_ALU/B_t　0

/TB_ALU/F　0 ∣ f ∣ f ∣ 5 ∣ 0 ∣ f ∣ 5 ∣ f ∣ 5 ∣ 4 ∣ d ∣ 4 ∣ 5 ∣ 0

/TB_ALU/F_t　0 ∣ f ∣ 3 ∣ b ∣ 3 ∣ 0

图 9-13　ALU 及其 GLIFT 逻辑在指令最低位不可信情况下的仿真结果

（2）假设操作数 OPERA=0x0A，并且是不可信的（OPERA_t=4'b1111）；操作数 OPERB=0x05，也是可信的（OPERB_t=4'b0）；而指令是可信的（INSTR_t=4'b0）。在不同指令输入情况下对 ALU 及其 GLIFT 逻辑进行仿真测试，其结果如图 9-14 所示。

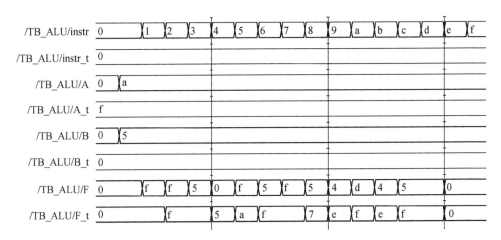

图 9-14 ALU 及其 GLIFT 逻辑在操作数 OPERA 不可信情况下的仿真结果

由于指令 RESET 和 SET 与操作数 OPERA 无关，所以尽管操作数 OPERA 是不可信的，但它对结果的可信度不存在影响。此外，对于"逻辑与"指令（INSTR=0'b0100），由于 OPERA=0x1010，OPERB=0x0101，OPERA 决定了输出的次高位和最低位，OPERB 决定了输出的最高位和次低位，所以输出结果的GLIFT 污染标签的次高位和最低位应该被置为逻辑'1'，而最高位和次低位应该被置为逻辑'0'。类似地，可以对其他指令下的情形进行分析。

（3）假设操作数 OPERA=0x0A，并且是可信的（OPERA_t=4'b0）；操作数OPERB=0x05，是不可信的（OPERB_t=4'b1111），而指令是可信的（INSTR_t=4'b0）。在不同指令输入情况下对 ALU 及其 GLIFT 逻辑进行仿真测试，其结果如图 9-15所示。

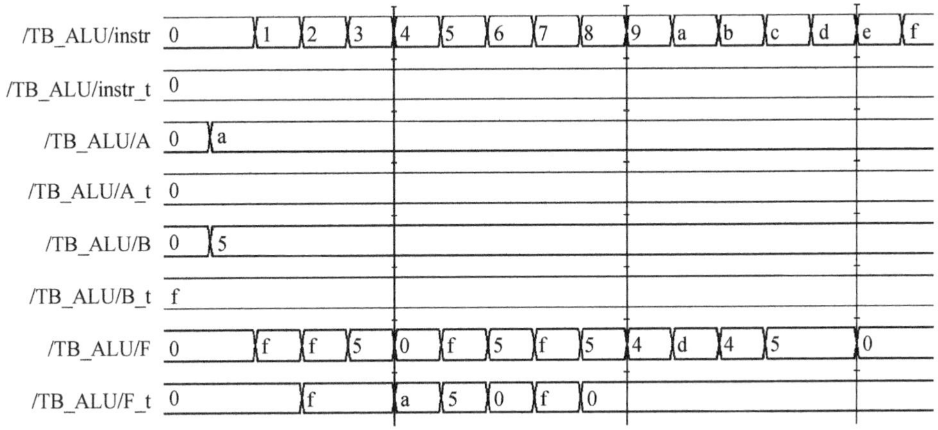

图 9-15 ALU 及其 GLIFT 逻辑在操作数 OPERB 不可信情况下的仿真结果

　　类似地，读者可根据实际情况分别设置操作数 OPERA、OPERB，指令 INSTR
的值和污染标签(可信标志位)，进行相应的仿真操作，并根据仿真结果来确定操
作数和指令对输出的实际影响。根据信息流的定义，这种实际影响反映了信息的
流动。因此，通过基于 GLIFT 逻辑的仿真测试可以观测到信息从操作数和指令向
输出结果的流动情况，能够实现对硬件设计中数据流的精确度量。

　　进一步地，可以借助 ALU 的 GLIFT 逻辑的信息流度量能力实现对软件程序
中信息流的度量。给定一个指令集架构，若其硬件设计是采用 HDL 描述的(或者
是可逻辑综合的网表)，则可直接采用第 5 章中介绍的算法为其产生 GLIFT 逻辑，
所生成的 GLIFT 逻辑即可实现对硬件架构中全部逻辑信息流的精确度量。若给定
指令集架构的硬件设计是半定制或者全定制的，则需根据其指令集描述，采用
HDL 对指令集中的每一条指令进行描述，然后采用第 5 章所介绍的算法为每一条
指令构建精确的信息流模型，并采用 GLIFT 逻辑对其信息流模型进行描述。为了
实现对软件安全性的测试与验证，首先应根据软件程序中数据的来源对程序的安
全级别进行划分，例如，来自开放网络并且未经加密保护的数据通常是不可信的，
而来自虚拟专用网络(Virtual Private Network，VPN)的数据则一般是可信的。划
分完毕后，即可将软件随指令集架构或指令的信息流模型进行联合仿真，利用硬
件架构的信息流度量能力实现对软件程序中信息流的度量，检测敏感信息是否流
向了非保密域，以及可信计算环境是否受到不可信输入的影响。图 9-16 所示为基
于 GLIFT 的软件联合测试与验证流程。

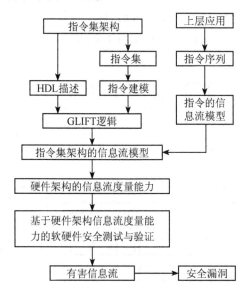

图 9-16　基于 GLIFT 的软件联合测试与验证流程

本书以一位全加器为例，说明指令信息流模型的构建方法。全加器的逻辑函数表达式为

$$sum = A \cdot B + A \cdot Cin + B \cdot Cin$$
$$Cout = A \oplus B \oplus Cin$$

(9-1)

式中，sum 为和，Cin 为进位输入，Cout 为进位输出。

由式 (9-1) 可知，一位加法指令可采用逻辑与、逻辑或和逻辑异或算法来描述，因此，可基于本书 3.3 节或 4.4 节中基本门 GLIFT 逻辑来构建指令的信息流模型。

进一步地，可采用类似的方法构建处理器指令集中的每条指令的信息流模型，从而实现对每条指令中信息流的精确度量。对于一条指令，可采用 HDL，如 VHDL 和 Verilog 对其进行 RTL (Register Transfer Level) 描述，然后由逻辑综合工具将其综合并映射至标准单元库。逻辑综合过程即完成了粗粒度指令向细粒度逻辑运算的分解操作。在上述分解操作的基础上，为逻辑综合输出网表中的每个基本逻辑单元实例化 GLIFT 逻辑，即可完成指令信息流模型的构建。图 9-17 所示为指令信息流模型的构建流程。

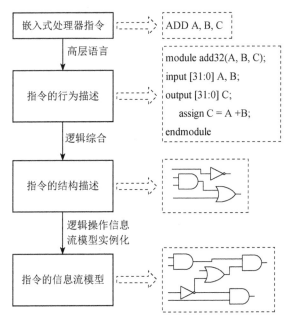

图 9-17　指令信息流模型的构建流程

在上述指令信息流模型的基础上，可利用编译器将采用高层语言描述的应用程序编译成目标代码，进而基于指令的信息流模型对目标代码中的信息流进行度量和分析，从而实现对程序的信息流安全属性进行验证。图 9-18 所示为该分析方法的原理。

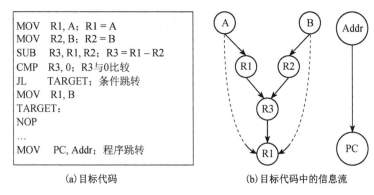

(a) 目标代码　　　　　　　　　(b) 目标代码中的信息流

图 9-18　基于指令信息流模型的信息流分析方法原理

在目标代码层次上，可根据每条指令的信息流模型对程序中的全部信息流进行精确分析，从而捕捉有害信息流。考虑图 9-18(a)中所示的汇编代码(为便于理解，分析中用汇编代码替代二进制目标代码)。当分别将 A 和 B 赋给寄存器 R1 和 R2 时，包含于 A 和 B 中的信息流显式地流向 R1 和 R2；当 R1 和 R2 参与减法运算时，包含于 A 和 B 中的信息又传递性地流向了寄存器 R3。常规的分析方法都能很有效地捕捉到这些显式流。现考虑比较和跳转指令。R3 与 0 比较的结果决定程序是否发生跳转。若比较条件为真，则程序发生跳转，寄存器 R1 将保持原来的值；若比较条件为假，则程序不会发生跳转，R1 将被赋值为 B。通过观察比较和跳转指令执行前后 R1 的值是否发生改变，即可推断有关 R3 的信息，即存在一条从 R3 到 R1 的隐式流。上述比较跳转指令给出了程序中隐式流的例子，基于 GLIFT 的指令信息流分析方法可有效地捕捉上述隐式流。

9.4　本　章　小　结

本章结合设计实例对 GLIFT 方法的应用进行了讨论。给出了一种通过硬件设计的 GLIFT 逻辑对系统中全部逻辑信息流进行精确度量，捕捉有害信息流动，进而实现对硬件设计中安全缺陷进行检测的方法；同时还介绍了一种实现对给定指令集架构中信息流进行精确度量，并基于指令集架构信息流度量能力的软件和软硬件联合安全测试与验证方法。

第 10 章　结　束　语

在本书第 3～9 章中，详细阐述了 GLIFT 方法的基础理论与应用，主要包括该方法的基本原理，GLIFT 逻辑的性质定理、形式化描述、生成算法、复杂度理论、设计优化方法，以及 GLIFT 方法的应用原理等。本章简要总结本书的主要工作，并对后续的研究方向进行展望。

10.1　本书的主要工作

GLIFT 提供了一种实现细粒度的信息流分析和控制的途径。该方法针对逻辑门级抽象层次，能够充分利用底层硬件的实现细节信息和门级电路周期精确的时序信息。在该抽象层次上，此方法不仅能够捕捉到组合逻辑单元中每个二进制位信息的流动，还能够准确地捕获寄存器之间与时序相关的信息流。因而，它能够有效地捕捉系统中的显式流、隐式流和硬件相关时间隐通道所引发的信息流动。该方法在硬件底层上建立了一个可靠的信息流安全基础，在此基础之上可进一步构建信息流安全的功能单元、指令集架构、操作系统、编译器/程序语言，以及上层应用。GLIFT 相对于传统的保守信息流分析方法更为准确，能够有效捕捉系统中实际存在的信息流，降低信息流分析的误报率。该方法可用于高可靠系统的设计和验证，在设计阶段即检测和消除系统中有害的信息流动和相应的安全漏洞。本书重点对 GLIFT 的基础理论和应用原理进行深入的探讨。本书的主要工作总结如下。

(1) 对二级安全格（LOW ⊑ HIGH）下的 GLIFT 方法进行了讨论，提出并证明了 GLIFT 逻辑的若干基本性质。这些基本性质是后续理论分析、推导和证明的重要基础，也是对 GLIFT 逻辑进行设计优化的基本理论依据。本书对基本逻辑门的 GLIFT 逻辑进行了形式化描述和复杂度分析。在此基础上，构建了一个功能完备的基本单元的 GLIFT 逻辑库，为讨论复杂电路 GLIFT 逻辑的生成问题奠定了基础。

(2) 提出了 GLIFT 逻辑潜在的不精确性问题，并将该不精确性的原因归结为单变量翻转，进而利用开关电路中的静态逻辑冒险理论对该不精确性的产生原因进行了分析与证明。本书的工作表明：当逻辑函数包含其全部质蕴涵项时，采用构造算法为其生成的 GLIFT 逻辑是完全精确的。对于未包含其全部质蕴涵项的逻辑函数，可利用基于一致性定理的逻辑扩展操作，使其逐步包含更多的质蕴涵项，从而使产生的 GLIFT 更为精确。这也提供了一种在 GLIFT 精确性与设计复杂度之间平衡的启发式方法。

（3）讨论了多级安全格下的 GLIFT 问题，将针对二级线性安全格（LOW ⊏ HIGH）的基本 GLIFT 方法的基本理论扩展到多级安全格下。这包括多级线性安全格下的标签传播策略、GLIFT 逻辑形式化描述和设计优化方法，以及非线性安全格下的 GLIFT 逻辑生成方法。本书的工作使 GLIFT 能够满足多级安全（MLS）应用需求，同时也显示了在逻辑门抽象层次上实现细粒度信息流控制所面临的面积和性能开销。

（4）证明了"精确 GLIFT 逻辑生成"问题的 NP 完全性。本书抽象出"精确 GLIFT 逻辑生成"所涉及的根本问题，即污染传播，利用污染传播与错误效应传播问题的相似性，基于输入线中的错误检测这一 NP 完全问题证明了"精确 GLIFT 逻辑生成"问题的 NP 完全性。本书还对该问题与开关电路中一系列的困难问题，如布尔可满足性、错误检测、可观测性、可控性、测试自动向量生成等的相关性进行了讨论。

（5）提出了多种 GLIFT 逻辑生成算法，包括暴力算法、0-1 算法、构造算法、完全和算法、SOP-POS 算法、BDD-MUX 算法和 RFRR 算法，并对所提出算法的复杂度进行了分析与证明。分析结论显示这些算法的复杂度均处于 $O(2^n)\sim O(2^{2^n})$，这也再次印证了"精确 GLIFT 逻辑生成"问题的困难性。本书还采用 IWLS 测试基准对各算法的复杂度进行了评估，结果表明精确 GLIFT 逻辑生成算法中 BDD-MUX 算法具有相对较低的平均时间复杂度。

（6）讨论了 GLIFT 逻辑的设计优化问题，给出了一种降低 GLIFT 逻辑面积、延迟、功耗开销和提高静态信息流安全验证效率的方法。本书针对二级安全格下现有编码方式的不足，提出了一种改进的编码方式。此外，新 GLIFT 逻辑可配置为信息流跟踪或冗余电路，从而能够通过共用电路同时达到增强信息流安全和容错的目的，避免了使用独立模块分别保证信息流安全和提高可靠性而带来的额外设计开销。

（7）本书最后还讨论了 GLIFT 的两种应用模式，即静态信息流安全验证和动态信息流跟踪。前者可用于在设计阶段静态地测试和验证系统的信息流安全属性，而无须随原始设计物理实现；后者需通过后端实现，在运行中实时、动态地监控系统的信息流安全。对这两种应用模式的基本原理和设计方法学进行了详细介绍，并结合具体设计实例介绍了 GLIFT 方法在安全硬件测试与验证中的实际应用。此外，本书也对 GLIFT 在开关电路设计和测试中的相关应用进行了阐述。

10.2 后续工作与展望

本书虽然在 GLIFT 的基础理论、设计优化问题和设计方法学等方面做了大量的工作，但是，由于 GLIFT 是一种新兴的设计和验证方法，其理论体系还有待进一步完善，以促进该方法在高可靠系统安全测试与验证、安全硬件设计与验证，以及集成电路测试与验证中的实际应用。在后续工作中，将致力于以下几个方向的研究。

(1) GLIFT 逻辑精确性与设计复杂度的平衡。由于精确 GLIFT 逻辑的产生是一个 NP 困难问题，所以一方面需要进一步寻求精确的、复杂度更低的 GLIFT 逻辑生成算法；另一方面需要对 GLIFT 逻辑的精确性进行量化分析，有效度量逻辑综合过程对 GLIFT 逻辑精确性的影响，提供一种在精确性(即安全性)与设计复杂度之间平衡的依据。上述工作将有利于测试与验证工具的开发。

(2) GLIFT 逻辑的设计优化问题。由于细粒度信息流分析方法固有的复杂性，GLIFT 逻辑在面积、延迟和功耗等方面通常具有较大的开销，不利于 GLIFT 的动态应用。因此，需要进一步寻求 GLIFT 逻辑的优化方法，例如，如何选择针对具体应用的有效编码方法，如何选择针对给定多级安全格的有效编码方法，以及如何利用不同安全格下标签传播规则集的兼容性和无关输入项对 GLIFT 逻辑进行设计优化等。

(3) 污染传播的反问题。GLIFT 主要关注污染信息在系统中的流动，从而监控系统中是否会发生有害信息流。当已知污染信息流向了某观测点，造成信息流安全策略违反时，需要通过求解污染传播的反问题，逆向追踪至污染信息的根源。污染信息的逆向跟踪分析对系统设计的改进具有重要指导意义，但是该问题具有较高的复杂度，特别是针对时序逻辑电路时，是一个重要而具有挑战性的研究方向。

(4) RTL 抽象层次的 GLIFT 方法。由于设计者大多针对 RTL 抽象层次，在该层次上对设计进行描述，并且 RTL 层次上的测试和验证的效率远高于门级抽象层次，所以有必要研究 RTL 级的 GLIFT 方法，探讨 GLIFT 逻辑的高层描述方法，复杂度与精确性的平衡准则，以及安全漏洞的检测方法等。

(5) 多值逻辑系统下的污染传播问题。本书重点讨论了布尔逻辑电路中的污染传播问题。在集成电路设计和验证中，通常需要采用多值逻辑对电路的状态进行描述和仿真。有必要对多值逻辑系统下的污染传播问题进行深入研究，构建面向多值逻辑系统的污染传播规则，并对多值逻辑系统下的 GLIFT 逻辑进行形式化描述。

　　(6)GLIFT 的应用研究。本书已经详细介绍了 GLIFT 的应用原理和设计方法学。在此基础上，有必要结合高可靠系统的多级信息流安全需求，从嵌入系统栈的多个抽象层次(逻辑门、功能单元、指令架构、I/O 接口、操作系统和上层应用)实现精确的信息流度量和严格的信息流控制，进而构建一个完整的高可靠系统应用，并结合具体应用来评估 GLIFT 方法的有效性和设计开销。此外，鉴于污染传播问题与集成电路设计中若干经典困难问题的相关性，有必要深入研究 GLIFT 在静态冒险检测、X-传播、可控性分析、错误检测等相关领域的应用。

　　GLIFT 提供了一种保障高可靠系统信息流安全的有效途径。本书对 GLIFT 的基础理论和设计方法学进行了系统阐述，对于该方法的后续研究和实际应用有重要意义。在后续工作中，将重点关注 GLIFT 在高可靠系统安全测试与验证中的应用研究。

参 考 文 献

[1] 卢开澄. 计算机密码学——计算机网络中的数据保密与安全. 第 3 版. 北京：清华大学出版社, 2003.

[2] 中国石油化工集团公司信息系统管理部. 信息基础设施应用与管理丛书：信息安全技术与应用. 北京：中国石化出版社, 2012.

[3] McAfee Labs. McAfee's 2012 Threat Predictions[OL]. 2011. http://www.mcafee.com/us/resources/reports/rp-threat-predictions-2012.pdf.

[4] Antiy CERT. Report on the Worm Stuxnet's Attack[OL]. 2011. http://www.antiy.net/en/analysts/Report_On_the_Attacking_of_Worm_Struxnet_by_antiy_labs.html.

[5] Checkoway S, McCoy D, Kantor B, et al. Comprehensive experimental analyses of automotive attack surfaces//Proceedings of the 20th USENIX Conference on Security (SEC'11), Berkeley, CA, USA, 2011: 6.

[6] Halperin D, Heydt-Benjamin T, Ransford B, et al. Pacemakers and implantable cardiac defibrillators: software radio attacks and zero-power defenses// 2008 IEEE Symposium on Security and Privacy (S&P 2008), Oakland, CA, 2008: 129-142.

[7] Li C, Raghunathan A, Jha N. Hijacking an insulin pump: security attacks and defenses for a diabetes therapy system// Proceedings of 13th IEEE International Conference on e-Health Networking Applications and Services (Healthcom), Columbia, MO, 2011: 150-156.

[8] Tarantola A. US Officials Investigating Hacker Attack Against Illinois Water Supply[OL]. 2011. http://gizmodo.com/curran_gardner-township-public-water-district/.

[9] Peterson S, Faramarzi P. Exclusive: Iran hijacked US drone, says Iranian engineer. The Christian Science Monitor, 2011.

[10] Paulk M C, Curtis W, Chrissis M B, et al. Capability maturity model for software, ver. 1.1. Software Engineering Institute of Carnegie Mellon University, Technical Report CMU/SEI-93-TR-024, 1993, 10(4): 18-27.

[11] 朱君. 使用 LabVIEW 开发基于 32 位处理器的嵌入式系统[OL]. 2009. http://www.jc-ic.cn/show-1524749-1.html.

[12] Hwang D D, Schaumont P, Tiri K, et al. Securing embedded systems. IEEE Security and Privacy, 2006, 4(2): 40-49.

[13] Arora D, Ravi S, Raghunathan A, et al. Hardware-assisted run-time monitoring for secure program execution on embedded processors. IEEE Transactions on Very Large Scale Integration (VLSI) Systems, 2006, 14(12): 1295-1308.

[14] Wilson R. Securing the Internet of Things. Electronics Design, Strategy, News (EDN)[OL]. 2011. http://www.edn.com/electronics-news/4368074/Securing-the-Internet-of-Things.

[15] Common Criteria. Common Criteria for Information Technology Security Evaluation, ver. 3.1 [OL]. 2009. http://www.commoncriteriaportal.org/cc/.

[16] Heiser G. What does cc eal6+ Mean [OL]. 2008. http://www.ok-labs.com/blog/entry/what-does-cc-eal6-mean/.

[17] Green H. The Integrity Real-time Operating System[OL]. 2010. http://www.ghs.com/products/rtos/integrity.html.

[18] DARPA. Clean-Slate Design of Resilient, Adaptive, Secure Hosts (CRASH)[OL]. 2010. https://www.fbo.gov/download/82f/82f6068978da5339752c89d2f65d89ca/CRASH_BAA_2010 0601_RC3.pdf.

[19] Shrobe H, Knight T, Hon A D. TIARA: Trust Management, Intrusion-tolerance, Accountability, and Reconstitution Architecture[OL]. 2007. http://people.csail.mit.edu/hes/TIARA/.

[20] BAE Systems. SAFE: a Semantically Aware Foundation Environment for CRASH[OL]. 2010. http://www. crash-safe.org/sites/default/files/BAE-SAFE-CRASH-pub.pdf.

[21] Kastner R, Huffmire T, Valamehr J, et al. Trustworthy System Security Through 3-D Integrated Hardware[OL]. 2010. http://www. cs.ucsb.edu/~arch/3Dsec/.

[22] Valamehr J, Sherwood T, Kastner R, et al. A 3D split manufacturing approach to trustworthy system development. IEEE Transactions on Computer-Aided Design of Integrated Circuits and Systems, 2013, 32(4): 611-615.

[23] Klein G, Huuck R. High assurance system software// Proceedings of 10th Australian Workshop on Safety Related Programmable Systems (SCS'05), 2006, 55: 59-67.

[24] D'Silva V, Kroening D, Weissenbacher G. A survey of automated techniques for formal software verification. IEEE Transactions on Computer-Aided Design of Integrated Circuits and Systems, 2008, 27(7): 1165 -1178.

[25] Hejiao H, Kirchner H. Formal specification and verification of modular security policy based on colored Petri nets. IEEE Transactions on Dependable and Secure Computing, 2011, 8(6): 852-865.

[26] 肖军模, 刘军, 周海刚. 网络信息安全. 北京:机械工业出版社, 2006.

[27] Bernstein D J. Cache-timing attacks on aes. University of Illinois at Chicago, Chicago, IL, Techical Report cd9faae9bd5308c440df50fc26a517b, 2005.

[28] Jean-Pierre O A, Seifert J P, Koc C K. Predicting secret keys via branch prediction// The Cryptographers Track at the RSA Conference, 2007: 225-242.

[29] Federal Aviation Administration (FAA). Special Conditions: Boeing Model 787-8 Airplane; Systems and Data Networks Security-Isolation or Protection from Unauthorized Passenger Domain Systems Access[OL]. 2008. http://cryptome.info/ faa010208.htm.

[30] Sabelfeld A, Myers A. Language-based information-flow security. IEEE Journal on Selected Areas in Communications, 2003, 21(1): 5-19.

[31] Krohn M, Yip A, Brodsky M, et al. Information flow control for standard OS abstractions// Proceedings of 21st ACM SIGOPS Symposium on Operating Systems Principles (SOSP'07), New York, 2007: 321-334.

[32] Vandebogart S, Efstathopoulos P, Kohler E, et al. Labels and event processes in the asbestos operating system. ACM Transactions on Computer Systems, 2007, 25(4): 1-11.

[33] Suh G E, Lee J W, Zhang D, et al. Secure program execution via dynamic information flow tracking// Proceedings of the 11th International Conference on Architectural Support for Programming Languages and Operating Systems (ASPLOS-XI), New York, 2004: 85-96.

[34] Dalton M, Kannan H, Kozyrakis C. Raksha: a flexible information flow architecture for software security// Proceedings of the 34th Annual International Symposium on Computer Architecture (ISCA'07), New York, 2007: 482-493.

[35] Newsome J, Song D. Dynamic taint analysis for automatic detection, analysis, and signature generation of exploits on commodity software// 12th Annual Network and Distributed System Security Symposium (NDSS'05), 2005.

[36] Qin F, Wang C, Li Z, et al. Lift: a low-overhead practical information flow tracking system for detecting security attacks// 39th Annual IEEE/ACM International Symposium on Microarchitecture (MICRO-39), 2006: 135-148.

[37] Giles J, Hajek B. An information-theoretic and game-theoretic study of timing channels. IEEE Transactions on Information Theory, 2002, 48(9): 2455-2477.

[38] Wagner A B, Anantharam V. Information theory of covert timing channels//2005 NATO/ASI Workshop on Network Security and Intrusion Detection, Yerevan, Armenia, 2005.

[39] Strackx R, Piessens F, Preneel B. Efficient isolation of trusted subsystems in embedded systems// Proceedings of SECURECOMM, 2010, 50: 344-361.

[40] Hu W M. Reducing timing channels with fuzzy time// Proceedings of 1991 IEEE Computer Society Symposium on Research in Security and Privacy, 1991: 8-20.

[41] Karger P, Zurko M, Bonin D, et al. A retrospective on the VAX VMM security kernel. IEEE Transactions on Software Engineering, 1991, 17(11): 1147-1165.

[42] Tiwari M, Wassel H M, Mazloom B, et al. Complete information flow tracking from the gates up// Proceedings of the 14th International Conference on Architectural Support for Programming Languages and Operating Systems (ASPLOS'09), New York, 2009: 109-120.

[43] Oberg J, Hu W, Irturk A, et al. Information flow isolation in i2c and usb// 48th ACM/EDAC/IEEE Design Automation Conference (DAC'11), San Diego, CA, 2011: 254-259.

[44] Tiwari M, Oberg J K, Li X, et al. Crafting a usable microkernel, processor, and i/o system with strict and provable information flow security// Proceeding of the 38th Annual International Symposium on Computer Architecture (ISCA'11), New York, 2011: 189-200.

[45] Shannon C E. A mathematical theory of communication. ACM SIGMOBILE Mobile Computing and Communications Review, 2001, 5(1): 3-55.

[46] Denning D E. A lattice model of secure information flow. Communications of the ACM, 1976, 19(5):236-243.

[47] Kocher P C. Timing Attacks on Implementations of Diffie-Hellman, RSA, DSS, and other Systems, Cryptography Research[OL]. 1996. http://www.cryptography. com/public/pdf/Timing Attacks.pdf.

[48] Denning D E. Cryptography and Data Security. Boston: Addison-Wesley Longman Publishing Company, 1982: 265-276.

[49] Sandhu R S. Lattice-based access control models. Computer, 1993, 26(11): 9-19.

[50] Bell D, La Padula L. Secure computer systems: mathematical foundations. MITRE Corporation, Bedford, MA, Tech Rep MTR-2547, 1973.

[51] Biba K J. Integrity considerations for secure computer systems. MITRE Corporation, Bedford, MA, Tech Rep TR-3153, 1977.

[52] Goguen J, Meseguer J. Interference control and unwinding// Proceedings of IEEE Symposium on Security and Privacy, 1984: 75-86.

[53] Rushby J. Noninterference, transitivity and channel-control security policies. SRI International Technical Report CSL-92-02, 1992.

[54] Oheimb D V. Information flow control revisited: noninfluence = noninterference + nonleakage. Computer Security- ESORICS, 2004, 3193: 225-243.

[55] Ravi N, Gruteser M, Iftode L. Non-inference: an information flow control model for location-based services// 3rd Annual International Conference on Mobile and Ubiquitous Systems Workshops, 2006: 1-10.

[56] McLean J. Security models and information flow// Proceedings of IEEE Computer Society Symposium on Research in Security and Privacy, 1990: 180-187.

[57] Guttman J D, Nadal M E. What needs securing// Proceedings of the Computer Security Foundations Workshop, IEEE Computer Society, 1988: 34-57.

[58] Sutherland D. A model of information// Proceedings of the 9th National Computer Security Conference, 1986: 175-183.

[59] Wittbold J T, Johnson D M. Information flow in nondeterministic systems// Proceedings of the 1990 IEEE Symposium on Research on Security and Privacy, 1990: 144-161.

[60] Johnson D, Thayer F. Security and the composition of machines// Proceedings of the Computer Security Foundations Workshop, 1988: 14-23.

[61] McCullough D. Noninterference and the composition of security properties// Proceedings of the IEEE Symposium on Research in Security and Privacy, 1988: 177-186.

[62] Halloran C O. A calculus of information flow// Proceedings of 1st European Symposium on Research in Computer Security (ESORICS 90), 1990: 147-159.

[63] Zakinthinos A, Lee S. A general theory of security properties// Proceedings of the 1997 IEEE Symposium on Research in Security and Privacy, 1997: 94-102.

[64] Foley S N. A universal theory of information flow// Proceeding of the IEEE Symposium on Research in Security and Privacy, 1987: 116-121.

[65] Roscoe A W. The Theory and Practice of Concurrency. Englewood Cliffs: Prentice-Hall, 1997.

[66] Ryan P Y A. Mathematical models of computer security. Foundations of Security Analysis and Design - Tutorial Lectures (Focardi R and Gorrieri R Eds). LNCS, 2001, 2171: 1-62.

[67] Ryan P Y A, Schneider S A. Process algebra and non-interference. Journal of Computer Security, 2001, 9: 75-103.

[68] Allen P G. A comparison of non-interference and non-deducibility using CSP// Proceedings of the 4th IEEE Computer Security Foundations Workshop, Franconia, New Hampshire, 1991: 43-54.

[69] Forster R. Non-interference Properties for Nondeterministic Processes. Oxford: University of Oxford, 1999.

[70] Ryan P Y A. A CSP formulation of non-interference and unwinding. CSFW 1990, Cipher, 1991: 19-30.

[71] Roscoe A W. CSP and determinism in security modeling// Proceedings of the 1995 IEEE Symposium on Security and Privacy, IEEE Computer Society, 1995: 114-127.

[72] Roscoe A W, Woodcock J C P, Wulf L. Non-interference through determinism// Proceeding of European Symposium on Research in Computer Security 1994 (ESORICS'94), 1994, 875: 33-53.

[73] Schneider S A. May testing, non-interference and compositionality// 1st Irish Coference on the Mathematical Foundations of Computer Science and Information Technology, Cork, Ireland, 2001, 40: 361-391.

[74] Milne R. Communication and Concurrency. New Jersey: Prentice-Hall, 1989.

[75] Milner R. Communicating and Mobile Systems: the Pi-Calculus. New York: Cambridge University Press, 1999.

[76] Focardi R, Gorrieri R. A classification of security properties for process algebras. Journal of Computer Security, 1994/1995, 3(1): 5-33.

[77] Focardi R, Gorrieri R. Classification of security properties. Foundations of Security Analysis and Design, 2001, 2171: 331-396.

[78] 唐和平, 黄曙光, 张亮. 动态信息流分析的漏洞利用检测系统. 计算机科学, 2010, 37(7): 148-151.

[79] Pottier F, Simonet V. Information flow inference for ML. ACM Transactions on Programming Languages Systems, 2003, 25(1): 117-158.

[80] Heintze N, Riecke J G. The slam calculus: programming with secrecy and integrity// Proceedings of the 25th ACM SIGPLAN-SIGACT Symposium on Principles of Programming Languages (POPL'98), New York, NY, USA, 1998: 365-377.

[81] Barnes J. High Integrity Software: The SPARK Approach to Safety and Security. Boston: Addison-Wesley Longman Publishing Company, 2003.

[82] Lam L C, Chiueh T. A general dynamic information flow tracking framework for security applications// Proceedings of the 22nd Annual Computer Security Applications Conference on Annual Computer Security Applications Conference (ACSAC'06), Washington, USA, 2006: 463-472.

[83] Xu W, Bhatkar S, Sekar R. Taint-enhanced policy enforcement: a practical approach to defeat a wide range of attacks// 15th USENIX Security Symposium, Vancouver, BC, Canada, 2006: 121-136.

[84] Gupta R, Gupta N, Zhang X, et al. Scalable dynamic information flow tracking and its applications// Proceedings of NGS Workshop, 2008: 1-5.

[85] Vachharajani N, Bridges M J, Chang J, et al. RIFLE: an architectural framework for user-centric information-flow security// 37th International Symposium on Microarchitecture (MICRO-37), 2004: 243-254.

[86] Venkataramani G, Doudalis I, Solihin Y, et al. FlexiTaint: a programmable accelerator for dynamic taint propagation// IEEE 14th International Symposium on High Performance Computer Architecture (HPCA 2008), 2008: 173-184.

[87] Chen H B, Wu X, Yuan L W, et al. From speculation to security: practical and efficient information flow tracking using speculative hardware// Proceedings of the 35th Annual International Symposium on Computer Architecture (ISCA'08), Washington, DC, USA, 2008: 401-412.

[88] Crandall J R, Chong F T. Minos: control data attack prevention orthogonal to memory model// Proceedings of the 37th Annual IEEE/ACM International Symposium on Microarchitecture (MICRO 37), Washington, DC, USA, 2004: 221-232.

[89] Ruwase O, Gibbons P B, Mowry T C, et al. Parallelizing dynamic information flow tracking// Proceedings of the 20th Annual Symposium on Parallelism in Algorithms and Architectures (SPAA'08), New York, NY, USA, 2008: 35-45.

[90] Schwartz E J, Avgerinos T, Brumley D. All you ever wanted to know about dynamic taint analysis and forward symbolic execution (but might have been afraid to ask). IEEE Symposium on Security and Privacy, 2010: 317-331.

[91] 张迎周, 刘玲玲. 信息流安全技术回顾与展望. 南京邮电大学学报(自然科学版), 2011, 31(5): 87-96.

[92] 丁志义, 宋国新, 邵志清. 类型系统与程序正确性问题. 计算机科学, 2006, 33(1):141-143.

[93] 王立斌. 基于类型系统的完整性信息流控制. 华南师范大学学报, 2006, 3: 42-47.

[94] 华保健, 陈意云, 李兆鹏, 等. 安全语言 PointerC 的设计及形式证明. 计算机学报, 2008, 31(4): 556-564.

[95] 赵保华, 陈波, 陆超. 概率信息流安全属性分析. 计算机学报, 2006, 29(8): 1447-1452.

[96] 陈波, 赵保华. 基于信息流分析的安全系统验证方法[博士学位论文]. 合肥: 中国科学技术大学, 2000.

[97] 黄强, 曾庆凯. 基于信息流安全策略的污点传播分析及动态验证. 软件学报, 2011, 22(9): 2036-2048.

[98] Chen H B, Yuan L W, Wu X, et al. Control flow obfuscation with information flow tracking// 42nd International Conference on Microarchitecture (Micro'09), New York, USA, 2009: 391-400.

[99] 陈海波, 臧斌宇. 云计算平台可信性增强技术的研究[博士学位论文]. 上海: 复旦大学, 2008.

[100] Slowinska A, Bos H. Pointless tainting: evaluating the practicality of pointer tainting// Proceedings of the 4th ACM European Conference on Computer Systems (EuroSys'09), New York, NY, USA, 2009: 61-74.

[101] Dalton M, Kannan H, Kozyrakis C. Tainting is not pointless. SIGOPS Operating Systems Review, 2010, 44(2):88-92.

[102] Lewis J. Cryptol: specification, implementation and verification of high-grade cryptographic applications// Proceedings of the 2007 ACM Workshop on Formal Methods in Security Engineering, 2007: 41.

[103] Myers A C, Nystrom N, Zheng L, et al. Jif: Java Information Flow, Software Release, ver. 3.3[OL]. 2009. http://www.cs.cornell.edu/jif.

[104] Zeldovich N, Boyd-Wickizer S, Kohler E, et al. Making information flow explicit in histar // Proceedings of the 7th Conference on USENIX Symposium on Operating Systems Design and Implementation (USENIX'06), Berkeley, CA, USA, 2006: 19.

[105] Yang J, Hawblitzel C. Safe to the last instruction: automated verification of a type-safe operating system// Proceedings of the 2010 ACM SIGPLAN Conference on Programming Language Design and Implementation (PLDI'10), New York, NY, USA, 2010: 99-110.

[106] Tolstrup T K, Nielson F, Nielson H R. Information flow analysis for vhdl. Parallel Computing Technologies, 2005, 3606: 79-98.

[107] Tolstrup T K. Language-based Security for VHDL. Lyngby: Technical University of Denmark, 2006.

[108] Tiwari M, Li X, Wassel H, et al. Execution leases: a hardware-supported mechanism for enforcing strong non-interference //42nd Annual IEEE/ACM International Symposium on Microarchitecture (MICRO-42), New York, NY, USA, 2009: 493-504.

[109] Oberg J, Sherwood T, Kastner R. Eliminating timing information flows in a mix-trusted system-on-chip. IEEE Design and Test of Computers, 2013, 30(2): 55-62.

[110] Oberg J, Meiklejohn S, Sherwood T, et al. A practical testing framework for isolating hardware timing channels// Proceedings of Design Automation and Test in Europe (DATE), San Jose, CA, 2013: 1281 -1284.

[111] Kastner R, Oberg J, Hu W, et al. Enforcing information flow guarantees in reconfigurable systems with mixtrusted Ip// International Conference on Engineering of Reconfigurable Systems and Algorithms (ERSA), Las Vegas, NV, 2011.

[112] Oberg J, Hu W, Irturk A, et al. Theoretical analysis of gate level information flow tracking// Proceedings of 47th ACM/IEEE Design Automation Conference (DAC), Anaheim, CA, 2010: 244-247.

[113] Hu W, Oberg J, Irturk A, et al. Theoretical fundamentals of gate level information flow tracking. IEEE Transactions on Computer-Aided Design of Integrated Circuits and Systems, 2011, 30(8): 1128-1140.

[114] 胡锦. 数字电路与逻辑设计. 第 3 版. 北京: 高等教育出版社, 2010.

[115] ISCAS. ISCAS High-Level Models[OL]. 2005. http://web.eecs.umich.edu/~jhayes/iscas/.

[116] IWLS. IWLS 2005 Benchmarks, ver 3.0[OL]. 2005. http://iwls.org/iwls2005/benchmarks.html.

[117] Berkeley Donald O. Pederson Center for Electronic Systems Design. Abc: a System for Sequential Synthesis and Verification[OL]. 2007. http://www. eecs.berkeley.edu/~alanmi/abc/.

[118] Synopsys. SAED EDK90 CORE - 90nm Digital Standard Cell Library, Rev. 1.8[OL]. 2008. http://www.synopsys.com/ community/universityprogram/pages/library.aspx.

[119] Lin B, Devadas S. Synthesis of hazard-free multilevel logic under multiple-input changes from binary decision diagrams. IEEE Transactions on Computer-Aided Design of Integrated Circuits and Systems, 1995, 14(8): 974-985.

[120] Eichelberger E B. Hazard detection in combinational and sequential switching circuits. IBM Journal of Research and Development, 1965, 9(2): 90-99.

[121] Micheli G. Synthesis and Optimization of Digital Circuits. New York: McGraw-Hill Education, 1994.

[122] Maamari F, Rajski J. A method of fault simulation based on stem regions. IEEE Transactions on Computer-Aided Design of Integrated Circuits and Systems, 1990, 9(2): 212-220.

[123] Garey M R, Johnson D S. Computers and Intractability: a Guide to the Theory of NP-completeness. New York: W H Freeman & Company, 1979: 187-285.

[124] 郑宗汉, 郑晓明. 算法设计与分析. 北京: 清华大学出版社, 2005.

[125] Ibarra O, Sahni S. Polynomially complete fault detection problems. IEEE Transactions on Computers, 1975, C-24(3): 242-249.

[126] Fujiwara H. Computational complexity of controllability/observability problems for combinational circuits. IEEE Transactions on Computers, 1990, 39(6): 762-767.

[127] Dubrova E V. Upper bound on the number of products in a sum-of-product expansion of multiple-valued functions. Multiple-Valued Logic: an International Journal, 2000: 349-364.

[128] Moskewicz M W, Madigan C F, Zhao Y, et al. Chaff: engineering an efficient SAT solver// Proceedings of 2001 Design Automation Conference (DAC'01), 2001: 530-535.

[129] SAT Research Group at Princeton. zChaff SAT Solver, Software Release, ver. 3.12[OL]. 2007. http://www.princeton.edu/~chaff/ software.html.

[130] Palopoli L, Pirri F, Pizzuti C. Algorithms for selective enumeration of prime implicants. Artificial Intelligence, 1999, 111(12): 41-72.

[131] Chandra A K, Markowsky G. On the number of prime implicants. Discrete Mathematics, 1978, 24(1): 7-11.

[132] Strzemecki T. Polynomial-time algorithms for generation of prime implicants. Journal of Complexity, 1992, 8: 37-63.

[133] Quine W V. On cores and prime implicants of truth functions. American Mathematical Monthly, 1959, 66: 755-760.

[134] Necula N N. A numerical procedure for determination of the prime implicants of a boolean function. IEEE Transactions on Electronic Computers, 1967, EC-16(5): 687-689.

[135] Friedel M, Nikolajewa S, Wilhelm T. The decomposition tree for analyses of boolean functions. Mathematical Structures in Computer Science, 2008, 18: 411-426.

[136] Morreale E. Recursive operators for prime implicant and irredundant normal form determination. IEEE Transactions on Computers, 1970, C-19(6): 504-509.

[137] Berkeley Donald O. Pederson Center for Electronic Systems Design. Espresso: a Multi-valued Pla Minimization[OL]. 1988. http://embedded.eecs.berkeley.edu/pubs/downloads/espresso/ index.htm.

[138] McCluskey E J. Introduction to the Theory of Switching Circuits. New York: McGraw-Hill, 1965: 318.

[139] Unger S H. Asynchronous Sequential Switching Circuit. Melbourne: Krieger Publishing Company, 1983: 290.

[140] Kudva P, Gopalakrishnan G, Jacobson H, et al. Synthesis of hazard-free customized CMOS complex-gate networks under multiple-input changes// Proceedings of 33rd Design Automation Conference (DAC'96), 1996: 77-82.

[141] Bryant R E. Symbolic boolean manipulation with ordered binary-decision diagrams. ACM Computing Surveys, 1992, 24: 293-318.

[142] Somenzi F. Cudd: Cu Decision Diagram Package, Software Release, ver. 2.5.0[OL]. 2011. http://vlsi.colorado.edu/ ~fabio/CUDD/.

[143] Berkeley Logic Synthesis and Verification Group. Sis: a System for Sequential Circuit Synthesis[OL]. 2002. http://embedded.eecs.berkeley.edu/ pubs/downloads/sis /index.htm.

[144] Adams K J, Campbell J G, Maguire L P, et al. State assignment techniques in multiple-valued logic// Proceedings of 29th IEEE International Symposium on Multiple-Valued Logic, 1999: 220-225.

[145] Huffmire T, Sherwood T, Kastner R, et al. Trustworthy system security through 3-D integrated hardware, extended abstract. IEEE International Workshop on Hardware-Oriented Security and Trust (HOST), 2008: 91-92.

[146] Herrmann D S. A Practical Guide to Security Engineering and Information Assurance. New York: Auerbach Publications, 2001.

[147] Connor P D T O', Newton D, Bromley R. Practical Reliability Engineering. 4th Edition. Chichester: Wiley, 2002.

[148] Alfke P. Efficient shift registers, LFSR counters, and long pseudo-random sequence generators. XXAPP 052, ver. 1.1. Xilinx Corperation, 1996.

[149] Volpano D, Irvine C, Smith G. A sound type system for secure flow analysis. Journal of Computer Security, 1996, 4(3): 167-187.

[150] Nowick S M, O' Donnell C W. On the existence of hazard-free multilevel logic// Proceedings of 9th International Symposium on Asynchronous Circuits and Systems, 2003: 109-120.

[151] Hillebrecht S, Kochte M, Wunderlich H J, et al. Exact stuck-at fault classification in presence of unknowns// Proceedings of 17th IEEE European Test Symposium (ETS12), Annecy, France, 2012: 98-103.

[152] Chou H Z, Yu H, Chang K H, et al. Finding reset nondeterminism in RTL designs-scalable X-analysis methodology and case study// Design, Automation & Test in Europe Conference & Exhibition (DATE), 2010: 1494-1499.

[153] Chang K H, Browy C. Improving gate-level simulation accuracy when unknowns exist// 49th ACM/EDAC/IEEE Design Automation Conference (DAC'12), San Francisco, California, USA, 2012: 936-940.

[154] Sutherland S. I'm still in love with my X// 2013 Design and Verification Conference (DVCon'13), San Jose, CA, 2013: 1-20.

[155] Baumgarten A, Steffen M, Clausman M, et al. A case study in hardware trojan design and implementation. International Journal of Information Security, 2011, 10(1): 1-14.

附录 1 CLASS 标准单元库相应的 GLIFT 逻辑库

附录 1 提供了 Synopsys Design Compiler 内置的 CLASS 标准单元库中各基本门在多级安全格下的 GLIFT 逻辑。这些基本门的 GLIFT 可构成一个功能完备的 GLIFT 逻辑库，能够作为生成复杂数字电路的 GLIFT 逻辑的基础，从而为设计者提供参考。

1. IV、IVI、IVP、IVA、IVAP
逻辑函数：$F = \overline{A}$
GLIFT 逻辑：$F_t = A_t$

2. IVDA、IVDAP
逻辑函数：$Z = A, Y = \overline{A}$
GLIFT 逻辑：$Z_t = A_t, Y_t = A_t$

3. B5I、B5IP、B4I、B4IP
逻辑函数：$F = \overline{A}$
GLIFT 逻辑：$F_t = A_t$

4. IBUF1、IBUF2、IBUF3、IBUF4、IBUF5、OBUF1、OBUF2
逻辑函数：$F = A$
GLIFT 逻辑：$F_t = A_t$

5. AN2、AN2I 、AN2P
逻辑函数：$F = AB$
GLIFT 逻辑：$F_t = AB_t \oplus BA_t \oplus A_t \odot B_t$

6. OR2、OR2I、OR2P
逻辑函数：$F = A + B$
GLIFT 逻辑：$F_t = \overline{A}B_t \oplus \overline{B}A_t \oplus A_t \odot B_t$

7. ND2、ND2I、ND2P

逻辑函数：$F = \overline{AB}$

GLIFT 逻辑：$F_t = AB_t \oplus BA_t \oplus A_t \odot B_t$

8. NR2、NR2I、NR2P

逻辑函数：$F = \overline{A+B}$

GLIFT 逻辑：$F_t = \overline{A}B_t \oplus \overline{B}A_t \oplus A_t \odot B_t$

9. AN3、AN3P

逻辑函数：$F = ABC$

GLIFT 逻辑：

$F_t = ABC_t \oplus ACB_t \oplus BCA_t \oplus AB_t \odot C_t \oplus BA_t \odot C_t \oplus CA_t \odot B_t \oplus A_t \odot B_t \odot C_t$

10. OR3、OR3P

逻辑函数：$F = A+B+C$

GLIFT 逻辑：

$F_t = \overline{A}\overline{B}C_t \oplus \overline{A}\overline{C}B_t \oplus \overline{B}\overline{C}A_t \oplus \overline{A}B_t \odot C_t \oplus \overline{B}A_t \odot C_t \oplus \overline{C}A_t \odot B_t \oplus A_t \odot B_t \odot C_t$

11. ND3、ND3P

逻辑函数：$F = \overline{ABC}$

GLIFT 逻辑：

$F_t = ABC_t \oplus ACB_t \oplus BCA_t \oplus AB_t \odot C_t \oplus BA_t \odot C_t \oplus CA_t \odot B_t \oplus A_t \odot B_t \odot C_t$

12. NR3、NR3P

逻辑函数：$F = \overline{A+B+C}$

GLIFT 逻辑：

$F_t = \overline{A}\overline{B}C_t \oplus \overline{A}\overline{C}B_t \oplus \overline{B}\overline{C}A_t \oplus \overline{A}B_t \odot C_t \oplus \overline{B}A_t \odot C_t \oplus \overline{C}A_t \odot B_t \oplus A_t \odot B_t \odot C_t$

13. AN4、AN4P

逻辑函数：$F = ABCD$

GLIFT 逻辑：

$F_t = BCDA_t \oplus ACDB_t \oplus ABDC_t \oplus ABCD_t \oplus CDA_t \odot B_t \oplus BDA_t \odot C_t$
$\quad \oplus BCA_t \odot D_t \oplus ADB_t \odot C_t \oplus ABC_t \odot D_t \oplus AB_t \odot C_t \odot D_t \oplus BA_t \odot C_t \odot D_t$
$\quad \oplus CA_t \odot B_t \odot D_t \oplus DA_t \odot B_t \odot C_t \oplus A_t \odot B_t \odot C_t \odot D_t$

14. OR4、OR4P

逻辑函数： $F = A + B + C + D$

GLIFT 逻辑：

$$F_t = \overline{BC}\overline{D}A_t \oplus \overline{AC}\overline{D}B_t \oplus \overline{AB}\overline{D}C_t \oplus \overline{AB}\overline{C}D_t \oplus \overline{CD}A_t \odot B_t \oplus \overline{BD}A_t \odot C_t$$
$$\oplus \overline{BC}A_t \odot D_t \oplus \overline{AD}B_t \odot C_t \oplus \overline{AB}C_t \odot D_t \oplus \overline{A}B_t \odot C_t \odot D_t \oplus \overline{B}A_t \odot C_t \odot D_t$$
$$\oplus \overline{C}A_t \odot B_t \odot D_t \oplus \overline{D}A_t \odot B_t \odot C_t \oplus A_t \odot B_t \odot C_t \odot D_t$$

15. ND4、ND4P

逻辑函数： $F = \overline{ABCD}$

GLIFT 逻辑：

$$F_t = BCDA_t \oplus ACDB_t \oplus ABDC_t \oplus ABCD_t \oplus CDA_t \odot B_t \oplus BDA_t \odot C_t$$
$$\oplus BCA_t \odot D_t \oplus ADB_t \odot C_t \oplus ABC_t \odot D_t \oplus AB_t \odot C_t \odot D_t \oplus BA_t \odot C_t \odot D_t$$
$$\oplus CA_t \odot B_t \odot D_t \oplus DA_t \odot B_t \odot C_t \oplus A_t \odot B_t \odot C_t \odot D_t$$

16. NR4、NR4P

逻辑函数： $F = \overline{A + B + C + D}$

GLIFT 逻辑：

$$F_t = \overline{BC}\overline{D}A_t \oplus \overline{AC}\overline{D}B_t \oplus \overline{AB}\overline{D}C_t \oplus \overline{AB}\overline{C}D_t \oplus \overline{CD}A_t \odot B_t \oplus \overline{BD}A_t \odot C_t$$
$$\oplus \overline{BC}A_t \odot D_t \oplus \overline{AD}B_t \odot C_t \oplus \overline{AB}C_t \odot D_t \oplus \overline{A}B_t \odot C_t \odot D_t \oplus \overline{B}A_t \odot C_t \odot D_t$$
$$\oplus \overline{C}A_t \odot B_t \odot D_t \oplus \overline{D}A_t \odot B_t \odot C_t \oplus A_t \odot B_t \odot C_t \odot D_t$$

17. ND5、ND5P

逻辑函数： $F = \overline{ABCDE}$

GLIFT 逻辑：

$$F_t = ABCDE_t \oplus ABCED_t \oplus ABDEC_t \oplus ACDEB_t \oplus BCDEA_t \oplus ABCD_t \odot E_t$$
$$\oplus ABDC_t \odot E_t \oplus ABEC_t \odot D_t \oplus ACDB_t \odot E_t \oplus ACEB_t \odot D_t \oplus ADEB_t \odot C_t$$
$$\oplus BCDA_t \odot E_t \oplus BCEA_t \odot D_t \oplus BDEA_t \odot C_t \oplus CDEA_t \odot B_t \oplus ABC_t \odot D_t \odot E_t$$
$$\oplus ACB_t \odot D_t \odot E_t \oplus ADB_t \odot C_t \odot E_t \oplus AEB_t \odot C_t \odot D_t \oplus BCA_t \odot D_t \odot E_t$$
$$\oplus BDA_t \odot C_t \odot E_t \oplus BEA_t \odot C_t \odot D_t \oplus CDA_t \odot B_t \odot E_t \oplus CEA_t \odot B_t \odot D_t$$
$$\oplus DEA_t \odot B_t \odot C_t \oplus AB_t \odot C_t \odot D_t \odot E_t \oplus BA_t \odot C_t \odot D_t \odot E_t \oplus CA_t \odot B_t \odot D_t$$
$$\odot E_t \oplus DA_t \odot B_t \odot C_t \odot E_t \oplus EA_t \odot B_t \odot C_t \odot D_t \oplus A_t \odot B_t \odot C_t \odot D_t \odot E_t$$

18．NR5、NR5P

逻辑函数：$F = \overline{A + B + C + D + E}$

GLIFT 逻辑：

$$
\begin{aligned}
F_t =\ & \overline{ABCDE}_t \oplus \overline{ABCED}_t \oplus \overline{ABDEC}_t \oplus \overline{ACDEB}_t \oplus \overline{BCDEA}_t \oplus \overline{ABCD}_t \odot E_t \\
& \oplus \overline{ABDC}_t \odot E_t \oplus \overline{ABEC}_t \odot D_t \oplus \overline{ACDB}_t \odot E_t \oplus \overline{ACEB}_t \odot D_t \oplus \overline{ADEB}_t \odot C_t \\
& \oplus \overline{BCDA}_t \odot E_t \oplus \overline{BCEA}_t \odot D_t \oplus \overline{BDEA}_t \odot C_t \oplus \overline{CDEA}_t \odot B_t \oplus \overline{ABC}_t \odot D_t \odot E_t \\
& \oplus \overline{ACB}_t \odot D_t \odot E_t \oplus \overline{ADB}_t \odot C_t \odot E_t \oplus \overline{AEB}_t \odot C_t \odot D_t \oplus \overline{BCA}_t \odot D_t \odot E_t \\
& \oplus \overline{BDA}_t \odot C_t \odot E_t \oplus \overline{BEA}_t \odot C_t \odot D_t \oplus \overline{CDA}_t \odot B_t \odot E_t \oplus \overline{CEA}_t \odot B_t \odot D_t \\
& \oplus \overline{DEA}_t \odot B_t \odot C_t \oplus \overline{AB}_t \odot C_t \odot D_t \odot E_t \oplus \overline{BA}_t \odot C_t \odot D_t \odot E_t \oplus \overline{CA}_t \odot B_t \\
& \odot D_t \odot E_t \oplus \overline{DA}_t \odot B_t \odot C_t \odot E_t \oplus \overline{EA}_t \odot B_t \odot C_t \odot D_t \oplus A_t \odot B_t \odot C_t \odot D_t \odot E_t
\end{aligned}
$$

19．ND6、ND6P

逻辑函数：$F = \overline{ABCDEF}$

GLIFT 逻辑：展开以下表达式并进行符号替换

$$F_t = (A + A_t)(B + B_t)(C + C_t)(D + D_t)(E + E_t)(F + F_t) - ABCDEF$$

20．NR6、NR6P

逻辑函数：$F = \overline{A + B + C + D + E + F}$

GLIFT 逻辑：展开以下表达式并进行符号替换

$$F_t = (\overline{A} + A_t)(\overline{B} + B_t)(\overline{C} + C_t)(\overline{D} + D_t)(\overline{E} + E_t)(\overline{F} + F_t) - \overline{ABCDEF}$$

21．ND8、ND8P

逻辑函数：$F = \overline{ABCDEFGH}$

GLIFT 逻辑：展开以下表达式并进行符号替换

$$F_t = (A + A_t)(B + B_t)(C + C_t)(D + D_t)(E + E_t)(F + F_t)(G + G_t)(H + H_t) - ABCDEFGH$$

22．NR8、NR8P

逻辑函数：$F = \overline{A + B + C + D + E + F + G + H}$

GLIFT 逻辑：展开以下表达式并进行符号替换

$$F_t = (\overline{A} + A_t)(\overline{B} + B_t)(\overline{C} + C_t)(\overline{D} + D_t)(\overline{E} + E_t)(\overline{F} + F_t)(\overline{G} + G_t)(\overline{H} + H_t) - \overline{ABCDEFGH}$$

23．ND16、ND16P

逻辑函数：$F = \overline{I^1 I^2 \cdots I^{16}}$

GLIFT 逻辑：展开以下表达式并进行符号替换

$$F = (I^1 + I_t^1)(I^2 + I_t^2) \cdots (I^{16} + I_t^{16}) - I^1 I^2 \cdots I^{16}$$

24. NR16、NR16P

逻辑函数：$F = \overline{I^1 + I^2 + \cdots + I^{16}}$

GLIFT 逻辑：展开以下表达式并进行符号替换

$$F = (\overline{I^1} + I_t^1)(\overline{I^2} + I_t^2) \cdots (\overline{I^{16}} + I_t^{16}) - \overline{I^1}\,\overline{I^2} \cdots \overline{I^{16}}$$

25. AO1、AO1P

逻辑函数：$F = \overline{AB + C + D}$

GLIFT 逻辑：

$$F_t = \overline{A}\,\overline{C}D_t \oplus \overline{B}\,\overline{C}D_t \oplus \overline{A}\,\overline{D}C_t \oplus \overline{B}\,\overline{D}C_t \oplus A\overline{C}\,\overline{D}B_t \oplus B\overline{C}\,\overline{D}A_t \oplus \overline{A}C_t \odot D_t \oplus \overline{B}C_t \odot D_t$$
$$\oplus A\overline{C}B_t \odot D_t \oplus B\overline{C}A_t \odot D_t \oplus A\overline{D}B_t \odot C_t \oplus B\overline{D}A_t \odot C_t \oplus \overline{C}\,\overline{D}A_t \odot B_t \oplus AB_t$$
$$\odot C_t \odot D_t \oplus BA_t \odot C_t \odot D_t \oplus \overline{C}A_t \odot B_t \odot D_t \oplus \overline{D}A_t \odot B_t \odot C_t \oplus A_t \odot B_t$$
$$\odot C_t \odot D_t$$

26. AO2、AO2P

逻辑函数：$F = \overline{AB + CD}$

GLIFT 逻辑：

$$F_t = \overline{A}CD_t \oplus \overline{B}CD_t \oplus \overline{A}DC_t \oplus \overline{B}DC_t \oplus A\overline{C}B_t \oplus A\overline{D}B_t \oplus B\overline{C}A_t \oplus B\overline{D}A_t \oplus$$
$$\overline{A}C_t D_t \oplus \overline{B}C_t D_t \oplus ACB_t D_t \oplus BCA_t D_t \oplus ADB_t C_t \oplus BDA_t C_t \oplus \overline{C}A_t B_t \oplus$$
$$\overline{D}A_t B_t \oplus AB_t C_t D_t \oplus BA_t C_t D_t \oplus CA_t B_t D_t \oplus DA_t B_t C_t \oplus A_t B_t C_t D_t$$

27. AO3、AO3P

逻辑函数：$F = \overline{(A + B)CD}$

GLIFT 逻辑：

$$F_t = ACD_t \oplus ADC_t \oplus \overline{A}CDB_t \oplus BCD_t \oplus BDC_t \oplus \overline{B}CDA_t \oplus AC_t \odot D_t \oplus \overline{A}CB_t$$
$$\odot D_t \oplus \overline{A}DB_t \odot C_t \oplus BC_t \odot D_t \oplus \overline{B}CA_t \odot D_t \oplus \overline{B}DA_t \odot C_t \oplus CDA_t \odot B_t$$
$$\oplus \overline{A}B_t \odot C_t \odot D_t \oplus \overline{B}A_t \odot C_t \odot D_t \oplus CA_t \odot B_t \odot D_t \oplus DA_t \odot B_t \odot C_t$$
$$\oplus A_t \odot B_t \odot C_t \odot D_t$$

28．AO4、AO4P

逻辑函数：$F = \overline{(A+B)(C+D)}$

GLIFT 逻辑：

$F_t = A\overline{C}D_t \oplus B\overline{C}D_t \oplus A\overline{D}C_t \oplus B\overline{D}C_t \oplus \overline{A}CB_t \oplus \overline{A}DB_t \oplus \overline{B}CA_t \oplus \overline{B}DA_t \oplus AC_t$
$\qquad \odot D_t \oplus BC_t \odot D_t \oplus \overline{A}CB_t \odot D_t \oplus \overline{B}CA_t \odot D_t \oplus \overline{A}DB_t \odot C_t \oplus \overline{B}DA_t \odot C_t$
$\qquad \oplus CA_t \odot B_t \oplus DA_t \odot B_t \oplus \overline{A}B_t \odot C_t \odot D_t \oplus \overline{B}A_t \odot C_t \odot D_t \oplus \overline{C}A_t \odot B_t \odot D_t$
$\qquad \oplus \overline{D}A_t \odot B_t \odot C_t \oplus A_t \odot B_t \odot C_t \odot D_t$

29．AO5、AO5P

逻辑函数：$F = \overline{AB+AC+BC}$

GLIFT 逻辑：

$F_t = \overline{A}BC_t \oplus A\overline{B}C_t \oplus \overline{A}CB_t \oplus A\overline{C}B_t \oplus \overline{B}CA_t \oplus B\overline{C}A_t \oplus A_t \odot B_t \oplus A_t \odot C_t \oplus B_t \odot C_t$

30．AO6、AO6P

逻辑函数：$F = \overline{AB+C}$

GLIFT 逻辑：

$F_t = \overline{A}C_t \oplus \overline{B}C_t \oplus A\overline{C}B_t \oplus B\overline{C}A_t \oplus AB_t \odot C_t \oplus BA_t \odot C_t \oplus \overline{C}A_t \odot B_t \oplus A_t \odot B_t \odot C_t$

31．AO7、AO7P

逻辑函数：$F = \overline{(A+B)C}$

GLIFT 逻辑：

$F = AC_t \oplus BC_t \oplus \overline{A}CB_t \oplus \overline{B}CA_t \oplus \overline{A}B_t \odot C_t \oplus \overline{B}A_t \odot C_t \oplus CA_t \odot B_t \oplus A_t \odot B_t \odot C_t$

32．EN、ENI、ENP

逻辑函数：$F = AB+\overline{AB}$

GLIFT 逻辑：　$F_t = A_t \oplus B_t$

33．EO、EOI、EOP

逻辑函数：$F = A\overline{B}+\overline{A}B$

GLIFT 逻辑：　$F_t = A_t \oplus B_t$

34．EO1、EO1P

逻辑函数：$F = \overline{AB+\overline{C+D}}$

GLIFT 逻辑：

$$F_t = \overline{A}CD_t \oplus \overline{B}CD_t \oplus \overline{A}DC_t \oplus \overline{B}DC_t \oplus ACB_t \oplus ADB_t \oplus BCA_t \oplus BDA_t \oplus \overline{A}C_t \odot D_t$$
$$\oplus \overline{B}C_t \odot D_t \oplus A\overline{C}B_t \odot D_t \oplus B\overline{C}A_t \odot D_t \oplus B\overline{D}A_t \odot C_t \oplus A\overline{D}B_t \odot C_t \oplus CA_t \odot B_t$$
$$\oplus DA_t \odot B_t \oplus AB_t \odot C_t \odot D_t \oplus BA_t \odot C_t \odot D_t \oplus \overline{C}A_t \odot B_t \odot D_t \oplus \overline{D}A_t \odot B_t$$
$$\odot C_t \oplus A_t \odot B_t \odot C_t \odot D_t$$

35. EON1、EON1P

逻辑函数：$F = \overline{(A+B)\overline{\overline{CD}}}$

GLIFT 逻辑：

$$F_t = ACD_t \oplus BCD_t \oplus ADC_t \oplus BDC_t \oplus \overline{A}CB_t \oplus \overline{A}DB_t \oplus \overline{B}CA_t \oplus \overline{B}DA_t \oplus AC_t$$
$$\odot D_t \oplus BC_t \odot D_t \oplus \overline{A}\overline{C}B_t \odot D_t \oplus \overline{A}\overline{D}B_t \odot C_t \oplus \overline{B}CA_t \odot D_t \oplus \overline{B}\overline{D}A_t \odot C_t$$
$$\oplus \overline{C}A_t \odot B_t \oplus \overline{D}A_t \odot B_t \oplus \overline{A}B_t \odot C_t \odot D_t \oplus \overline{B}A_t \odot C_t \odot D_t \oplus CA_t \odot B_t$$
$$\odot D_t \oplus DA_t \odot B_t \odot C_t \oplus A_t \odot B_t \odot C_t \odot D_t$$

36. EN3、EN3P

逻辑函数：$F = \overline{A}\overline{B}C + \overline{A}B\overline{C} + A\overline{B}\overline{C} + ABC$

GLIFT 逻辑：$F_t = A_t \oplus B_t \oplus C_t$

37. EO3、EO3P

逻辑函数：$F = \overline{A}\overline{B}\overline{C} + \overline{A}BC + A\overline{B}C + AB\overline{C}$

GLIFT 逻辑：$F_t = A_t \oplus B_t \oplus C_t$

38. MUX21H、MUX21HP

逻辑函数：$F = \overline{S}A + SB$

GLIFT 逻辑：$F_t = \overline{S}A_t \oplus SB_t \oplus A\overline{B}S_t \oplus \overline{A}BS_t \oplus A_t \odot S_t \oplus B_t \odot S_t$

39. MUX21L、MUX21LP

逻辑函数：$F = \overline{\overline{S}A + S\overline{B}}$

GLIFT 逻辑：$F_t = \overline{S}A_t \oplus SB_t \oplus A\overline{B}S_t \oplus \overline{A}BS_t \oplus A_t \odot S_t \oplus B_t \odot S_t$

40. MUX31L、MUX31LP

逻辑函数：$F = \overline{C}\overline{A}\overline{B} + \overline{D}A\overline{B} + \overline{E}B$

GLIFT 逻辑：

$$F_t = BE_t \oplus A\bar{B}D_t \oplus \bar{A}BC_t \oplus AD\bar{E}B_t \oplus A\bar{D}EB_t \oplus \bar{A}C\bar{E}B_t \oplus \bar{A}CEB_t \oplus$$
$$\bar{B}\bar{C}DA_t \oplus \bar{B}C\bar{D}A_t \oplus B_t \odot E_t \oplus AB_t \odot D_t \oplus \bar{B}A_t \odot D_t \oplus \bar{A}B_t \odot C_t \oplus$$
$$\bar{B}A_t \odot C_t \oplus C\bar{D}A_t \odot B_t \oplus \bar{C}DA_t \odot B_t \oplus A_t \odot B_t \odot D_t \oplus A_t \odot B_t \odot C_t$$

41. FD1、FD1S、FD2、FD2S、FD4、FD4S

逻辑函数：F=D

GLIFT 逻辑：$F_t = D_t$

42. B2I、B2IP、B3I、B3IP

逻辑函数：$Y = \bar{A}$，$Z = A$

GLIFT 逻辑：$Y_t = A_t$，$Z_t = A_t$

43. BIDI

逻辑函数：F = E?A : 'Z'

GLIFT 逻辑：$F_t = E?(A_t \oplus E_t) : 'Z'$

44. BTS5

逻辑函数：$F = \bar{E}?A : 'Z'$

GLIFT 逻辑：$F_t = \bar{E}?(A_t \oplus E_t) : 'Z'$

附录 2　软件工具和测试基准集

1．Berkeley ABC

ABC 下载地址：http://www.eecs.berkeley.edu/~alanmi/abc/abc.htm

abc.rc 下载地址：http://www.eecs.berkeley.edu/~alanmi/abc/abc.rc

2．Berkeley SIS

下载地址 1：http://embedded.eecs.berkeley.edu/pubs/downloads/sis/index.htm

下载地址 2：http://www1.cs.columbia.edu/~cs4861/sis/

3．Berkeley ESPRESSO

下载地址：http://www1.cs.columbia.edu/~cs4861/sis/

4．IWLS 2002 测试基准集

下载地址：http://iwls.org/iwls2002/ benchmarks.html

5．IWLS 2005 测试基准集

下载地址：http://iwls.org/iwls2005/benchmarks.html

6．ISCAS 测试基准集

下载地址：http://web.eecs.umich.edu/~jhayes/iscas.restore/

7．Trust-Hub 测试基准集

下载地址：https://www.trust-hub.org/taxonomy

8．LFSR 生成器

生成器地址：http://outputlogic.com/?page_id=275

附录 3　ModelSim 仿真工具参考脚本

```
############################################################
# change what are in the italic type according to your design
# the pound key comments a commad, remove to execute
# to run the script (e.g., sim.do) from command window
# do sim.do
############################################################
#create you own design library and map it to the working library
vlib my_lib
vmap work my_lib

#compile the source code
#uncomment the following according to source file formats
#vcom *.vhd
#vlog *.v

#start simulation with/without optimization
vsim work.design_module
vsim -novopt work.design_module

#add signals (bits or vectors) or signal dividers to the waveform
#window
add wave -noupdate -format Logic -radix hexadecimal /design_
module/bit_signal
add wave -noupdate -format Literal -radix hexadecimal /design_
module/vector_signal
add wave -noupdate -divider Divider_Name

#run the simulation, e.g., run 1 ns/1 us/1 ms/1 s
#run time time_unit
#run -all
```

附录 4 Design Compiler 综合工具参考脚本

```
###########################################################
# change what are in the italic type according to your design
# the pound key comments a commad, remove to execute
# to run the script (e.g., dc_script.cmd) and write report to
# a text file (e.g., report.txt):
# dc_shell-t -f dc_script.cmd | tee report.txt
###########################################################
#Load up design files
#uncomment the following according to source file formats
#analyze -format verilog {design_file1.v design_file2.v …
deisng_filen.v}
#analyze -format vhdl{design_file1.vhd design_file2.vhd …
deisng_filen.vhd}

#Tell dc_shell the name of the top level module
elaborate top_module

#set a clock
#create_clock clock_signal

#Check for warnings/errors: uncomment one the following
#check_design
#check_design -multiple_designs

#ungroup everything and flatten it all, forcing all the
#hierarchies to be flattened out
#this is optional, you may choose to keep the design hierarchy
#ungroup -flatten -all
#set_flatten true -effort high
#uniquify

#compile the design: choose one of the many options
compile_ultra -area_high_effort_script
#compile_ultra -timing_high_effort_script
#compile_ultra
#compile
#compile -map_effort high

#Now that the compile is complete report on the results
```

```
report_area
report_timing
report_power

#the following changes multiple-bit signals to single-bit ones
#using the rename command
#these are unnecessary during a normal logic synthesis process
#first, define the name rules for nets, cells and ports
define_name_rules name_rule -remove_port_bus
define_name_rules name_rule -remove_internal_net_bus

#name rule for nets
define_name_rules name_rule -type net-allowed "a-z A-Z 0-9_" \
-first_restricted " _ 0-9 N" \
-replacement_char "_" \
-prefix "n"

#name rule for cells
define_name_rules name_rule-type cell-allowed "a-z A-Z 0-9_" \
-first_restricted " _ 0-9" \
-replacement_char "_" \
-prefix "u"

#name rule for ports
define_name_rules name_rule-type port-allowed "a-z A-Z 0-9_" \
-first_restricted " _ 0-9" \
-replacement_char "_" \
-prefix "p"

#and then, change names of variables
change_names -rule name_rule -hierarchy

#Write out the synthesized design: uncomment one of the following
#write -f verilog top_module -output top_syn.v
#write -f vhdl top_module -output top_syn.vhd

#Remove all designs and quit Design Compiler
remove_design -all
exit
```

附录 5　缩略词表

缩 略 词	外 文 全 称	中 文 全 称
AC	Access Control	访问控制
AES	Advanced Encryption Standard	先进加密标准
AIG	And-Inverter Graph	与/非图
ALU	Arithmetic Logical Unit	算术逻辑单元
AMBA	Advanced Microcontroller Bus Architecture	高级微控制器总线架构
AND-2	Two-input AND Gate	二输入与门
AND-3	Three-input AND Gate	三输入与门
ATPG	Automatic Test Pattern Generation	自动测试向量生成
BDD	Binary Decision Diagram	二分决策图
BLP	Bell-LaPadula	Bell-LaPadula 安全模型
BUF	Buffer	缓冲器
CIA	Confidentiality Integrity & Availability	机密性、完整性和可用性
CMM	Capability Maturity Model	能力成熟度模型
CNF	Conjunctive Normal Form	合取范式
COMSEC	Communication Security	通信安全
CPS	Cyber Physical System	信息物理系统
CPU	Central Processing Unit	中央处理器
DAC	Discretionary Access Control	自主访问控制
DARPA	Defense Advanced Research Projects Agency	美国国防部高级研究计划局
DC	Don't care	无关项
DDR	Double Data Rate	双倍数据速率
DES	Data Encryption Standard	数据加密标准
DFF	D Flip-Flop	D 触发器
DIFT	Dynamic Information Flow Tracking	动态信息流跟踪
DNF	Disjunctive Normal Form	析取范式
DSA	Digital Signature Algorithm	数字签名算法
EAL	Evaluation Assurance Level	评估保证级别
ECC	Elliptic Curves Cryptography	椭圆曲线密码算法
EDA	Electronic Design Automation	电子设计自动化
FF	Flip-Flop	触发器

缩 略 词	外 文 全 称	中 文 全 称
GCC	GNU C Compiler	GNU C 编译器
GLB	Greatest Lower Bound	最大下界
GLIFT	Gate Level Information Flow Tracking	门级信息流跟踪
HDL	Hardware Description Language	硬件描述语言
IA	Information Assurance	信息保障
I^2C	Inter-Integrated Circuit	内部整合电路
ICS	Industrial Control System	工业控制系统
IFC	Information Flow Control	信息流控制
IFT	Information Flow Tracking	信息流跟踪
I/O	Input/Output	输入/输出
INFOSEC	Information Security	信息安全
INV	Inverter	反相器
ISCAS	International Symposium on Circuits and Systems	国际电路与系统研讨会
IWLS	International Workshop on Logic Synthesis	国际逻辑综合大会
LFSR	Linear Feedback Shift Register	线性反馈移位寄存器
LUB	Least Upper Bound	最小上界
MAC	Mandatory Access Control	强制访问控制
MLS	Multilevel Security	多级安全
MUX	Multiplexer	多路复用选择器
MUX-2	Two-input Multiplexer	二输入选择器
NI	Non-interference	无干扰
NIST	National Institute of Standards and Technology	美国国家标准技术研究所
NP	Non-polynomial	非多项式
NXOR	Not Exclusive OR	同或
OR-2	Two-input OR Gate	二输入或门
PC	Personal Computer	个人计算机
PCC	Portable C Compiler	可移植 C 编译器
PCI	Peripheral Component Interconnect	外设互联标准
POS	Product-of-Sum	和积表达式
RBAC	Role-Based Access Control	基于角色访问控制
RBDD	Reduced Binary Decision Diagram	归约二分决策图
RF	Radio Frequency	射频
RFBDD	Reduced Free Binary Decision Diagram	归约自由二分决策图
RFID	Radio Frequency Identification	射频识别

续表

缩 略 词	外 文 全 称	中 文 全 称
RFRR	Reconvergent Fanout Region Reconstruction	扇出重回聚区域重构
ROBDD	Reduced Ordered Binary Decision Diagram	归约有序二分决策图
RTL	Register Transfer Level	寄存器传输级
RTOS	Real-time Operating System	实时操作系统
SAT	Boolean Satisfiability	布尔可满足性
SC	Security Class	安全类
SCADA	Supervisory Control and Data Acquisition	监控与数据采集
SoC	System on Chip	片上系统
SOP	Sum-of-Product	积和表达式
SQL	Structured Query Language	结构化查询语言
TDMA	Time Division Multiple Access	时分多址访问
TMR	Triple Modular Redundancy	三模冗余
TS	Top Secret	绝密
UC	Unclassified	非保密
USB	Universal Serial Bus	通用串行总线
VHDL	Very-High-Speed Integrated Circuit Hardware Description Language	超高速集成电路硬件描述语言
VPN	Virtual Private Network	虚拟专用网络
WSN	Wireless Sensor Networks	无线传感器网络
X	Forcing unknown	不确定态
XOR	Exclusive OR	异或
Z	High impedance	高阻态

附录6 符号对照表

符号	英 文 含 义	中 文 含 义
C	Combination	组合运算
P	Permutation	排列运算
+	Summation/Logical OR	相加/逻辑或
•	Product/Logical AND/Dot Product	乘积/逻辑与/点积
$\sqrt{\ }$	Square Root	平方根
Σ	Continuous Summation	连续求和
Π	Continuous Product	连续求积
min	Minimum Element	最小元素
max	Maximum Element	最大元素
∀	Any	任意
∈	In	属于
⊂	Subset of	子集
{}	Empty Set	空集
⊏	Lower than	低于
⊑	Lower than or Equal to	低于或等于
⊒	Higher than or Equal to	高于或等于
⊙	Greatest Lower Bound	最大下界运算
⊕	XOR/Least Upper Bound	逻辑异或/最小上界运算
⊗	Greatest Lower Bound on Non-linear Security Lattice	非线性安全格下的最大下界运算
∪	Union	并集运算
∩	Intersect	交集运算
⌈·⌉	Round Upwards	向上取整
O(·)	Order of	复杂度阶数
ns	Nano Second	纳秒
μm^2	Square Micrometer	平方微米
μW	Microwatt	微瓦
mW	Milliwatt	毫瓦